きちんと知りたい
粒子表面と分散技術

小林敏勝・福井 寛 著
Kobayashi Toshikatsu　Fukui Hiroshi

Particle surface and dispersion techniques

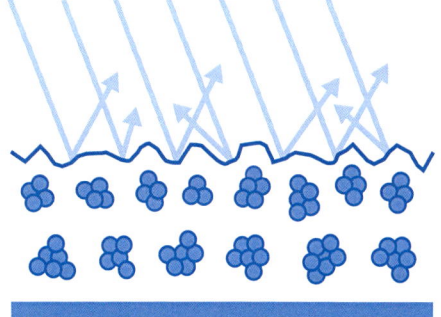
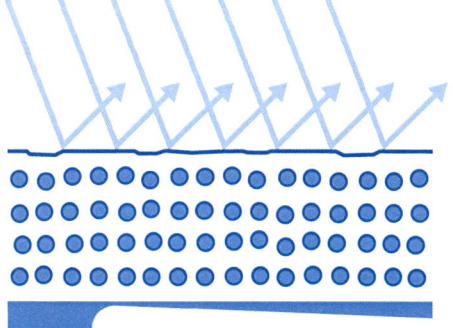

日刊工業新聞社

はじめに

　粒子材料は通常、スラリー、ペーストと呼ばれる懸濁液(けんだくえき)の状態や、インキ、塗料のような高分子バインダー溶液中に分散された複合体の状態を経て、最終的には種々の方法で基材に塗布・乾燥（場合により焼成）されて被膜やパターンを形成し、所望の機能を発現する。これら懸濁液や複合体の性質、最終的な被膜やパターンの性能は、粒子の分散状態により多大な影響を受け、その制御や安定化は重要な課題の１つである。

　近年では、より高度な機能や軽量化・微細化が要望され、使用される粒子材料の微粒化が必要とされるが、微粒化すればするほど粒子の表面積が増大し、分散制御の困難度も増加する。

　粒子分散の制御や安定化には、まず、粒子の表面性質をよく理解する必要がある。粒子の性質といっても、粒子の大きさや形状などの幾何学的因子や、表面張力、極性、酸塩基性などの物理化学的因子、場合により反応性や触媒活性などの化学的因子などがあり、必要に応じて適宜、その評価と計測が必要となる。

　また、目的とした粒子の分散状態が得られているか否かを適切に評価できることも重要である。

　次に、粒子表面の性質と適合した分散剤やバインダー、溶剤を組み合わせ、いわゆる分散配合を設計するのであるが、組み合わせ方には基本的な考え方がある。溶剤が有機溶剤か水系（若干の高極性有機溶媒を含有する場合も含め）かで、分散安定化のメカニズムや溶媒の表面張力が異なるので、考え方は同様ではない。

　粒子と溶剤だけ、もしくはバインダーを用いる系では粒子とバインダー、溶剤だけで、組み合わせの工夫により目的とする分散状態と安定性が得られれば理想的であるが、多くの場合そうはいかない。このため、分散剤を用いたり、粒子の表面をさまざまな手法で処理したりする必要がある。自らの手で処理するだけでなく、粒子の供給元であらかじめ表面処理しておくことも考えられる。

分散配合設計の次は、いかにして目的とした分散状態へ、時間と消費エネルギー、コストを少なくして到達するかという、分散機、分散プロセス設計が課題となる。

　実用的な粒子分散系を作るためには、上記のような各ステージに対するアプローチが必要であるが、本書では実務者がそれぞれのステージでアプローチするために必要となる知識や情報、考え方を提供することを第一の目的とした。さらに、各ステージではいわゆる「経験と感」によるアプローチが見られるが、系統的な理論体系に基づいて考えると、合理的に解答にたどり着ける場合も少なくない。この意味で、基本理論や系統的な基礎知識を平易に提供することも目的とした。

　各章の章立ては、上記の目的に沿って構成されている。

　第1章では、粒子を分散するというのは、そもそもどういう作業であるかということについて説明する。

　第2章では、粒子分散のために知っておかなければならない粒子の性質および表面の性質とその評価法について説明する。

　第3章では、粒子分散系で一般的に見られ、問題となることも多い性質とその評価法について説明したのち、工業的に利用される実際的な粒子分散系の設計と製造を前提として、粒子と分散剤、溶剤の組み合わせ方ついて具体的に解説する。また、分散剤の製造方法や使い方、各種分散機の特徴、分散プロセスについても解説する。

　第4章では、粒子の固相、液相、気相における表面処理について説明する。

　第5章では、粒子分散系の設計と評価で知っておいたほうが良い粒子表面と粒子の分散技術に必要な基礎技術として表面分析および溶解性パラメーターと表面張力（表面自由エネルギー）について平易に解説する。

　また付録では、「機能性ナノコーティング」の表面処理前後のキャラクタリゼーションとその分散評価を紹介する。

　2014年11月

小林　敏勝、福井　寛

目次

第1章　分散の基礎 …… 1

- 1.1　粒子分散とは …… 2
- 1.2　ブレーキング・ダウン法とビルディング・アップ法 …… 3
  - 1.2.1　ブレーキング・ダウン法 …… 3
  - 1.2.2　ビルディング・アップ法 …… 4
- 1.3　一次粒子と二次粒子 …… 5
- 1.4　分散の単位過程 …… 7
  - 1.4.1　濡れ …… 8
  - 1.4.2　機械的解砕 …… 11
  - 1.4.3　分散安定化 …… 11
- 1.5　分散安定化機構 …… 12
  - 1.5.1　静電斥力による分散安定化 …… 12
  - 1.5.2　高分子吸着による分散安定化 …… 17
- 1.6　成分間親和性の考え方 …… 19

第2章　粒子の特徴を知る …… 23

- 2.1　粒子の作り方 …… 25
  - 2.1.1　ブレーキング・ダウン法 …… 25
  - 2.1.2　ビルディング・アップ法 …… 26
- 2.2　粒子的性質 …… 27
  - 2.2.1　粒子の大きさ …… 27
  - 2.2.2　粒子の形状 …… 32
  - 2.2.3　粒子の光学特性 …… 34
  - 2.2.4　粒子の密度 …… 36
  - 2.2.5　粒子の力学的特性 …… 38
- 2.3　粒子の表面の性質 …… 40

- 2.3.1 幾何学的構造 ……………………………………… 41
- 2.3.2 吸着 ………………………………………………… 41
- 2.3.3 表面積と細孔分布 ………………………………… 45
- 2.3.4 表面官能基 ………………………………………… 47
- 2.3.5 等電点 ……………………………………………… 48
- 2.3.6 電荷 ………………………………………………… 50
- 2.3.7 濡れ ………………………………………………… 52
- 2.3.8 粒子と液体の混合比 ……………………………… 56

2.4 触媒活性 …………………………………………………… 57
- 2.4.1 触媒 ………………………………………………… 57
- 2.4.2 触媒反応の測定と解析 …………………………… 58
- 2.4.3 触媒活性の発現機構 ……………………………… 61
- 2.4.4 固体酸・塩基 ……………………………………… 62
- 2.4.5 酸化・還元 ………………………………………… 72
- 2.4.6 光触媒 ……………………………………………… 76

第3章 実務に役立つ分散技術 …………………… 81

3.1 粒子の分散状態と分散液の性質 ………………………… 82
- 3.1.1 流動性 ……………………………………………… 82
- 3.1.2 沈降 ………………………………………………… 85
- 3.1.3 乾燥被膜の性質 …………………………………… 87
- 3.1.4 複数種類の粒子が共存する際に起こる現象 …… 90

3.2 粒子分散評価法 …………………………………………… 92
- 3.2.1 分散度の評価 ……………………………………… 92
- 3.2.2 フロキュレートの評価 …………………………… 100

3.3 有機溶剤系における粒子分散 …………………………… 103
- 3.3.1 非水電位差滴定法による高分子と粒子の酸塩基的性質の評価 … 103
- 3.3.2 酸塩基相互作用の考え方に基づく粒子分散性に優れた
バインダー樹脂の設計例 …………………………… 106
- 3.3.3 阻害効果 …………………………………………… 111
- 3.3.4 色素誘導体 ………………………………………… 113

3.4 水性系における粒子分散 ………………………………… 116

- 3.4.1 水の特異性 ……………………………………………… 116
- 3.4.2 粒子の水に対する濡れ ………………………………… 118
- 3.4.3 実用的な水性粒子分散系での分散安定化機構 ……… 124
- 3.4.4 粒子表面の最適親水―疎水性度 ……………………… 127
- 3.4.5 共存有機溶剤の影響 …………………………………… 129
- 3.5 分散剤 ……………………………………………………………… 131
  - 3.5.1 界面活性剤 ……………………………………………… 132
  - 3.5.2 高分子分散剤 …………………………………………… 137
- 3.6 分散配合の決め方 ………………………………………………… 149
- 3.7 分散機と分散プロセス …………………………………………… 151
  - 3.7.1 分散に用いられる一般的な分散機 …………………… 151
  - 3.7.2 分散プロセス …………………………………………… 157
  - 3.7.3 ナノサイズ分散機とその特徴 ………………………… 159
  - 3.7.4 過分散 …………………………………………………… 162
  - 3.7.5 さらなる高分散度を目指して ………………………… 164

第4章 効果的な分散のための表面処理技術 …… 169

- 4.1 固相による方法 …………………………………………………… 171
  - 4.1.1 メカノケミカル反応 …………………………………… 172
  - 4.1.2 ナノ・ミクロン粒子複合化 …………………………… 173
- 4.2 液相での反応 ……………………………………………………… 174
  - 4.2.1 粒子への金属の被覆 …………………………………… 174
  - 4.2.2 粒子への金属酸化物の被覆 …………………………… 176
  - 4.2.3 粒子への有機物の被覆 ………………………………… 184
- 4.3 気相による方法 …………………………………………………… 196
  - 4.3.1 プラズマ処理 …………………………………………… 197
  - 4.3.2 PVD法による微粒子の表面改質 ……………………… 198
  - 4.3.3 CVD法 …………………………………………………… 201

第5章 粒子表面と粒子分散に必要な基礎知識 … 209

- 5.1 表面のキャラクタリゼーション ……………………………… 210
  - 5.1.1 ろ液の分析 …………………………… 211
  - 5.1.2 粒子の分析 …………………………… 211
  - 5.1.3 元素分析 ……………………………… 212
  - 5.1.4 クロマトグラフィー …………………… 212
  - 5.1.5 構造分析 ……………………………… 214
  - 5.1.6 表面分析 ……………………………… 218
  - 5.1.7 形態分析 ……………………………… 220
  - 5.1.8 熱分析 ………………………………… 225
  - 5.1.9 化学特性 ……………………………… 226
- 5.2 溶解性パラメーター ……………………………………………… 226
  - 5.2.1 溶解性パラメーターの基本理論 ……… 227
  - 5.2.2 溶解性パラメーターの成分分け（三次元溶解性パラメーター）… 229
  - 5.2.3 高分子と粒子のSP値の決定 ………… 231
  - 5.2.4 粒子分散におけるSPの利用 ………… 239
  - 5.2.5 溶解性パラメーターと表面張力 ……… 240

付録　表面処理前後の表面を調べる …………… 243

- 6.1 シリコーンナノコーティング …………………………………… 245
  - 6.1.1 コーティング方法 …………………… 245
  - 6.1.2 PMS-粒子表面のポリマーの構造 …… 247
  - 6.1.3 タイプIのPMS-粒子のキャラクタリゼーション ………… 249
  - 6.1.4 タイプIIのキャラクタリゼーション … 253
  - 6.1.5 粒子表面でナノ膜が形成される理由 … 254
  - 6.1.6 ナノコーティングされた粒子の性質 … 256
- 6.2 機能性ナノコーティング ………………………………………… 260
  - 6.2.1 ペンダント基の付加 ………………… 260
  - 6.2.2 ペンダント基付加粒子の分散性 ……… 264

索引 …………………………………………………………………………… 269
著者紹介 ……………………………………………………………………… 273

分散の基礎

1.1　粒子分散とは

「分散」とは理化学辞典によれば、「1つの相にある物質内にほかの物質が微粒子となって散在する現象」と定義される。前者を分散媒、後者を分散質もしくは分散相と呼ぶ。また、そのような状態にある系を分散系と呼ぶ。

一般的に産業分野でいう分散系とは、分散質が大きさ数 μm ～ 数 nm の固体粒子で、分散媒が液体であるものを指すことが多く、分散質が液体である乳化や、分散媒が気体であるエーロゾルと区別される。このような粒子分散系を製造する作業、プロセスを「分散」もしくは「分散工程」と呼び、製造された粒子分散系は「スラリー」や「ペースト」とも呼ばれる。

粒子分散系を製造する方法は、図 1.1 に示すブレーキング・ダウン(Breaking down) 法とビルディング・アップ（Building up）法に大別される。前者はトップダウン（Top down）法、後者はボトムアップ（Bottom up）法とも呼ばれる。

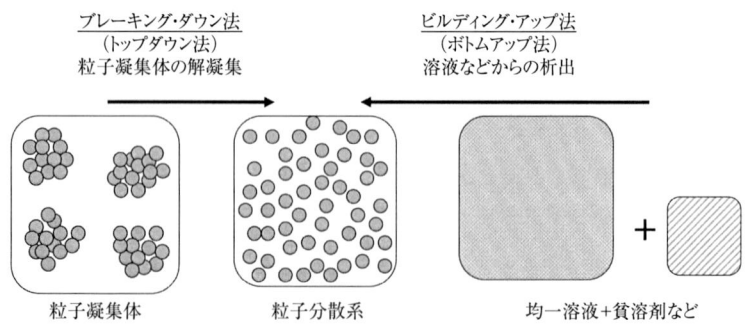

図 1.1　ブレーキング・ダウン法とビルディング・アップ法

1.2 ブレーキング・ダウン法とビルディング・アップ法

1.2.1 ブレーキング・ダウン法

ブレーキング・ダウン法とは、乾燥粉の状態で供給された粒子を、バインダー高分子や分散剤の溶液に投入し、分散機を用いて微粒化することで、粒子分散液を製造する方法である。粒子を投入する高分子や分散剤の溶液は、「ビヒクル（Vehicle）」と呼ばれる。

ブレーキング・ダウン法では図 1.2 (a) に示すように、粒子製造工程で生成した粒子凝集体を、一次粒子と呼ばれる一つ一つの粒子まで解きほぐして

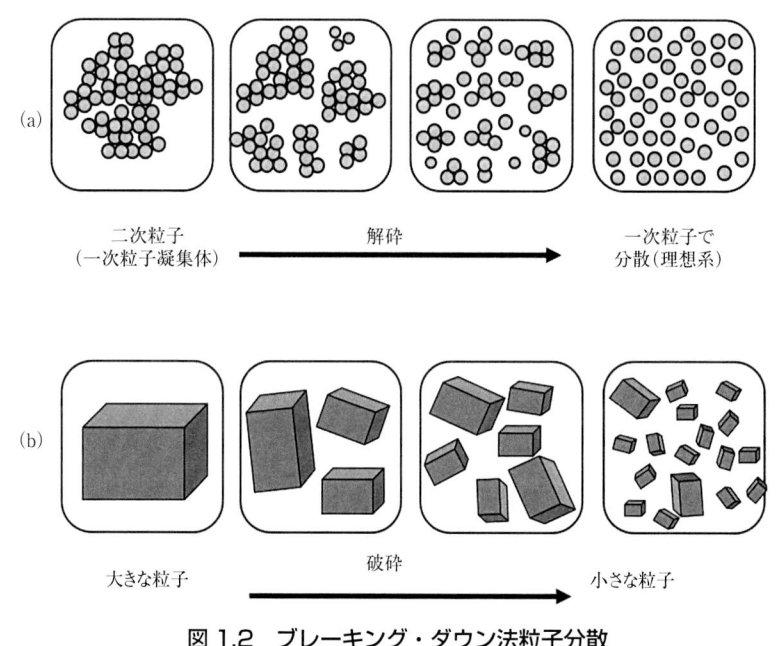

図 1.2　ブレーキング・ダウン法粒子分散
(a) 解砕、(b) 破砕

（解凝集）分散系を製造する方法と、図 1.2（b）に示すような大きな粒子をより小さな粒子に破砕して粒子分散系を得る方法が考えられる。

　後者では、もともとは連続していたものを引きちぎる訳であるから、破断面にはラジカルなどの活性点が形成され、活性点同士の相互作用で、破砕された粒子が再び結合して、凝集物を生成したり、異常な粘度挙動を示したりすることがある。また、目標とする粒子径が 1 μm 以下である場合には、粒子の破砕に膨大な時間とエネルギーが必要となる。さらに、いくら時間とエネルギーを投入しても目標に到達できない場合も多い。

　したがって、粒子径が数 μm 以下の粒子分散系を製造しようとする場合は、図 1.2（a）に示すように、まず、粒子製造段階で決定された一次粒子の大きさが目的とする粒子径、もしくはそれ以下である原料粉体を入手し、それを目的とする粒子径まで解凝集し、解凝集された状態が継続するように安定化することが一般的である。

　本書の大半では、ブレーキング・ダウン法、それも一次粒子の凝集体を解凝集させて粒子分散系を得る方法論について解説する。一次粒子の意味に関しては 1.3 節で詳述する。

1.2.2　ビルディング・アップ法

　目標とする粒子径が数十 nm 以下であるような場合、乾燥状態の粒子間凝集エネルギーは表面積に比例するため、膨大な値となる。したがって、いくら一次粒子の大きさが数十 nm であっても、乾燥粉からブレーキング・ダウン法で一次粒子と呼ばれる個々の粒子まで解凝集させるのは、困難なことが多い。

　このような場合には、ビルディング・アップ法により粒子分散系を製造するほうが合理的な場合が多い。図 1.1 に概念的に示した通り、ビルディング・アップ法では、目的とする粒子の構成成分を適当な溶剤に溶解させておき、例えば、貧溶剤を徐々に添加して、粒子状態で析出させる。金属粒子を目的とする場合であれば、金属イオン溶液に還元剤を加えるなど、目的とした粒子の構成成分に応じて方法を考える必要がある。

いずれにしても、「均一溶液→分子→分子集合体（クラスター）→粒子」と成長させ、目的とする粒子径で成長を停止させるのがビルディング・アップ法である。このような方法は、粒子の製造においては一般的であり、この後に粒子を乾燥させて市販されている粒子材料は数多い（2.1.2項参照）。ただし、上記したように、目標とする分散粒子径が数十 nm 以下であれば、一度乾燥させてしまうと粒子同士の強い凝集が生じて、再び一つ一つの粒子まで分散させることは困難となってしまう。

ビルディング・アップ法では、粒子を生成させる際に分散剤などを共存させておき、乾燥過程を経ることなく、精製や濃縮、溶剤置換などを行って、粒子分散系を得る。共存させる分散剤やプロセスに工夫は必要となるが、粒子の凝集を極小化できるので、ナノ粒子分散系を得るのに適した方法である。

1.3　一次粒子と二次粒子

通常、粒子は有機化合物または無機化合物の結晶であり、粒子の最小構成単位は結晶体からなる粒子である（最近ではアモルファス固体もあるが…）。結晶体のなかで結晶軸が一方向に完全に揃っているものは単結晶体（Crystallite）、領域によって結晶軸の方向が異なるものは多結晶体（Crystal）と呼ばれる。粉体状態の粒子ではこれら結晶体が、特定の面を共有する強い凝集体を構成している場合があり、このような凝集粒子をアグリゲート（Aggregate）と呼ぶ。通常の分散機ではアグリゲートや結晶体をそれ以上小さな単位に分割することが難しく、この意味でアグリゲートと結晶体を総称して一次粒子と呼ぶ（**図 1.3**）。

粉体状態の粒子では、結晶体やアグリゲートがさらに点や線で緩く凝集した粒子凝集体が存在し、このような粒子凝集体はアグロメレート（Agglomerate）と呼ばれる。アグロメレートは一次粒子が寄り集まって構成されるので二次粒子と呼ばれる。前節のブレーキング・ダウン法による粒子分散工程は、アグロメレートを結晶体やアグリゲートまで解きほぐす工程、もしくは二次粒子を一

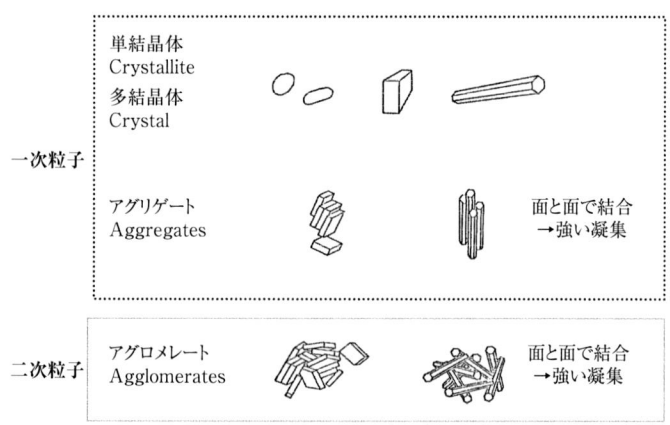

図1.3 一次粒子と二次粒子

次粒子に分割する工程ということができる。したがって、目的とする分散粒子径に応じた一次粒子径の粉体をまず入手しなければならない。また、表面処理は一次粒子の表面に施されている必要がある。

　最近の分散機では大きな機械力を粒子に加えることが可能になっており、条件によってはサブミクロンサイズの一次粒子を破砕することも可能である。一次粒子を破砕すると先に述べたように、破断面にはラジカルなどの活性点が生じる場合があり、活性点同士が不規則な相互作用をしたり、活性点を基点にして粒子の結晶が歪んだり、構造が変化する可能性がある。また、表面処理が施されている場合、破断面には処理がないので粒子構成成分が剥き出しになってしまう。このような現象が生じると、分散液の異常な高粘度、分散度の低下、耐光性や耐熱性など諸物性の低下といった不具合につながるので注意が必要である。

　一次粒子の破砕によるさまざまな不具合現象は過分散と呼ばれる。過分散については3.7.4項で詳述する。

1.4 分散の単位過程

粒子分散は1つの工程と考えがちであるが、分散配合や分散プロセスの設計、トラブルシューティングなどを行なう上では、さらに小さな単位過程に分割して考えるほうが便利である。すなわち、粒子分散は図 1.4 に示すように、濡れ、機械的解砕、安定化の3つの単位過程より成ると考える[1]。

粒子分散液の液相は、溶剤に分散剤やバインダー樹脂、添加剤などが溶解したものであり、ビヒクル（Vehicle）と呼ばれる。

濡れの過程では、二次粒子がビヒクルに濡れて粒子間の凝集力が低下する。ついで分散機のずり力や衝撃力などの力が加わって、より小さな二次粒子に分割される。この過程は機械力で分割されるので機械的解砕（Mechanical Disruption）と称される。解凝集されただけの粒子は、熱運動などにより容易に再凝集するので、再凝集しないように何らかの仕掛けを講じなければならない。これが安定化である。

上記の単位過程がすべて満足された場合、分割された二次粒子にさらに濡れが生じて分割されて…、という具合に、理想的には一次粒子まで解凝集され、かつその状態が安定して継続することになる。粒子分散の良否を考える上で

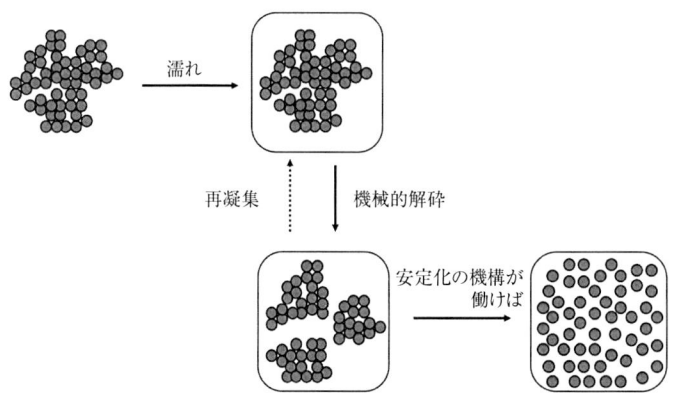

図 1.4 粒子分散の単位過程

は、これら単位過程についてそれぞれ考察するとわかりやすい。

1.4.1 濡れ

　濡れの過程では乾いた粉体状の粒子凝集体（二次粒子）に対するビヒクルの濡れが生じる。界面化学的にいえば粒子と空気の界面（固／気界面）が粒子とビヒクルの界面（固／液界面）に置換されることになる。この時に、二次粒子のなかにある粒子と粒子の微細な隙間に、ビヒクルが毛管浸透することが重要である。大きな隙間から順次浸透が生じて粒子間の付着力が低下し、機械力によってより小さな凝集体に分割される（機械的解砕）ことになる。

　粒子凝集体中の隙間を半径 R の毛細管と近似して、長さ l をビヒクルが浸透するのに必要な時間 t を表す式として、図 1.5 に示すウオッシュバーン（Washburn）の式が知られている。k は複雑な形状の隙間を一様な毛細管と近似したことに関する修正係数である。ウオッシュバーンの式は、k や R などの粒子粉体の凝集状態に関する幾何学的因子と、η や γ_L のビヒクルの性質に関する因子、θ というビヒクルと粒子表面の親和性に関する因子から構成されていることが理解できる。

粒子凝集体の幾何学的因子　　ビヒクルの性質

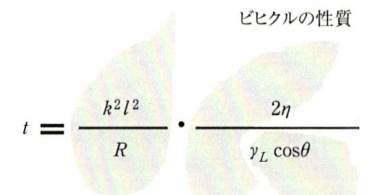

$$t = \frac{k^2 l^2}{R} \cdot \frac{2\eta}{\gamma_L \cos\theta}$$

粒子とビヒクルの親和性

図 1.5　濡れの過程に関するウオッシュバーンの式
t：浸透時間、k：定数、l：毛細管の長さ、R：毛細管半径、η：ビヒクル粘度、γ_L：ビヒクル表面張力、θ：粒子とビヒクルの接触角

ウオッシュバーン式から、t を小さくして濡れを良くするためには、θ をできるだけ小さく（$\cos\theta$ を大きく）するとともに、凝集体中の隙間 R ができるだけ大きい（フワッと凝集した）粒子粉体を選択することが大事である。粒子製造工程において、強力な圧力でろ過されたり、急激な加熱で乾燥されたりすると、凝集体中の隙間が小さくなるので、濡れが悪くなる。また、粒子間の凝集力も大きくなるので解砕にも大きなエネルギーが必要となる。

θ が 90° 以上では毛細管内のメニスカスが凸型となり、内部への濡れが極端に悪くなる。一方、固体表面に液体を乗せると液滴にならず、接触角がゼロとなって固体表面をどんどん濡れ広がる場合がある。このような濡れを拡張濡れと呼ぶ。

拡張濡れが生じるためには、固体の表面張力が液体の表面張力よりも大きければ良い[2]。すなわち、濡れの良否は液体（濡らすもの）と固体（濡らされるもの）の表面張力の相対的な大きさで決定される。濡れが良いことイコール親和性が高いと考えられがちであるが、親和性が高いということは両者の界面の界面張力が小さいことであって、親和性が高くなれば濡れは良くなるが、濡れが良いからといって親和性が高いわけではない。

例えば、水（表面張力：大）と油（表面張力：小）は昔から仲の悪いものの例えとされるくらい親和性が低いが、海面に流出した油は海面を濡れ広がり（拡張濡れ）良好な濡れを示す。一方で、フライパンに張った油に水が乗ると、丸まった水滴になってほとんど濡れ広がらない。濡らされるものの表面張力が、濡らすものの表面張力よりも大きければ（水が下）拡張濡れとなり、小さければ（油が下）付着濡れとなって有限の接触角を示す。

代表的な溶剤と固体の表面張力値を、それぞれ**表 1.1**、**表 1.2** に示す。無機粒子はもとより有機粒子であっても、一般的な有機溶剤よりは表面張力が大きいので、有機溶剤系での粒子分散では、拡張濡れが支配的となり、濡れの過程が粒子分散の良否に関与することはない。ただし、例えばテフロン粉をトルエン中で分散するなど、極端に表面張力の低い粉体を扱う場合は別である。

一方、水の表面張力は有機固体の表面張力よりも大きいので、水性系での粒子分散においては、濡れの過程の良否が影響し、表面張力の大きい粒子のほうが濡れは良いことになる。カーボンブラックや有機顔料などの表面張力が低い

表1.1　代表的な溶剤の表面張力値

液体名	表面張力 mN/m
ヘキサン	18
エタノール	23
アセトン	23
ブチセロ（エチレングリコールモノブチルエーテル）	27
トルエン	29
水	73

表1.2　代表的な固体の表面張力値例

	固体名	表面張力 mN/m
有機固体	テフロン	18
	ポリプロピレン	29
	ポリスチレン	36
	PET	43
	エポキシ	47
	銅フタロシアニン（顔料）	47
	チオインジゴレッド（顔料）	51
無機固体	カオリン	170
	酸化鉄	1400
	銀	900
	銅	1100
	ニッケル	1700

　粒子を水系ビヒクルに分散する場合には、濡れの過程が律速過程となり、いかに濡れを良くするかということが課題となる（3.4節参照）。

　基本的には（ビヒクルの表面張力）＜（粒子の表面張力）とすれば良いので、ビヒクルに界面活性剤などを添加して表面張力を下げるか、粒子の表面処理により表面張力を増加させることになる。

　本項では濡れの良否のみに着目して解説したので、ビヒクルの表面張力が一方的に粒子の表面張力より小さければ良いという結論になっているが、分散安定化はまた別の話である。ビヒクルと粒子の表面張力の差が大きいと、形成さ

れるビヒクル／粒子界面の界面張力が大きくなる。界面張力が大きいとその界面は不安定で、フロキュレート（3.1節参照）が形成されやすくなるので、両者の表面張力の差はできるだけ小さくしておくほうが良い。

1.4.2　機械的解砕

　機械的解砕とは、二次粒子にずり力や衝撃力などの分散機による力が加わって、より小さな二次粒子、さらには一次粒子に分割される過程である。実際には分散機種の選択や組み合わせ、バッチ分散かパス分散か、それとも循環分散かといったプロセス設計の問題である。この課題に関しては3.7節で詳細に解説する。

1.4.3　分散安定化

　粒子凝集体が解凝集されると、新たにビヒクルと粒子の界面が形成される。この界面が不安定であれば、系全体として熱力学的に不安定になり、容易に再凝集して分散は進行しない。このため、再凝集させないような工夫が必要となる。これを分散安定化と呼ぶ。分散安定化は粒子分散の単位過程の1つとして重要である上に、できあがった製品もしくは半製品の貯蔵や熱などに対する安定性にも繋がるので重要である。

　分散安定化を実現するためには、熱運動などで粒子同士が接近しようとしても、一定の距離以上に近づくとエネルギー的な障壁があり、それ以上は近づけないような機構を働かせることになる。これには2つの機構が知られていて、1つは粒子表面に電荷を生じさせ、電荷間の静電的な斥力を利用する。もう1つは、粒子の表面に樹脂や分散剤などの高分子を吸着させ、吸着層間の斥力を利用する。それぞれの機構の詳細については以下に解説するが、粒子濃度が高く、ビヒクル中に種々の成分が混ざっている上に、複数種類の粒子を含むことも多い実用的な粒子分散系では、有機溶剤系だけでなく水性系においても、高

分子吸着による分散安定化が重要である。

1.5 分散安定化機構

1.5.1 静電斥力による分散安定化

静電斥力による分散安定化とは、粒子表面に電荷を形成し、その静電的な反発力によって粒子同士の凝集を阻止することで、水系媒体中での分散安定化を実現しようとする考え方である。後述するように、いくつかの制約条件があって、実用的な粒子分散系ではこの機構のみによる分散安定化は難しいが、コロイド・界面化学という学問分野では基礎とされているので、要点を概説し実用系への適用上の留意点を明確にしておきたい。

(1) 粒子の帯電機構

粒子表面に電荷が発現するのは、アニオン性やカチオン性の界面活性剤、そのほかのイオン性物質の吸着や、粒子表面に存在する水酸基などの官能基の解離による。

金属酸化物の表面には、水の吸着と解離により水酸基が形成されており、第2章図2.12で述べるように、この水酸基は当該粒子が懸濁されている水溶液のpHによって、正や負に帯電する。電荷がちょうどゼロになるpHの値は等電点と呼ばれる。等電点の値は、金属酸化物を構成する金属イオンの電気陰性度が大きいほど低い値となることが報告されている[3]。

カーボンブラックや有機顔料などの有機粒子表面には、カルボキシル基やフェノール性水酸基、含窒素官能基などが存在し、これらの官能基も懸濁される水溶液のpHに依存して、水素イオンを放出して負に帯電したり、水素イオンを受け取って正に帯電したりする。

（2） 粒子周りの電位分布

　粒子の表面に上述のような機構で電荷が発現すると、粒子近傍では正負イオンの数に図 1.6 に示すような片寄りが生じる。すなわち、粒子表面の電荷と反対電荷のイオンが粒子に集まるのであるが、イオンは熱運動しているので、粒子表面とまったく同数の反対電荷のイオンが粒子表面に配向してしまうのではなく、粒子表面では反対電荷のイオンが多いが、粒子から離れるとともに正負イオンの数が等しくなっていくような分布を示す。このようにイオンが分布することで、図 1.6 に示す粒子表面からの距離 x に応じた電位分布が発生する。この電位分布の状況を電気二重層と呼ぶ。図 1.6 では粒子表面の電荷は正という想定である。

$$\kappa = \sqrt{\frac{2e^2 n_0 z^2}{\varepsilon_r \varepsilon_0 kT}} \qquad 1.1 式$$

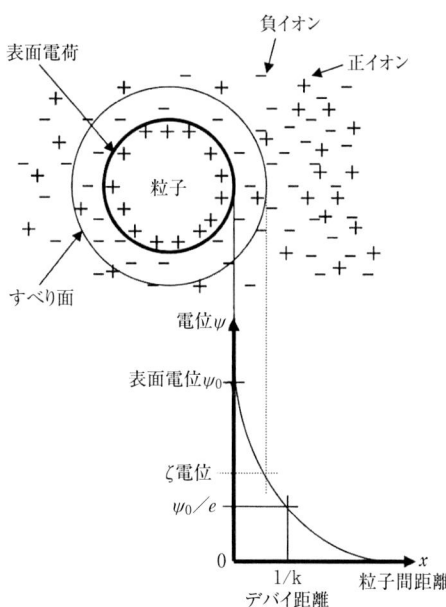

図 1.6　粒子周りの電気二重層と二重層電位 ψ の模式図

電気二重層の広がりの程度を表すパラメーターとして、デバイ距離 $1/\kappa$ が定義されており、κ は 1.1 式で示される。$1/\kappa$ は電位が表面電位 ψ_0 の $1/e$（e は自然対数の底＝2.718…）に減少する粒子表面からの距離である。

ここで、e；電気素量、n_0；イオンのモル濃度、z；イオンの価数、ε_r；比誘電率、ε_0；真空の誘電率、k；ボルツマン定数、T；絶対温度、である。

ゼータ（ζ）電位と呼ばれるのは、図 1.6 のような電位分布を持った粒子が、沈降や電気泳動など、何らかの手段で移動する際、溶媒は粒子と一緒に移動する溶媒和部分と、置き去りにされる部分に分かれるが、この境界（すべり面と呼ばれる）における電位のことである。

(3) DLVO 理論

上述のような電気二重層をもつ粒子同士が接近すると、粒子間には電気二重層間の重なり合いにより静電的な斥力が生じる。一方どんな場合でも、粒子間にはファンデルワールス力と呼ばれる普遍的な引力が働いている。静電斥力のポテンシャル V_R とファンデルワールス引力のポテンシャル V_A の相対的大きさにより、粒子同士の凝集が生じるか生じないかを論じる理論があり、理論を唱えた研究者 4 人の名前 Derjaguin、Landau、Verway、Overbeek の頭文字から DLVO 理論と呼ばれる。詳細な解説書があるので、理解を深めたい読者はそちらを参照されたい[4, 5]。

V_R、V_A およびこの両者の合成曲線 $V(=V_R+V_A)$ と、粒子間距離 h との関係の一例を図 1.7 に示す。縦軸では斥力を正、引力を負で示してある。図 1.7 では粒子が遠方から接近して粒子間距離 h が小さくなるにつれて、V が増加することから粒子間には斥力が働く。粒子の熱運動などのエネルギーが V の最大値 V_{max} よりも小さいと、V_{max} の位置を超えて粒子同士は接近することができないので、粒子間の凝集が防止され、その分散は安定であることになる。逆に、V_{max} を超える運動エネルギーを持っている場合には、このポテンシャル障壁を越えて粒子同士が接近し、接近すればするほど V の負の絶対値が大きくなるので、引力が増大して凝集を生じることになる。

先に示したデバイ距離の式から、イオン濃度 n_0 が低い時には $1/\kappa$ は大きいので電気二重層は広がり、斥力は遠方まで作用するが、イオン濃度が高くなる

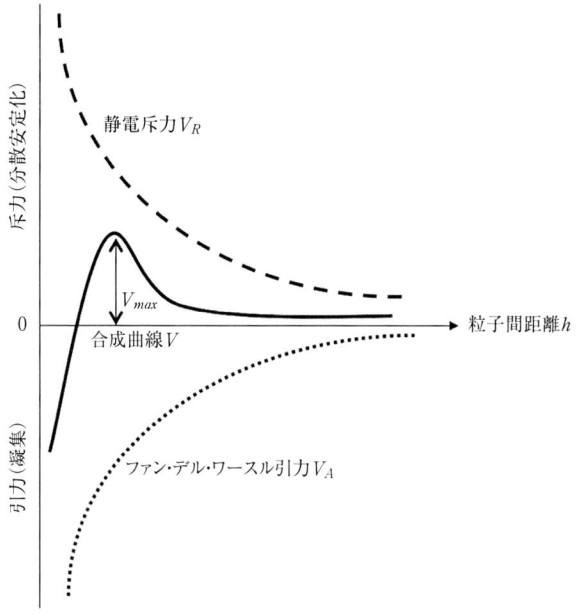

図 1.7 2つの粒子間の距離とポテンシャルエネルギーの関係

につれて斥力の及ぶ範囲は縮小することになる。また、この効果はイオンの価数 Z が多いほど顕著である。一方、ファンデルワールス引力はイオンの影響をほとんど受けないので、イオン濃度の増加とともに、粒子間力の合成ポテンシャルは図 1.8 のように変化する。

イオン濃度が十分低い場合には、図 1.8 の曲線 d のように粒子間力ポテンシャルの最大値 V_{max} は十分大きいので凝集は生じないが、イオン濃度が増加するにつれて V_{max} は小さくなり、運動エネルギーの大きな粒子は V_{max} を超えて凝集するようになる。図 1.8 曲線 a ではすべての粒子間距離で V が負の値を取るので粒子は分散することなく凝集する。

(4) 実用系への適用上の留意点

前項で示した通り、電気二重層は系中のイオン濃度が増加するにつれて薄くなり、粒子間の凝集を妨げるのには不十分となる。界面化学の教科書などで、

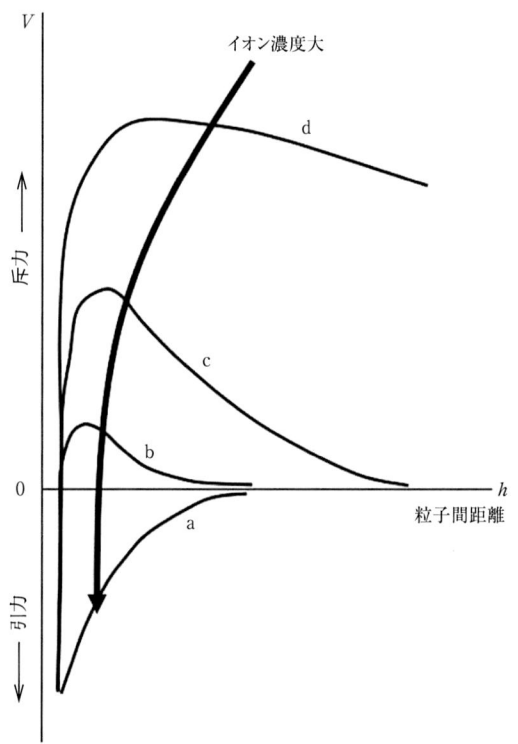

図1.8 イオン濃度の増加による粒子間力ポテンシャル V の変化

DLVO理論が議論されているのは、イオン濃度が 10^{-3} M 前後で、粒子の体積濃度は0.1%程度である。

また、1.1式からイオンの価数が大きいほど、より低いイオン濃度で凝集が生じる。シュルツ-ハーディ（Schulze-Hardy）の法則によれば、粒子同士の凝集が生じる濃度は、粒子と反対電荷をもつイオンの価数の約6乗に反比例する。2価イオンは1価イオンの64（2^6）分の1、3価イオンは約729（3^6）分の1で凝集が生じることになる。

スラリーやペーストといわれる実用的な粒子分散系では、粒子から溶出するイオン性物質、バインダーや分散剤として添加される電解質高分子などのイオ

ン性物質、原料水の純度などの制約から、系中のイオン濃度を 10^{-3} M 程度（多価イオンであればさらに一桁低くなる）にコントロールすることは困難なことが多い。また、粒子の体積濃度は 10％を超えるものがほとんどである。「電気二重層が薄くて、ほかの粒子はすぐ隣に存在する状態」であるので、静電斥力のみによる分散安定化は期待できないことが多い。

　用途によっては複数種類の粒子を混合して用いることがある。粒子の電荷は系の pH によって変化し、等電点の前後で電荷の符号が逆転する。また、粒子の種類によって等電点が異なる。例えば、アルミナとシリカを混合することを考えると、アルミナの等電点は 8～10、シリカは 2～3 であるので、懸濁液の pH が 3～8 ではアルミナは正に、シリカは負に帯電し、両者は静電的な引力により共凝集する。別々のスラリーでは、それぞれ安定なスラリーが製造できたとしても、混合すればたちまち凝集してしまう。

　以上のことから、静電荷により分散安定化を図ろうとする場合には、

　　ⅰ）　イオン濃度や粒子濃度は十分希薄であるか
　　ⅱ）　多価イオンは存在しないか
　　ⅲ）　異種電荷の粒子が共存しないか

ということに注意が必要である。

1.5.2　高分子吸着による分散安定化

　前項で記したように、静電斥力による分散安定化を実用系に適用するには、かなりの制約が存在する。このため、実用的な分散系の安定化では粒子表面に高分子を吸着させて、高分子鎖間の斥力を利用するのが一般的である。

　高分子が粒子表面に吸着した際の様子は**図 1.9** のように表現される。粒子表面に吸着している鎖部分はトレイン（train）部と呼ばれる。トレイン部とトレイン部に挟まれて、溶媒中に溶け広がっている部分はループ（loop）部、トレイン部から鎖端が溶媒中に溶け広がっている部分をテール（tail）部と呼ぶ。

　高分子が吸着した粒子同士が接近すると、斥力が生じるが、これには**図**

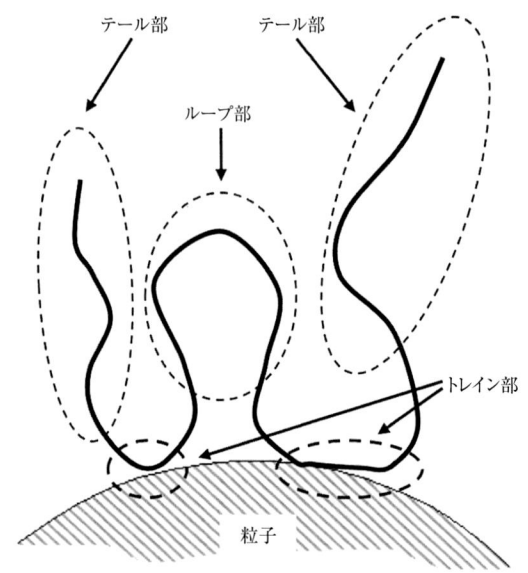

図 1.9　高分子の吸着形態と各部の名称

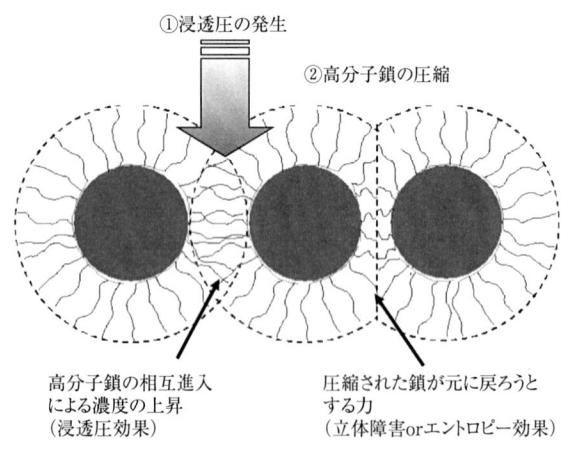

図 1.10　高分子吸着による分散安定化のメカニズム

1.10 に示す 2 つの機構が考えられる。

1 つは図 1.10 の①で、鎖同士が重なり合うと、重なり合っていない部分に比べて高分子鎖濃度が高くなるので、浸透圧によって周りから溶剤が流入して

粒子が引き離される。この機構は浸透圧効果と呼ばれる。

　もう1つは図1.10の②で、鎖が接近することにより、1つの鎖の自由体積内には他の鎖が入れず、広がった鎖が圧縮されてしまう。そうすると、鎖は元の自由な状態に戻ろうとして粒子を引き離す力が働く。この機構は立体障害効果と呼ばれる。また、鎖が取りうるコンフォメーション（conformation）が制約されるので、エントロピーが減少してギブス自由エネルギーが増加する。これは系にとっては不利な方向なので、それを避けようとするとも解釈もできるので、エントロピー効果とも呼ばれる。

　一般的に工業分野で使用されるバインダー高分子や高分子分散剤の分子量は数千から数万であることが多く、このような分子量範囲では図1.10①の浸透圧効果が主と考えられる。図1.10②のメカニズムが重要になるのは分子量が数十万以上の領域である。

　図1.9や図1.10では、粒子の大きさに対して高分子がかなり大きく表現されていて実際のイメージとは異なる。多くの解説書でも同様に高分子の相対的な大きさが誇張して示されていることが多い。実際には、サブミクロン領域の粒子に数千から数万の高分子が吸着した典型的な実用系の状態は、硬式テニスボール表面の状態を想像していただければ良い。まさに「毛が生えた程度」である。

1.6　成分間親和性の考え方

　実用系での分散安定化では高分子吸着が重要であることを前節で述べた。したがって、実用系における粒子分散で、濡れや分散安定化をうまく実現するためには、粒子と高分子および溶剤の3者間の親和性を適切に制御する必要がある。その基本的な考え方を**図1.11**に示した。

　分散安定化は分散剤や樹脂などの高分子を粒子表面に強く吸着させる必要があるので、この両者間の親和性を一番高くする。親和性が低ければ吸着が進行しない。この意味で図1.11ではこの間の線を太くしている。

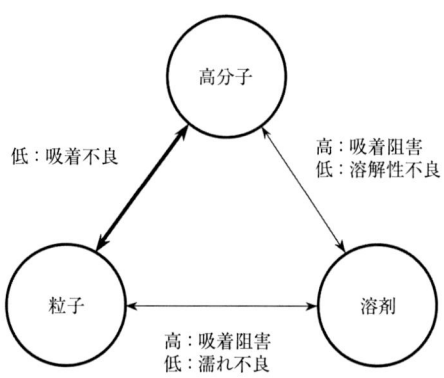

図 1.11　主要 3 成分間の親和性と粒子分散

　一方、溶剤と高分子や、溶剤と粒子の間の親和性は、高すぎても低すぎても不具合が生じる。高分子と溶剤の親和性が高すぎると、高分子の溶剤中への分配率が高くなって、粒子への吸着が阻害される。わかりやすくいえば、溶剤中のほうが、居心地が良いので高分子は粒子へ行ってくれないということである。逆に、高分子と溶剤の親和性が低いと、粒子への吸着（場合によっては析出）量は多くなるが、鎖が溶剤中へ広がらないので分散安定化にはつながらない。

　溶剤と粒子の親和性では、高すぎると粒子表面に溶剤が強く吸着してしまい、高分子の吸着を邪魔するので、分散安定化が実現されない。一方、低すぎる場合には、分散の単位過程の濡れが進行しないために、分散全体の進行が阻害されてしまう。すなわち、溶剤が関係する親和性に関しては、「高からず、低からず、ほどほどに」ということになる。

表 1.3　粒子分散における親和性の考え方

	現象の進行により系の乱雑さが増す場合	現象の進行により系の乱雑さが減少する場合
親和性の考え方	$T\Delta S>0$ なので、$\Delta H>0$（吸熱混合）でも可	$T\Delta S<0$ なので、$\Delta H<0$（発熱混合）でないと不可
対象となる現象	溶解、濡れ	吸着
適用する親和性理論	溶解性パラメーター	酸塩基相互作用（有機溶剤系）
		疎水性相互作用（水系）

1.6 成分間親和性の考え方

　それでは、高分子〜粒子を強く、溶剤〜高分子と溶剤〜粒子をほどほどに、ということを実際にはどのように考えれば良いであろうか。**表1.3**を参照いただきたい。物理化学の法則によれば、濡れや溶解、吸着など、どのような現象でも、その現象が起こった後では系全体のギブス自由エネルギー G は減少しなければならない。ギブス自由エネルギーは熱的な要素であるエンタルピー H と系の乱雑さを示すエントロピー S から成り立っており、ある現象に関してギブス自由エネルギーの変化 ΔG は1.2式で表される。T は絶対温度である。

$$\Delta G = \Delta H - T\Delta S \qquad \text{1.2 式}$$

　現象が進むためには、現象の後で $\Delta G < 0$ となっていなければならない。

　ここで、系の乱雑さがどのように変化するかという視点で、濡れ、溶解、吸着を考えてみる。吸着は溶剤中で自由に動き回っていた高分子が、粒子の表面に固定化される現象であるので、系全体の乱雑さは減少する。すなわち $\Delta S < 0$ となるので、$\Delta G < 0$ とするためには $\Delta H < 0$ とならなければならない。ΔH がマイナスということは、系から熱が外部に放出されることであり、発熱的な強い相互作用が必要ということになる。このような相互作用として有機溶剤系では酸塩基相互作用が、水系では疎水性相互作用が挙げられる。一方、濡れや溶解は、溶剤と粒子もしくは溶剤と高分子というように、別々に存在する秩序だった状態から、1つの系の中で乱雑に混ざり合った状態に変化するので $\Delta S > 0$ である。すなわち $\Delta H < 0$ である発熱的な変化はもとより、$\Delta H > 0$ であるような吸熱的な変化でも、それが $T\Delta S$ の絶対値を超えない範囲内であれば進行することになる。

　発熱的な強い相互作用を、溶剤と高分子や溶剤と粒子の間に働かせてしまうと、図1.11で示したように、粒子と高分子との相互作用を阻害する可能性があるので、$\Delta H \geqq 0$ の範囲でできるだけ ΔH の絶対値を小さくする方策を考えたほうが、実務上、得策である。このような $\Delta H \geqq 0$ の範囲で、濡れや溶解に伴う ΔH（正確には内部エネルギーの変化 ΔE）の値を議論するための尺度として溶解性パラメーターが知られている。

　高分子吸着に対する酸塩基相互作用の利用については3.3節で、疎水性相互

作用の利用については 3.4 節で、溶解性パラメーターについては 5.2 節で解説する。

<参考文献>
1) V.T. Crowl, J. Oil Colour Chemists' Assoc., vol.46, p.169（1963）
2) 小林敏勝、塗装技術、52（3）, 131（2013）
3) K. Tanaka, A. Ozaki, J. Catal., 8, p.1（1967）
4) 北原文雄、古澤邦夫、尾崎正孝、大島広行、「ゼータ電位」、サイエンティスト社（1995）
5) 北原文雄、「界面・コロイド化学の基礎」、p.91、講談社（1994）

粒子の特徴を知る

第2章 粒子の特徴を知る

　分散を考える時、その分散される粒子の性質を知ることが重要である。粒子はバルクが小さな粒になったものなので、バルク本来の性質がある。バルクの性質としては組成、原子配列、化学結合状態、結晶型、価電子帯構造などがある。例えば二酸化チタンは TiO_2 であるが結晶型がアナターゼ、ルチル、ブルッカイトおよびアモルファス状態があり、価電子構造も異なる。そのためバンドギャップが異なり励起される光の波長が異なる。同じ結晶型であっても粒子径が小さくなってナノ粒子になると量子サイズ効果が現れ、ブルーシフトすることが知られている。このようにバルクの性質を知った後に粒子サイズの影響を考えなくてはならない。

　粒子はそれ以外に、粒子特有の性質やその集合体の特性を持っている。また、粒子径が小さくなると表面積が増大し、表面の性質の影響が大きくなる。このようなバルク、粒子、表面の性質が重なり合うため、粒子の扱いが難しくなる。粒子のバルク的性質、粒子的性質、表面的性質を図 2.1 に示す。

　では、分散される粒子とはどのようなものなのか。ここでは粒子がどのように作られるか、そして粒子特徴について述べる。

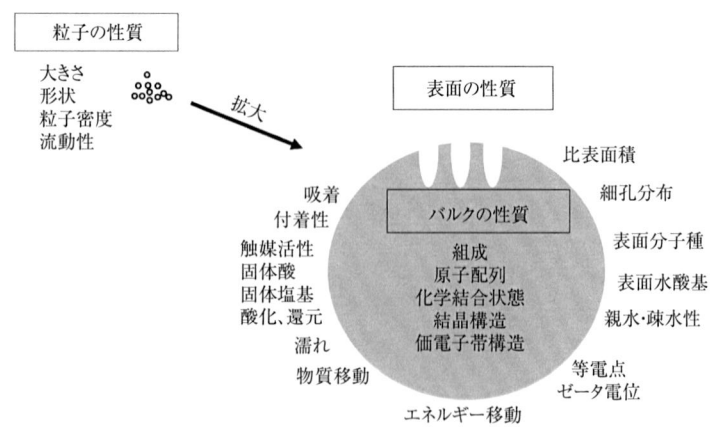

図 2.1　粒子の性質、バルクの性質および表面の性質

2.1 粒子の作り方

細かい粒子を作る方法としては大きく分けて2つある。大きな粒子から細かい粒子を作るブレーキング・ダウン法と、原子から細かい粒子を作るビルディング・アップ法とがある。

2.1.1 ブレーキング・ダウン法

ブレーキング・ダウン法では粉砕機を用いて固体原料を粉砕するが、得られる粒子の大きさと粉砕に要するエネルギーとの間にはボンドの式に示される半実験式がある。

$$E = Wi\left(\frac{10}{\sqrt{P}} - \frac{10}{\sqrt{F}}\right)$$

E：単位質量当りの粉砕エネルギー［kWh/t］　P：粉砕物の80％通過径［μm］
F：原料の80％通過径［μm］　　　　　　　　Wi：仕事指数［kWh/t］

この仕事指数を**表2.1**に示すが原料の粉砕性を表す指標の1つであり、粉砕機の設計や解析に用いられる。この式からわかるように、粒子径が小さくなると粉砕エネルギーは急激に増加する。また、粒子が小さいほど付着力の効果が大きくなって、加えられたエネルギーが十分に粒子自身に与えられない。一般の乾式粉砕機では、1ないし2μmよりも粉砕物を細かくすることは難しい。湿式では液体が粒子の凝集状態を改善し、機械的エネルギーが解砕に利用されるため100 nmまで粉砕することができる。

表2.1 材料の仕事指数

物質	仕事関数（kWh/t）
金剛砂	62.4
火打石	28.8
安山岩	20.1
ホウケイ酸ガラス	15.2
石英ガラス	14.8
石英	13.3
長石	12.4
滑石	11.8
石灰石	9.4
大理石	6.9
石膏	6.3

2.1.2 ビルディング・アップ法

　ビルディング・アップ法は物質を形成する最小単位である原子や分子のレベルから気相あるいは液相で物理的あるいは化学的な方法で合成していく方法で、逆に粒子径を大きくするのに限界がある。

　ビルディング・アップ法にはさまざまな方法があるが、工業的に合成されている方法を説明する。気相や液相から粒子を合成する時に均一な原子・分子だけで核合成を行う均一核合成法と、合成時に種粒子を挿入する不均一核合成法がある。後者は粒子の表面修飾の一種と考えても良い。

（1）液相法

　液相法には水熱合成法、ゾルゲル法（アルコキシド法）、還元法、共沈法などがあり、粒子径が非常に揃った粒子を大量生産することができる。核の生成と粒子成長を制御することで粒子径をコントロールすることができる。

　金属を例にとって説明する。金属粒子を作る場合、よく用いられるのが金属の塩化物、塩酸塩からの還元法で塩化パラジウム、塩化白金酸、塩化金酸などの溶液に適当な還元剤を添加して0価の金属原子を作る方法である。還元剤としては水素、水素化ホウ素アルカリ金属塩、ジボラン、ヒドラジン、アルコー

ルなどがあげられる。これらの還元剤は還元後の粒子安定剤として働き、分散性を維持しやすい。このような化学的還元法で銀粒子を作る場合、溶液粘度を高くすると平均体積径が小さくなる。これは核生成時間が溶液粘度によらず一定なのに対し、粘度が高いとモノマーの拡散速度が小さくなるためである。

また、金属を還元するためのエネルギーとして可視光、紫外光、放射光、超音波などを利用する場合がある。この方法は系内に還元剤の酸化体を不純物として含まないという特長をもつが、粒子の凝集を誘発しやすい。

(2) 気相法

気相法には高温蒸気の冷却による物理的凝集プロセス（PVD）や気相反応による粒子の合成プロセス（CVD）がある。気相法は反応ガス濃度やキャリアガスによって高純度で粒子の揃ったナノ粒子を得ることができる。しかし、製造に時間がかかり生産コストが高くなるため付加価値の高い製品を対象とする場合が多い。最近はプラズマ法を利用する場合が多い。

近年、多くのナノ粒子が合成されているが、ナノ粒子は凝集力が強く凝集体を形成し易い。粒子の表面処理で重要な点は一次粒子に近い状態で処理しないと十分な表面処理効果が得られない点であり、凝集しない製造方法が望ましい。

2.2 粒子的性質

粒子的性質の1つは粒子の大きさであり、もう1つは粒子の形状である。

2.2.1 粒子の大きさ

世の中にはいろいろな大きさのものが存在している。身近なものと粒子の大きさを図2.2に示す。軸は対数なので1目盛りで10倍の違いがある。分散が関与する粒子の大きさは1 mmから数 nmの範囲で非常に範囲が広い。

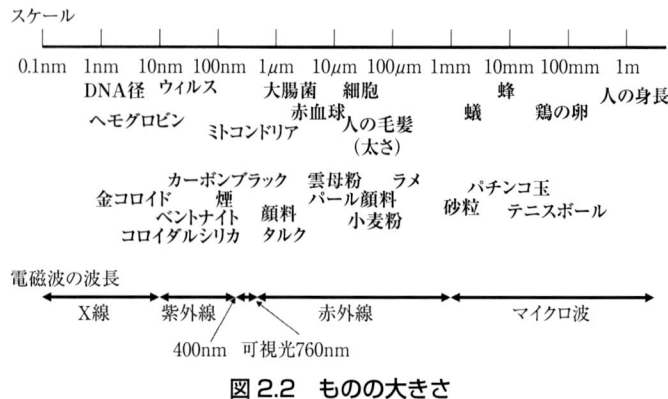

図2.2 ものの大きさ

　粉体原料を入手した場合、一般的には一次粒子が凝集した状態になっているので、そのことに留意して次の作業を行う必要がある。一次粒子はこれ以上識別できない明確な境界をもった固体で、必ずしも単結晶であるとは限らない。

(1) 粒子の大きさと物性

　砂の粒子は1mm程度、タルクは1μm程度、金コロイドの粒子は数nm程度である。粒子には「臨界粒子径」があり粒子の種類で異なるが数十μm程度といわれている。それ以上では粒子の相互付着作用が少なくなる。

　図2.3にナノ粒子のサイズと原子数および表面に存在する原子の割合を示した。100nm以下の粒子をナノ粒子と呼ぶが、1nmから10nmの範囲はクラスター領域とも呼ばれ、その領域の粒子はシングルナノ粒子と呼ばれる。1nm以下は原子・分子の領域である。構成原子が1万個以下に微粒化すると、バルクとは異なる物性が現れる。

　量子サイズ効果は「電子を狭い領域に閉じ込めると電子のもつエネルギーが離散的になる」現象で、$h^2/\pi^2 mr^2$（h：プランク定数、m：電子質量、r：粒子半径）で与えられる電子のエネルギーバンド中の準位間隔が熱撹乱エネルギー$K_B T$（K_B：ボルツマン定数、T：絶対温度）より大きくなることである。バルクでは連続とみなせた電子のエネルギー準位の離散性が巨視的な物性に発現する。固体内で量子サイズ効果が顕在化するのは、固体が電子の波長程度に小さい場合、すなわち0.1～数十nmである。

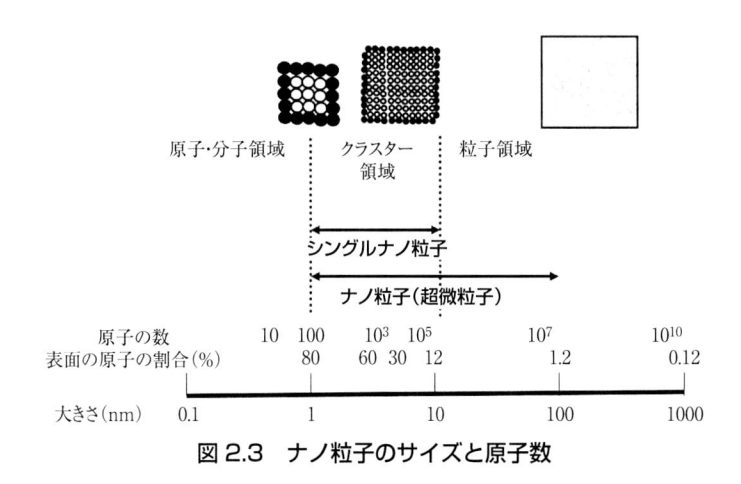

| 原子・分子領域 | クラスター領域 | 粒子領域 |

シングルナノ粒子

ナノ粒子（超微粒子）

| 原子の数 | 10 | 100 | 10^3 | 10^5 | 10^7 | 10^{10} |
| 表面の原子の割合(%) | | 80 | 60 | 30 | 12 | 1.2 | 0.12 |

| 大きさ(nm) | 0.1 | 1 | 10 | 100 | 1000 |

図 2.3　ナノ粒子のサイズと原子数

　発光素子のシリコンナノクリスタルを例にとると、粒子経 4 nm が赤（R）、2 nm が緑（G）、1.5 nm が青（B）で、従来は光の波長ごとにそれぞれ異なる材料を合成していたが、粒子径を精密に制御することで同じ物質で RGB の発光が可能となる。

　ナノ粒子は体積より表面積の影響が大きくなり原子の移動（拡散）や溶解度が増し、焼結温度も低下する。金の融点は 1300 K であるが 3 nm では 900 K に低下する。また、化学的に不活性な金も 5 nm 以下では触媒作用が発現する。磁性特性もサブミクロンの単磁区粒子に近い粒子にすることで性能が向上する。

(2) 粒子径測定

　粒子の大きさは粒子径測定で測定することができるが、ほとんどの粒子の形状は不規則で、単純かつ定量的に表現できるものではない。一般的には、「球相当径」のような間接的な表現で粒子径を定義することが多い。例えば沈降法の原理で測定すると、被測定粒子と同じ物質の 1 μm の球と同じ沈降速度をもてばその粒子は 1 μm と表される。また、レーザー回折・散乱法を用いた場合は被測定粒子と同じ物質の 1 μm の球と同じ回折・散乱パターンを示せばその粒子は 1 μm ということになる。このように測定原理が異なれば粒子径の定義そのものが異なり、同じ試料でも測定法が異なれば同じ結果が得られるとは限

らない。このため、粒子径分布を示す場合はどのような原理の測定装置で測定したのかを明示する必要がある。

粒子径の代表的な測定方法を表2.2に示す。

①沈降速度法

沈降速度法は、媒体中を沈降する粒子の沈降速度がその径に依存することを利用した簡便な測定法である。ある位置での光透過量の時間変化から粒子径分布が算出できる。粒子の沈みやすさを測定しているため、凝集した粒子が混在すると粒子径の大きな分布になってしまう。粒子径が小さくなると測定に要する時間が長くなるのが欠点である。

②光回折法・散乱法

光回折法・散乱法は、粒子からの回折・散乱光の空間的な光強度パターンが粒子径に依存して1対1の関係で変化するという原理に基づいている。光の回折現象とMie散乱現象を利用して粒子径を求めるため、広い粒子径範囲の測定が可能である。操作性に優れて再現性が良く、測定時間も短いので粒子径測定方法の主流となっている。測定は湿式、乾式のどちらも可能であるが、粒子

表2.2 粒度測定装置の比較

測定方法	粒径範囲（μm）	測定現象	利点	欠点
沈降速度法	0.01〜300	透過光量	安価、簡便	粒子径が小さくなると時間がかかる。粒子の密度、屈折率必要。吸光係数の補正が必要
光回折法・散乱法	0.01〜3000	回折・散乱パターン	簡便、測定範囲が広い	粒子の屈折率必要。サブミクロンの精度が良くない
光子相関法	0.001〜5	散乱強度の揺らぎ	幅広い試料で測定できる。	溶媒の屈折率、粘度の値が必要。散乱強度に依存
電気的検知帯法	0.1〜1000	電流／電圧値	粒子堆積の計算が可能。	ダイナミックレンジが狭い
FFF法	0.01〜1	透過光量	高分解能	粒子の密度、屈折率の値が必要
超音波減衰分光法	0.005〜1000	超音波	高濃度でも測定可能。	対象粒子によっては濃度や粒子径が限定される
微分型静電分級法	0.001〜0.1	静電気	気相中のナノ粒子の測定が可能	低圧、腐食ガス雰囲気での使用は困難。操作上の安定性

分散が容易な湿式で測定されることが多い。しかし測定粒子の屈折率を必要とし、Mie散乱現象から算出するためサブミクロン領域では測定精度が低下するという欠点がある。

③光子相関法

　光子相関法は動的光散乱法とも呼ばれ、電子顕微鏡レベルの大きさが測定できる。懸濁液や溶液中に分散した微粒子はブラウン運動をしており、その動きは大きな粒子ほど遅く、小さな粒子ほど速い。このブラウン運動している粒子にレーザー光を照射し、その散乱光を検出器で観測すると、干渉による散乱光の強度分布が得られる。粒子はブラウン運動によって絶えずその位置を移動しているので、この干渉による強度分布も絶えず揺らぐことになる。ピンホールや光ファイバーなどの光学系を用いれば、このブラウン運動の様子を散乱光強度の揺らぎとして観測することができる。この揺らぎから光子相関法によって自己相関関数を求め、ブラウン運動を示す拡散係数、粒子径およびその分布を算出する。

④電気的検知帯法

　電気的検知帯法はコールターカウンター法とも呼ばれる。電解質溶液中に細孔を有する隔壁を置き、両側より電圧をかけた場合にできる電流回路に流れる電流値はこの細孔部分の電気抵抗に関係している。この電解質溶液中に微粒子を分散させ、細孔を通して分散液を吸引した時、粒子は電解質溶液とともに細孔を通過する。この時、細孔内を満たしていた電解質溶液は粒子の堆積分だけ排除され、その結果、細孔部分の電気抵抗は粒子の通過とともに瞬間的に増加する。この電気抵抗の変動を電圧パルスとして検知し、その計測を行えば粒子個数濃度が求められ、電圧パルスの大きさは粒子体積に比例する。パルス高の分布から粒子径分布が算出できる。この方法では粒子体積を測定することが可能であるが、ダイナミックレンジが狭いのが欠点である。

⑤ Field Flow Fractionation（FFF）法

　FFF法は高分子の分子量測定法として開発された方法で、清浄液を満たしたダクト内に粒子を注入し、それに外力場を作用させると加えた外力に応じて粒子がダクト上に堆積する。このような堆積粒子に層流の流れを与えると、流速の速い位置にある粒子はより遠くへと運ばれるため、その時の粒子の検出を光透過法で行って粒子径を算出する。この方法では比較的高分解能の粒子分布

を得ることができるが、粒子の密度や屈折率などが必要となる。
⑥超音波減衰分光法
　超音波減衰振動法は測定室の中に懸濁液を入れ、片方の超音波発振機からさまざまな周波数の超音波（1〜100MHz）を照射し、反対側の振動子で検出する。懸濁液中の粒子によって超音波は散乱、回折し減衰する。減衰には粘性や熱効果などの影響もある。この減衰した割合から粒子径分布および粒子濃度を算出する。光の代わりに超音波を用いることから、光が透過できないような高濃度懸濁液でも粒度分布測定が可能である。対象粒子によって適用濃度範囲や粒子径範囲が限定されるなどの問題がある。
⑦微分型静電分級器（DMA）
　DMA法は流体中での粒子の移動速度に基づいて粒子径を算出する。粒子に電荷を与えると電荷をもつ粒子は電場中では反対の電荷をもつ電極に引き付けられ移動する。電極方向への移動速度は粒子径が小さいほど速くなるので粒子径測定が可能となる。1 nmくらいから大きい粒子径が測定可能である。
　また、顕微鏡で直接観察する方法があり、正確に測定するためには標準となる物質が必要である。顕微鏡については後に詳しく説明する。

2.2.2　粒子の形状

　炭素はサッカーボール型のフラーレンやカーボンナノチューブのチューブ状、グラフェンのようなシート状といろいろな形を持っているが、一般の粒子も**図2.4**に示すように球状、板状、立方体状、紡錘状、針状、不定形がある。
　不規則形状の粒子を表すには、粒子あるいは粒子群の性質またはそれらが引き起こす現象を表現する形状計数と、粒子の形そのものを数値化した形状指数の2通りがある。
　形状指数は理想的な形、例えば球あるいはその二次元投影像である円からどの程度違っているかを表している。形状指数は任意に選んだ二つの代表径の比で定義される。面積相当径χ_Hとは、ある粒子の二次元投影面積と同じ投影面積をもつ球形の粒子径、周長相当径χ_Lとはある粒子の二次元投影像の周長と

2.2 粒子的性質

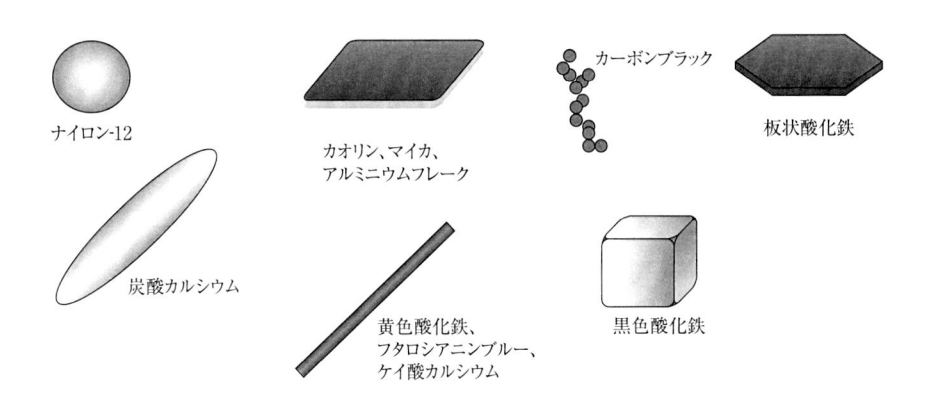

図2.4 粒子の形状

ナイロン-12／カオリン、マイカ、アルミニウムフレーク／カーボンブラック／板状酸化鉄／炭酸カルシウム／黄色酸化鉄、フタロシアニンブルー、ケイ酸カルシウム／黒色酸化鉄

等しい周長をもつ球形の粒子径をいう。これらの2つの代表径の比（$=\chi_H/\chi_L$）が円形度で、円からどの程度違っているかを表現する。円の場合1となり、投影像が円から離れるほど小さくなる。別の形状指数として、二次元投影像の長径χ_lと短径χ_sとの比（$=\chi_l/\chi_s$）がありアスペクト比と呼ばれている。これは長短度を表し細長いものは値が高い（**図2.5**）。

粒子の粒径や形状は付着性、凝集性、飛散性、圧縮性、混合性、変形性、成

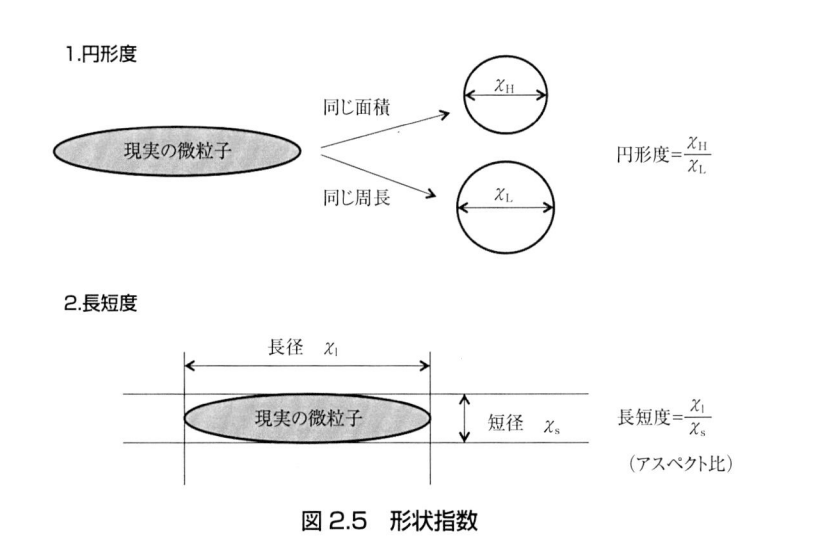

1.円形度

現実の微粒子 → 同じ面積 → χ_H
現実の微粒子 → 同じ周長 → χ_L

円形度 $= \dfrac{\chi_H}{\chi_L}$

2.長短度

長径 χ_l／短径 χ_s

長短度 $= \dfrac{\chi_l}{\chi_s}$

（アスペクト比）

図2.5 形状指数

型性、分散性などにも影響を与える。

2.2.3　粒子の光学特性

粒子の組成、原子配列、化学結合状態、荷電子帯などによって光の回折、干渉、散乱、屈折、反射、分散、透過、発光、蛍光などが生じる場合があり、産業ではそれを利用している。ここでは粒子の光学特性について述べる。

(1) 粒子による光の散乱

粒子の大きさは光学特性にも影響を与える。光の波長との相互作用で色調の変化、顔料としての隠ぺい性、紫外線遮断効果などが現われる。特に微粒子ではその粒径が光散乱と隠ぺい力に大きく影響する。散乱係数の波長と散乱粒子の大きさに関わるパラメーターは以下の式があり、α が1以上は幾何光学近似、1に近い場合は Mie 散乱、1より小さい場合は Rayleigh 散乱となる。

$$\alpha = \frac{\pi D}{\lambda}$$

D：粒子直径　　λ：波長

粒径が光の波長に比べて極端に大きい幾何光学近似の場合には、この粒子の遮ぺい効率は粒子の断面積に比例し、粒径が小さいほど光の遮断面積が増える。さらに粒径が小さくなると幾何光学領域を外れて、光の散乱を起こす Mie 領域に入る。粒径が光の波長と同レベルの Mie 領域では、光散乱が最高になる条件は粒子と媒体との屈折率差が大きく、粒径が波長 λ の1/2前後である。雲が白く見える一因である。

粒径が光の波長より極端に小さい場合は Rayleigh 領域となり、散乱係数は波長の4乗に反比例するので、波長の短い青は赤より多く散乱される。空が青く見える原因である。

$$\kappa = \frac{2\pi^5}{3} \mathrm{n} \left(\frac{\mathrm{m}^2-1}{\mathrm{m}^2+2}\right)^2 \frac{\mathrm{d}^6}{\lambda^4}$$

n:粒子数　　d:粒子径　　m:反射係数　　λ:波長

　Stamatakis らは Mie 理論に基づいて二酸化チタンや酸化亜鉛の光散乱と紫外線吸収の粒径依存性をコンピューター計算した[1]。波長 300 nm の紫外線吸収に対する二酸化チタンの最適粒径は 50 nm であり、波長が長くなるにしたがって最適粒径は大きく、吸収の絶対値は小さくなった。一方、波長 300 nm の光の散乱はいずれの粒径によっても低い値を示し、この波長領域では吸収が重要な役割を演じていることがわかった。このような吸収と散乱の関係を利用し、要望されている波長の防御に最も良好な粒子径を用いることが望ましい。

(2) 粒子による光の干渉

　自然ではモルフォ蝶のように構造色で色を出しているものがあり、古くは魚鱗箔などが天然の真珠光沢顔料として使われてきた。現在では雲母に二酸化チタンなどの屈折率の高い物質を薄く被覆して、その膜の光の干渉を利用した真珠光沢顔料が自動車や化粧品に使用されている。**図 2.6** に雲母チタンの干渉色の模式図を示す。二酸化チタンの屈折率 $n_1 = 2.1616$ とした場合の干渉色は、

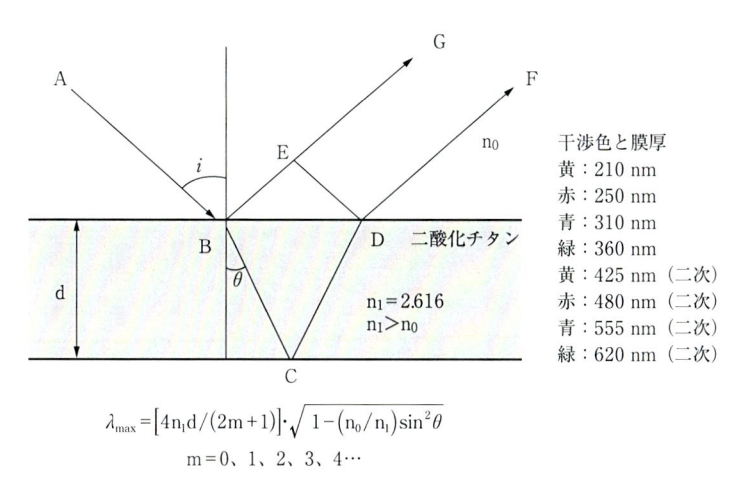

干渉色と膜厚
黄:210 nm
赤:250 nm
青:310 nm
緑:360 nm
黄:425 nm(二次)
赤:480 nm(二次)
青:555 nm(二次)
緑:620 nm(二次)

$n_1 = 2.616$
$n_1 > n_0$

$$\lambda_{\max} = [4n_1 d/(2m+1)] \cdot \sqrt{1-(n_0/n_1)^2 \sin^2\theta}$$

$m = 0、1、2、3、4\cdots$

図 2.6　雲母チタンにおける二酸化チタンの膜厚と干渉色

膜が厚くなるにつれて変化していくが一定の膜厚を超えるとまた元の色に戻り、二次の干渉色が現れる。この時、雲母に均一に二酸化チタンを被覆することが重要となる。

さて、干渉色が赤であれば補色は緑色であるが、一般的には白い下地に雲母チタンを塗布した場合には外感色は白っぽくあまりはっきりしない。一方、黒の下地に雲母チタンを塗布した場合は干渉色がよりはっきり認められる。この理由については図 2.7 に示すように下地が白い場合は補色が白の下地に吸収されないため干渉色と一緒になって白っぽく見えるが、黒の下地では透過した補色が黒に吸収されて干渉色だけがはっきり見えるものと思われる。

（3）コロイダル結晶

シリカ粒子のような荷電コロイド粒子を誘電率の高い溶媒中に分散させると粒子表面に電荷をもち電気二重層を形成する。分散液の粒子濃度および pH などを調整すると個々の粒子は互いに反発力を持ち、反発力の到達距離が粒子間の平均距離より大きくなると粒子は動けなくなって平衡位置に固定されて結晶化する。コロイド結晶は、三次元のフォトニック結晶であり、Bragg の法則と Snell の法則を満足する次式を満たす波長の光を選択的に反射する。

$$\lambda = (2d/m)(na^2 - \sin^2\theta)^{1/2}$$

λ：反射光の波長　　d：結晶の格子面間隔　　m：Bragg の反射次数
na：粒子の屈折率　　θ：光の入射/反射角

粒径が数 100 nm 程度の粒子からなるコロイド結晶は可視光域の光を反射することができる。

2.2.4　粒子の密度

密度は粒子の基礎物性の 1 つで、粒子径や空隙率などの測定にも欠かせない物性値である。単位体積当たりの質量として定義されるが、体積の定義によっ

2.2 粒子的性質

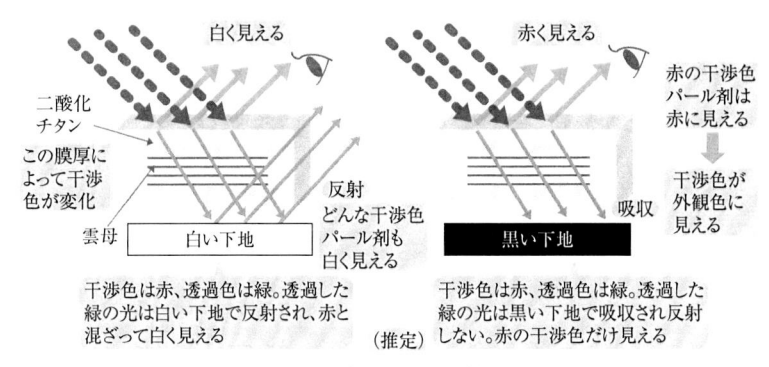

図2.7　赤干渉色パール剤の下地による見え方
出典：福井寛「トコトンやさしい化粧品の本」日刊工業新聞社 (2009)

て以下の密度が使われる。

(1) 真密度 (true density)

　固体密度とも呼ばれる値で、粒子内部にある閉じた空洞は粒子体積から除く。そのため十分に細かく粉砕したのち測定する。

(2) 粒子密度 (particle density)

　粒子内部にある閉じた空洞は粒子体積に含め、粒子表面のくぼみや割れ目、開いた空洞は粒子体積に含めない。測定法としては、液体の置換体積による液浸法と気体による気体容積法とがある。液浸法にはピクノメーターが使用される。粒子試料を入れてその質量を測定し、次いで液体を入れて十分に脱気したのちに質量を測る。これにより試料の体積分だけ排除される液体の体積が測定され、粒子密度が算出できる。液体の代わりに気体を用いるのが気体容積法である。Mularの装置、Poissonの装置、Neumannの装置などさまざまな工夫がされているが、置換された気体体積を正確に測定することができる。液浸法のように試料を溶解する問題がなくどんな粒子にも適用できる。温度の影響を受けやすく、ガスのリークには注意をする必要がある。

(3) 見かけ粒子密度（apparent particle density）

粒子表面を濡らさない液体を用いると、粒子表面の割れ目や入口の狭いくぼみ、小さく開いた空洞に入っていかず粒子体積に算入される。

(4) かさ密度（bulk density）

体積既知の容器に粒子を充填し、粒子間の空隙も含めた体積で粒子質量を除した値である。充填方法に依存し、疎充填かさ密度、密充填かさ密度がある。

2.2.5　粉体の力学的特性

粉体は微小粒子の集合体であり、各粒子間には相互作用力が働く。そのため、粒子を扱う操作では付着や凝集、固結などの力学的特性を把握しておく必要がある。この代表的なものは流動性と噴流性である。

粉体の流動性を評価するためには、次の4つの項目を測定する。

①安息角

標準ふるいを振動させ、ロートを通した注入法により粒子を堆積させ、その角度を測定する。流動性の高い粒子の角度は小さくなる（図2.8）。

②スパチュラ角

スパチュラの上に堆積する粒子の角度を測定する。安息角と同様、流動性の良い粒子の角度は小さくなる。

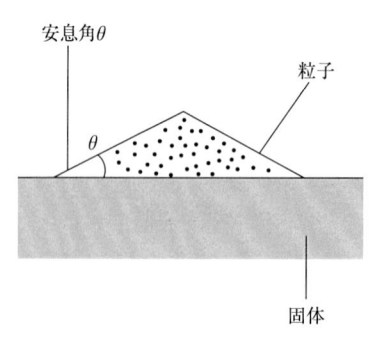

図2.8　粒子の安息角

③圧縮度

　疎充填かさ密度と密充填かさ密度を測り、この２つの数値の比から圧縮度を求める。流動性の高い粒子はこの値が小さい。

④凝集度・均一度

　標準ふるいを用いて、これを一定時間、一定の強さで振動させ、ふるい上の残量から粒子の凝集の程度を評価するのが凝集度である。また、粒度分布測定またはふるい分けなどを実施し、60％ふるい下粒径を10％ふるい下粒径で割った値が均一度である。粒子で均一度が測定できる場合は均一度を、凝集度が測定できる場合は凝集度を使用する。

　これらの各測定値から「Carrの流動性指数表」を用いて粉体の流動性指数（flowability）を算出する。これは7段階に分類されている[2]。

　また、粉体の噴流性を評価するためには次の4つの項目を測定する。

ⅰ）流動性：前述した流動性指数のことで、噴流の可能性のある粒子は流動性が高い

ⅱ）崩壊角：安息角を作っている粉体に一定の衝撃を与えて、これの崩壊の程度を測定する

ⅲ）差角：安息角と崩壊角の差

ⅳ）分散度：一定量（10 g）の粉体を一定高さから落下させ、下に置いた一定面積のガラス（100 mmφ）に残る量から分散性、飛散性、発塵性などを判断する

$$(10.0 - 平均残量) \times 10 = 分散度（\%）$$

　これらの値から「Carrの噴流性指数表」を用いて粉体の噴流性指数（floodability）を求める。この噴流性は5段階に分かれている[2]。

　粉体の流動化のメリットは、粉体が液体のように均一に混合されるので、粉体とガスの接触効率がきわめて良くなることである。これによって、流動層内の気固反応特性や熱伝達特性がきわめて良好となる。このような特性をもつ流動層は気固接触反応装置として種々の化学反応に利用されている。

2.3 粒子の表面の性質

　粒子径が小さくなると表面積が増え、表面の性質が重要となる。粒子表面の原子数の割合と粒子径を単純立方格子固体（原子間距離 0.2 nm）で概略計算したものを図 2.3 に示した。粒子径 10 μm の粒子では表面に存在する粒子の割合はきわめて低いが、10 nm では約 12％になっている。1 nm になると約 80％の原子が表面に存在することになる。

　図 2.1 に粒子のバルクと表面の性質の概念図を示した。バルクについては組成、原子配列、化学結合状態、結晶構造、価電子帯構造などがある。表面では表面の幾何学構造、表面積、細孔分布、表面官能基（特に金属酸化物では表面水酸基）、等電点やゼータ電位などの電荷、濡れ、親水性・疎水性などが重要である。このような表面状態に影響を受ける化学過程としては吸着、表面反応、触媒活性、物質移動、エネルギー移動などがある。粒子の表面特性は表面エネルギー、格子欠陥、表面の電子状態などの分子構造、電気的構造、幾何学的構造、結晶構造や比表面積などの特性によって左右される。**表 2.3** に粉体の粒子特性と表面化学的現象を示すが、きわめて多岐にわたり複雑である。

表 2.3　粒子特性と表面特性

		表面化学に関係する基本的事項	現象
粒子特性	粒度 粒子形状	平均粒径、粒度分布、比表面積	粉体の流動、混合、分級、造粒、充填、成型、焼成など、光学的性質
表面特性	分子構造	不均一性、官能基、吸着分子、結合のイオン性、酸・塩基性、酸化・還元性	濡れ、吸着、表面の極性、静電場、バンド構造、表面反応、光反応
	電気的構造	電子状態、表面イオン、吸着イオン、界面二重層、等電点、酸化・還元性	帯電、ゼータ電位、凝集、分散、色別れ、コロイド安定性、吸着、触媒活性
	幾何学的微細構造	平滑度、細孔分布、結晶粒界、比表面積、表面エネルギー	粉体工学的現象（流動、混合、充填、成型、焼成など）、吸着
	結晶構造	結晶型（アモルファスも含む）、格子欠陥、格子ひずみ、格子不整、極性	濡れ、吸着、表面反応性、触媒活性、バンド構造

2.3.1　幾何学的構造

　表面では固体バルクの原子の並びがそこで途切れるため固体バルクとは異なる特異な物理的、化学的な性質が現れる。実際の表面は「理想表面」ではなく、図 2.9 に示すように 1 原子層から数原子層の段差に相当するステップ、ステップの折れ曲がる点に相当するキンクがある[3]。また、それらの間の平らな面をテラスと呼ぶが、テラス内にも空孔や付加原子などの構造欠陥がある。これらの構造欠陥は表面での反応に大きな影響を与える。また、粒子表面にも細孔があり、細孔には 2 nm 以下のミクロポア、2 nm 〜 50 nm のメソポア、50 nm 以上のマクロポアがある。

2.3.2　吸着

　表面処理をする場合、表面での吸着挙動は重要である。吸着には物理吸着と化学吸着がある。物理吸着は吸着エネルギーとしては小さいが物質間に常に存在し、ほとんどの接着現象に関与している。その要因は van der Waals 相互作用とされ、原子・分子内の電子分布のゆらぎにより発生する双極子により誘起された相手物質の分極と元の物質の分極が相互作用して引力が生じる。そのため、van der Waals 力の大きさは物質の分極率に依存する。化学吸着では吸着

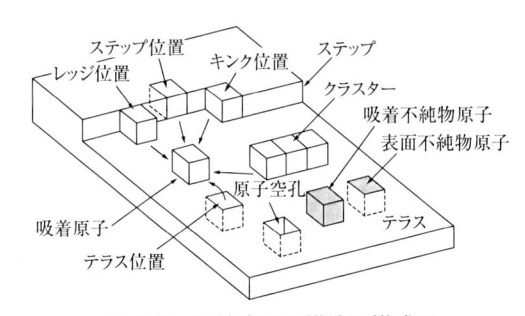

図 2.9　固体表面の構造の模式図
出典：小間篤、八木克道、塚田捷、青野正和「表面科学シリーズ 1 表面科学入門」p.53、丸善、(1994)

原子・分子と固体表面を構成する原子の間に化学結合が生じる。化学結合には共有結合、イオン結合、配位結合、金属結合、水素結合が含まれる。物理吸着と化学吸着の特徴を**表 2.4** に示す。

吸着平衡における吸着量は、系の温度 T、気体の圧力 P によって変化する。温度 T が一定で圧力 P を変化させた時、吸着量 v あるいは被覆率 θ がどのように変化するのかを示すグラフが吸着等温線であり、そのグラフを表すために用いられる式が吸着等温式である。**図 2.10** に IUPAC の吸着等温線の分類を示す。Ⅰ型は化学吸着（Langmuir 型）や、ミクロ孔（＜2 nm）を持つ表面への吸着で、Ⅱ型は非多孔性表面への多分子層吸着で BET 型とも呼ばれている。Ⅲ型は吸着質が吸着しにくい場合の非多孔性表面への多分子層吸着である。Ⅳ型とⅤ型は吸着時と脱着時の等温線が一致しない、いわゆるヒステリシスが生じている。この現象は毛管凝縮が原因でメソ孔を持つためである。その中でⅤ型は吸着質が吸着しにくい場合である。Ⅵ型は稀なタイプで細孔のない平滑な表面への段階的な多分子吸着を示す。

よく用いられる吸着等温式を**表 2.5** に示す。現実の系における吸着は多くの因子に影響され、1つの吸着等温式で示すのは困難である。

代表的な吸着等温式の1つに単分子以上の吸着が起こらない化学吸着の Langmuir 型吸着等温式があり、吸着等温線は図 2.10 のⅠ型になる。この吸着等温式には以下の仮定がある。

表 2.4　物理吸着と化学吸着の特徴

	物理吸着	化学吸着
吸着力	van der Waals 力	化学結合
引力の源	電子分布の分極	電子の交換
電子状態	孤立分子の電子状態はほぼ保持される	分子の電子状態が変化し混成状態を生じることもある
力の強さ	弱い	強い
吸着量	多い	少ない
吸着様式	単分子吸着以上（多分子層形成）	単分子吸着以下
脱着	真空引きで可（可逆）	加熱が必要（不可逆の場合あり）
結合エネルギー	24 kJmol^{-1} 程度	40〜400 kJmol^{-1}
例	シリカゲルへの窒素吸着	金属表面への水素吸着

2.3 粒子の表面の性質

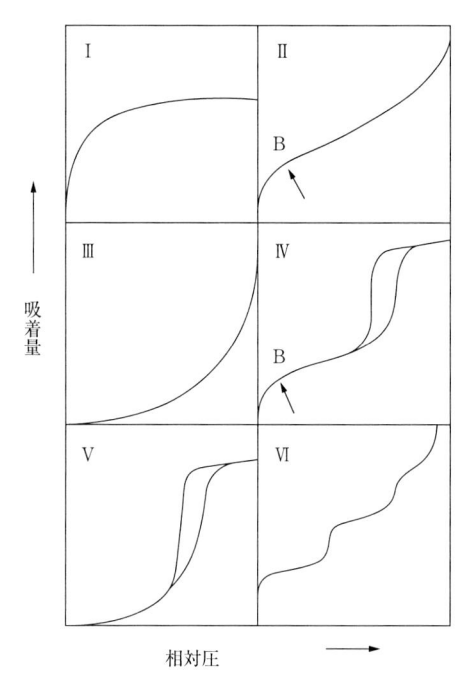

図 2.10　吸着等温線の IUPAC 分類

表 2.5　典型的な吸着等温式

名称	関係式
Langmuir	$v/v_m = \theta = bP/(1+bP)$ ・均一表面である ・分子あるいは原子はある特定の吸着サイトにのみ吸着し、動き回ることはない ・吸着熱は被覆率に依存せず、吸着種どうしの相互作用もない
BET	$P/v(P_0-P) = 1/v_mC + [(C-1)/v_mC] \times (P/P_0)$ ・均一表面である ・多分子層吸着 ・吸着熱は第1層と第2層で異なる
Henry	$v = \kappa P$
Freundlich	$v = \kappa P^{1/n}$

V：全吸着量、vm：単分子吸着するのに必要な吸着量、P：気体の圧力、P_0：吸着温度における吸着質の蒸気圧、b、C、k、n は定数、θ：被覆率

- 分子あるいは原子は、ある特定の吸着サイトにのみ吸着し、動き回ることはない。
- 吸着熱は被覆率に依存せず、吸着種どうしの相互作用もない。

　分子状の吸着の場合、吸着平衡においては、気体の吸着速度 v_a と脱離速度 v_d は等しい。表面の被覆率を θ とすると、空のサイトの割合は $1-\theta$ である。吸着速度は、気体の圧力 P および空のサイトの割合に比例すると考えられるから、以下の式となる。

$$v_a = \kappa_a (1-\theta) P$$

また、脱離速度は被覆率 θ に比例するから

$$v_d = \kappa_d \theta$$

と表すことができる。ただし、κa および κd は吸着および脱離の速度定数である。吸着平衡において両速度は等しくなるから、

$$\kappa_a (1-\theta) P = \kappa_d \theta$$

これより以下の式となり、この式が Langmuir 型の吸着等温線を与える。

$$\theta = \frac{\kappa_a P}{\kappa_d + \kappa_a P} = \frac{bP}{1+bP} \quad \text{ただし、} \quad b = \frac{\kappa_a}{\kappa_d}$$

　BET 型吸着等温式は Brunauer, Emmett, Teller により提案された多分子層吸着等温式で、図 2.10 の II 型のようになる。この式は粒子の表面積を求めることができる非常に重要な式である。この式も吸着サイトの存在、および吸着熱が吸着種間の相互作用に依存しないという仮定のもとに導かれる。さらに、2 層目以上の吸着熱は、気体の蒸発熱と同じで、一定と仮定する。このような

仮定のもとに吸着平衡においては、第 n 層への吸着と第 (n＋1) 層からの脱離の速度が等しいという条件で連立方程式をたて、吸着量を求めると、次のような吸着等温式が得られる。

$$\theta = \frac{v}{v_m} = \frac{Cx}{(1-x)(1-x+Cx)}$$

θ：被覆率　　v：全吸着量　　v_m：単分子吸着量
x：測定温度における気体の相対圧力 P/P_0　　C：吸着熱と関係ある定数

この式を用いて粒子の表面積を求めることができる。$X = P/P_0$ を代入して変形すると、次のようになる。

$$\frac{P}{v(P_0-P)} = \frac{1}{v_m C} + \frac{C-1}{v_m C} \cdot \frac{P}{P_0}$$

したがって、$P/v(P_0-P)$ を P/P_0 に対してプロットして直線になれば BET 式が成り立つことになる。この直線の切片 $1/(v_m C)$ と傾き $(C-1)/(v_m C)$ より C と v_m が求まる。v_m は単分子吸着量なので窒素の分子占有面積を使って比表面積 As を算出することができる。

$$As = v_m N a_m / (M \times 10^{-18}) \ [m^2 g^{-1}]$$

N：Avogadro 数　　a_m：分子占有断面積（nm^2）　　M：吸着質の分子量
　a_m：77K の窒素吸着の場合 0.162 nm^2 が標準的に用いられている

2.3.3　表面積と細孔分布

表面積に対しては比表面積がその目安となる。粒子を分散するために界面活性剤を添加する場合には粒子の表面積を知らないとかえって凝集してしまうことがある。また、表面処理における処理剤の量は単位面積当たりの量で考えな

くてはならないので重要な値である。

　粒子表面には多かれ少なかれ細孔が存在している。もし分散媒が細孔のなかに浸み込まなければ細孔のなかの空気が最終製品に悪い影響を与える場合がある。また、液体クロマトグラフィー用担体には細孔の揃った粒子が望ましい。表面の細孔は細孔分布で示される。粒子を扱う場合の細孔は、一次粒子の構造に細孔が存在する場合を空孔と呼び、二次粒子を形成する場合の一次粒子間の細孔を空隙と呼んでいる。比表面積と細孔分布の測定方法を以下に述べる。

（1）比表面積

　比表面積の測定方法としてはガス吸着法と気体透過法がある。ガス吸着法は吸着の項で述べた吸着等温線から求める。一般に窒素ガス（分子断面積 0.162 nm^2）が用いられ、液体窒素温度（77 K）下での窒素ガスの吸着等温線からBET 式を用いて比表面積を算出する。気体透過法は一般に空気が使われ、粒子で充填された層内を透過する時の圧力損失と比表面積の関係を示すKozeny-Carman 式を利用して求める。この方法では空気が流れない細孔部分は考慮されておらず外表面積を測定していることになる。それ以外に、粒子を液体で濡らした時に発生する浸漬熱から求める方法もある。

（2）細孔分布

　細孔は大きさでいうと 2 nm 以下のミクロポア、2-50 nm のメソポア、50 nm 以上のマクロポアがある。また、形ではシリンダー状とスリット状がある。細孔分布の測定には水銀圧入法とガス吸着法がある。水銀圧入法は他の物質との接触角が 90 度より大きな水銀を用いる。水銀は加圧しなければ細孔に侵入できないので、加圧しながら細孔への水銀侵入量を静電容量検出器などで検出して細孔容積を算出し、細孔を円筒形と仮定して細孔分布を求める。圧力と細孔径との関係は次の Kelvin 式が利用される。

$$-4\sigma\cos\theta = pD$$

　　σ：水銀の表面張力　　θ：接触角　　p：圧力　　D：細孔直径

この水銀圧入法は 2 nm 〜 100 μm の細孔まで適用できる。

液体窒素温度下での窒素ガスの吸着等温泉から求める方法は、ある半径より小さな径の細孔では毛管凝縮が起こっているとして吸脱着曲線を解析する。この方法で 1 〜 100 nm の細孔が測定できる。表面処理前後で細孔分布を測定すれば、均一に表面処理されているかどうかの評価ができる。

2.3.4　表面官能基

表面には多くの官能基がある。表面処理剤を働かせるには界面における共有結合が理想的で、それが無理であれば少なくとも水素結合が形成される必要がある。また、これらの相互作用を十分に働かせるためには処理剤が分子レベルの距離に接近することが必要で粒子表面の官能基は非常に大切な存在である。

カーボンブラックでは水酸基、カルボキシル基などが存在し、金属酸化物表面では水が化学吸着すると水酸基が生成する。シリカに水が吸着したシラノールはよく知られている。シラノールには孤立した型、隣接するヴィシナル型、そして Si に 2 つのシラノールがついているジェミナル型がある。酸化チタンにはルチル、アナタースおよびブルッカイトという結晶型があるのでその各々の表面水酸基の性質には差が生じる。また、1 つの結晶型であっても (100)、(110) など異なる結晶面の水酸基は異なる。Hadjiivanov らは対象のチタン原子と結合している酸素原子の配位数と、表面最外層にあるか、subsurface layer と呼ぶ第 2 列目にあるかという要素とその結合が飽和しているかどうかという要素の 2 種の要因に基づいて水酸基を 4 種類のサイトに分類した。アナタースの (001) 面とルチルの (110) 面は 2 種類の OH 基がある。図 2.11 に示すようにその 1 つは Ti^{4+} と結合したターミナル OH 基で、他の 1 つは 2 個の Ti^{4+} と結合しているブリッジ OH 基である。ターミナル OH 基は OH^- として解離する性質を持ち pK12.7 であり、ブリッジ OH 基は pK2.9 の酸として作用するといわれている。

表面水酸基は赤外吸収スペクトルからも同定できる。酸化チタンの表面水酸基は 3725 cm^{-1} にペアード OH（塩基的水酸基）、3670 cm^{-1} にシングル OH

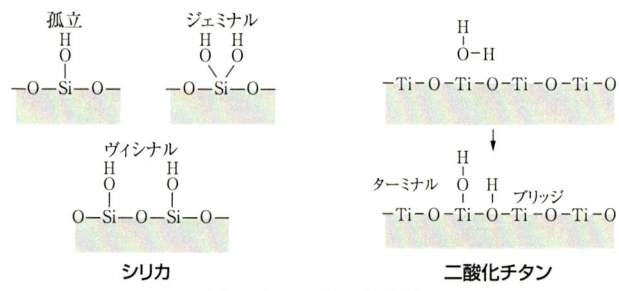

図2.11 表面水酸基

基（酸性的水酸基）さらに後者を隣接する水酸基と水素結合している基（3680 cm^{-1}）と孤立水酸基（3660 cm^{-1}）に分類されている。化学反応を用いても酸性的水酸基と塩基性的水酸基を識別することができる。酸性水酸基と反応する試薬としてはNaOH、ジアゾメタン、メタノール、アンモニアが、塩基性水酸基と反応するものとしてはH_3PO_4、酢酸、ピクリン酸などが知られている。

金属酸化物の実表面では、水酸基の上に数分子層以上の物理吸着水があり、物理吸着水や水酸基を取り除くにはかなりの高温が必要である。

2.3.5 等電点

金属酸化物や水酸化物の表面ではH^+とOH^-が電位決定イオンとなり、系のpH値によって表面電位が変化する。先に述べた金属酸化物表面の水酸基は図2.12に示すようにその系が粒子の等電点より酸性であればプラス（H^+）にアルカリ性であればマイナス（O^-）になる。一般にシリカはマイナス、アルミナはプラスと考えている人が多いが粒子の等電点と系のpHで変化する。

等電点とは何か？粒子分散系のpHを変化させて電位を測定するとある特定のpHで表面電位がゼロになり、電気泳動などの界面導電現象をまったく示さなくなる。この点を等電点（iso electric point）と呼び、酸化物の種類によって異なった値をとる。表2.6に典型的な金属酸化物の25℃水溶液における等電点を示す[4, 5]。シリカはpH2付近、チタニアはpH6付近、アルミナはpH7-9とそれぞれ異なる。ここでの等電点は電気泳動法、流動電位法、電気

2.3 粒子の表面の性質

等電点より酸性溶液中　　　等電点の溶液中　　　等電点よりアルカリ性溶液中

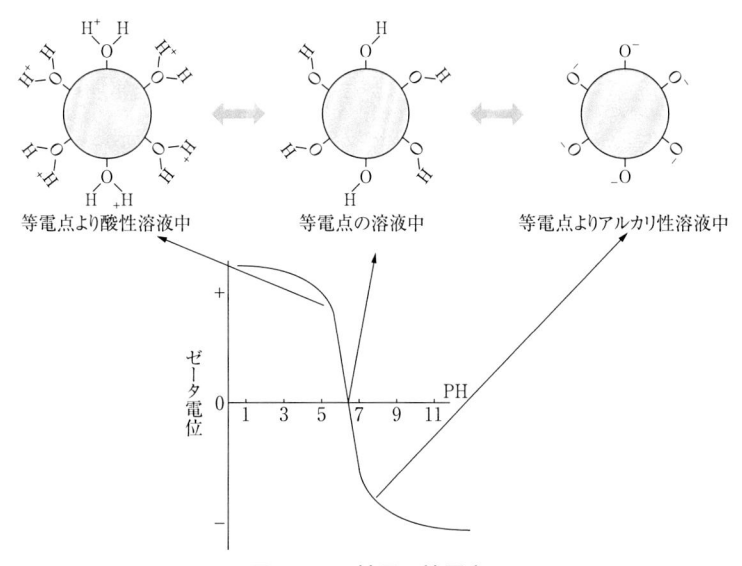

図2.12　粒子の等電点

表2.6　金属酸化物表面の等電点

物質名	等電点（測定法）
$\alpha\text{-}Al_2O_3$	9.1-9.2（sp）
$\gamma\text{-}Al_2O_3$	7.4-8.6（sp）
$\alpha\text{-}AlOOH$（ベーマイト）	7.7（sp）、9.4（mep）
CuO	9.5（mep）
Cr_2O_3	6.5-7.4（mep）
$\alpha\text{-}Fe_2O_3$	8.3（mep）
$\gamma\text{-}Fe_2O_3$	6.7-8.0（mep）
$Fe(OH)_2$	12.0（eo）
Fe_3O_4	6.5（eo）
$Mg(OH)_2$	12.4（eo）
SiO_2（石英）	1.8-2.5（mep）
SiO_2（ゾル）	1-1.5（mep）
SnO_2	6.6-7.3（mep）
TiO_2（ルチル）	6.7（sp）
TiO_2（アナターゼ）	6.0（mep）

sp：流動電位法　　eo：電気浸透法　　mep：電気泳動法

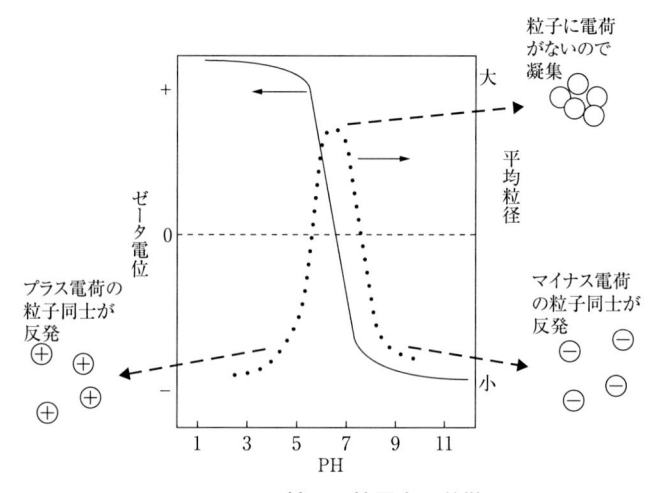

図 2.13　粒子の等電点と分散

浸透法などの測定により、ゼータ電位がゼロの点として実測された値である。

　金属酸化物粒子の分散液は等電点付近のpHになると静電的反発力が消失して凝集する。図2.13に等電点約7の粒子の系のpHを変えた時のゼータ電位と粒子の平均粒径を模式的に示す。上述したように系が等電点より酸性の時にはゼータ電位はプラスとなり、等電点よりアルカリ性の時にゼータ電位はマイナスになる。粒子がプラスの場合もマイナスの場合も粒子同士が反発して分散が良好で平均粒子径が小さいが、等電点付近では平均粒子が大きくなって粒子が凝集していることがわかる。分散を安定化させるためには系のpHを等電点からできるだけ遠ざけると良い。

2.3.6　電荷

　粒子が電解質水溶液中に分散している時、粒子の表面にはもともと表面に存在する解離基や溶液から吸着したイオンによって帯電している。粒子表面の電荷と反対の電解質イオン（対イオン）が表面に集まって中和すると考えがちであるが、実際は電解質イオンの熱運動のため中和が不完全となる。図2.14

2.3 粒子の表面の性質

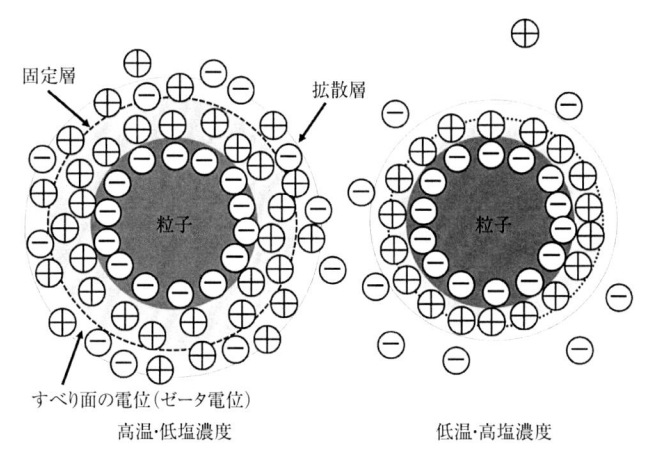

図中ラベル：固定層／拡散層／粒子／すべり面の電位（ゼータ電位）／高温・低塩濃度／低温・高塩濃度

図2.14　粒子表面の電気二重層

のように媒体中の粒子は通常その表面電荷と反対符号の電解質イオンが粒子を取り巻きいわゆる「電気二重層」を形成している。この分散体を電場に置くと、帯電の大きさに応じて粒子が移動し、電気泳動が起こる。この移動速度から粒子の表面電位が測定できる。実際の電気泳動では裸の粒子の表面電位ではなく、電気二重層の電位（ゼータ電位：ζ電位）によって決まる。この層の厚みは高温、低塩濃度の時に厚く、低温や高塩濃度の時には薄くなる。

　ゼータ電位の測定方法には電気泳動法と外力電位法に大別できる。電気泳動法は、系に電場を印加し、粒子または媒体の移動速度によりゼータ電位を求める。泳動する粒子が顕微鏡下で観察できる場合は光学顕微鏡や限外顕微鏡で粒子の泳動を直接観察することができる。最近、ドップラー効果を利用する方法や回転回折格子法が開発されているが、これらを用いるとゼータ電位の分布に関する情報も得ることができる。

　一方、外力電位法は系に超音波や重力、遠心力あるいは圧力などの外力を加えることによって粒子または媒体を移動させ、その結果生ずる電位、電流からゼータ電位を求める。超音波振動電位法を用いると濃厚状態（70％以下）で荷電粒子のゼータ電位が測定できる。

2.3.7 濡れ

　粒子の表面が水に濡れやすい親水性か、油に濡れやすい親油性かは粒子を利用する際に重要である。油や高分子樹脂の中に粒子を分散する場合、粒子表面が親水性の場合には粒子どうしが凝集し、分散性が悪くなる。この場合、粒子の表面処理によって粒子を疎水性にして分散を向上させる。このように濡れは分散の第一歩である。

　図2.15に示すように濡れには大きく、①拡張濡れ、②浸漬（しんし）濡れ、③付着濡れがある。拡張濡れはガラス表面に水が濡れ広がるような濡れで、塗装時の塗料やハンダ付けなどに必要な濡れである。浸漬濡れは固体を液体中に浸した時の濡れで、毛細管の中が濡れていくのも浸漬濡れである。粒子の分散、吸収紙、洗濯や染色に重要な濡れである。付着濡れは液体が固体表面に付着する時の濡れで、接着剤、防水加工などに重要な濡れである。

　材料の濡れ性を評価する場合は材料表面に液を接触させるが、粒子の場合はいろいろな方法がある。

　親水性、疎水性を評価するのに一番簡単な方法は粒子が水と油（例えばヘキサン）のどちらに分散するかを判別することである。試験管に水とヘキサンを注ぎ、比重差でヘキサンが上層、水が下層を形成したところで粒子を適量投入

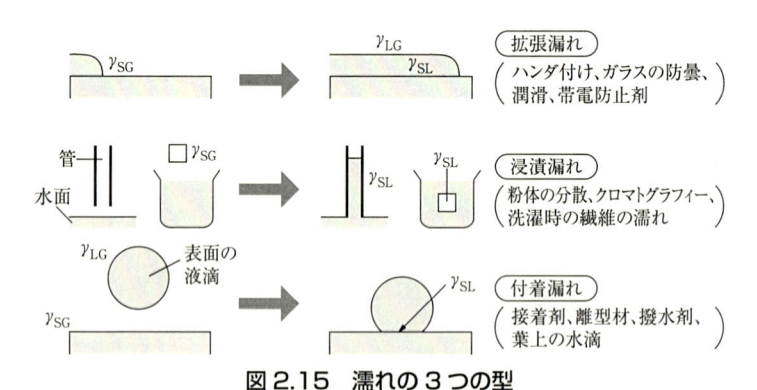

図2.15　濡れの3つの型

出典：阿部正彦、坂本一民、福井寛「トコトンやさしい界面活性剤の本」日刊工業新聞社（2010）

2.3 粒子の表面の性質

し、試験管の口を閉じて上下に浸透させる。親水性の場合は下層の水に分散し、疎水性の場合は界面または上層に分散する。定量的ではないが簡単に判別できる。

また、粒子を水に浮かべ、水中にアセトンを加えていって粒子が湿潤した時のアセトン／水比から表面張力を求める方法もある。

さらに、比表面積測定を窒素ガスと水蒸気で行い、窒素ガスを用いて測定した比表面積と水蒸気を用いて測定した比表面積の比をとって、親水性の指標にすることも行われる。この方法は無機粒子表面の水分が加熱でどの程度除去できたのかを評価するのに便利である。

水に対する濡れ性を接触角で測定することもできる。粒子の場合の接触角の測定は機械力で成型した粒子の平らな上表面に水滴を滴下し、その水滴の接触角を測定する。**図2.16**にさまざまな液滴の濡れの状態を示す。①②は撥水性が高く、水が固体表面に濡れずに弾いている。テフロンに水を滴下した場合にこのような状態になる。また、⑤⑥では固体表面に水が良く濡れている。小さな液滴を固体表面に置いた場合、液滴はこれ以上拡がることも縮まることもない平衡状態で**図2.17**のように固体表面との間に一定の角度を作る。この角度 θ を接触角という。この時、固体の表面張力 γ_S、液体の表面張力 γ_L、固体／液体の界面張力 γ_{SL} の間にはヤング（Young）式が成り立つ。

$$\gamma_S = \gamma_{SL} + \gamma_L \cos\theta$$

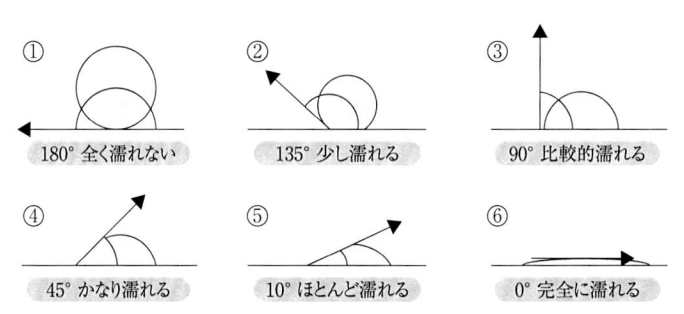

① 180° 全く濡れない
② 135° 少し濡れる
③ 90° 比較的濡れる
④ 45° かなり濡れる
⑤ 10° ほとんど濡れる
⑥ 0° 完全に濡れる

図2.16　固体への液体の濡れ

出典：阿部正彦、坂本一民、福井寛「トコトンやさしい界面活性剤の本」日刊工業新聞社（2010）

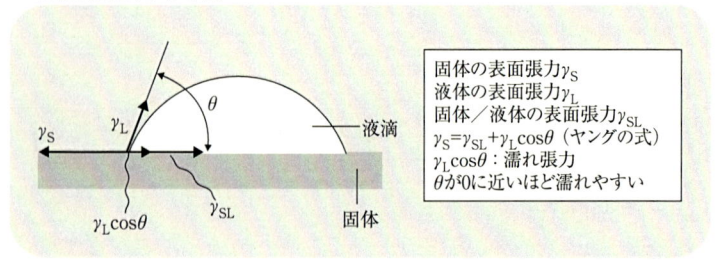

1. 液滴法とヤングの式

固体の表面張力 γ_S
液体の表面張力 γ_L
固体／液体の表面張力 γ_{SL}
$\gamma_S = \gamma_{SL} + \gamma_L \cos\theta$（ヤングの式）
$\gamma_L \cos\theta$：濡れ張力
θ が0に近いほど濡れやすい

2. 傾斜法：

測定板を傾けていき、メニスカスが消えた時の角度から測定する

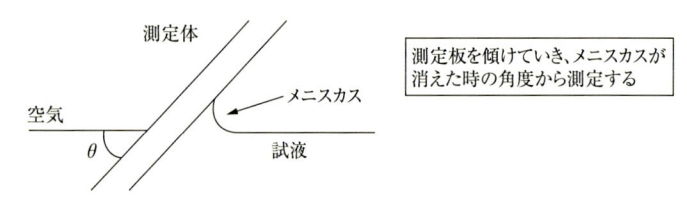

図2.17　接触角の測定法
出典：阿部正彦、坂本一民、福井寛「トコトンやさしい界面活性剤の本」日刊工業新聞社（2010）

この $\gamma_L \cos\theta$ を濡れ張力と呼ぶ。液体の表面張力が固体のそれより小さく（$\gamma_S > \gamma_L$）、接触角が0度に近づくほど液体は固体表面を濡らすことができる。この時、接触角が90度以下であれば液体は浸漬濡れとなり、毛細管状の固体表面も濡らすことができる。

接触角の測定方法として図2.17の2のように測定板を傾けていき、メニスカスが消えた時の角度から測定する方法もあるが、粒子を成型する方法にはあまり適していない。

ハスの葉の微細な凹凸で水が水玉になって転がり落ちるところを見た方もい

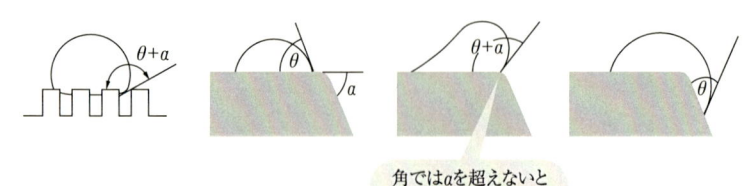

角では a を超えないと濡れない

図2.18　表面の凹凸と濡れ
出典：辻井薫「超撥水と超親水」米田出版（2009）

るだろうが、図2.18に表面の微細な凹凸が濡れを妨げる様子を示す。角のところでは$\theta+\alpha$の角度を超えないと濡れないため、もとの表面より濡れない状態となる。粒子の接触角を測定する場合、成型して表面を平滑にしておかないと実際より撥水性のある測定データとなる。

ポリマーのような低エネルギー固体の表面張力の測定法についてZisman[6]は表面張力が異なる液体を用いてポリマー上で接触角を測定し、液体の表面張力と$\cos\theta$が直線関係になることを示した。これをジスマン・プロットといい、$\cos\theta$が1になる、すなわちθが0度になる表面張力を臨界表面張力γ_cと定義し、それを固体の表面張力とした（図2.19）。

また、一方では表面張力を測定する方法として、浸透速度法がある。これは粒子を詰めた円筒の一端を液に漬け、液の上昇速度から$\cos\theta$を求める方法である。Washburnは、液が長さlを濡らすのに必要な時間tは次式で示される

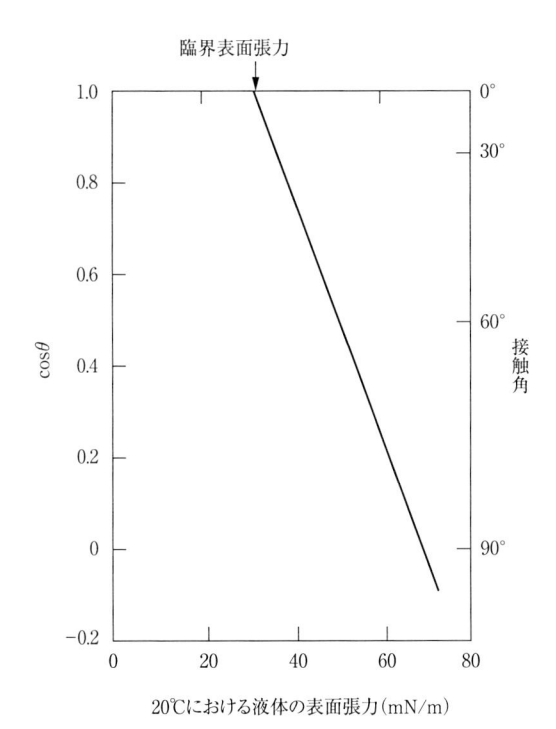

図2.19 ジスマンプロットの例

ことを提案した[7]。

$$t = \frac{k^2 l^2}{r} \times \frac{2\eta}{\gamma_L \cos\theta}$$

k：粒子の幾何学的形状により決まる定数　　η：媒体粘度
r：粒子の隙間を毛細管とした時の半径

　得られた$\cos\theta$をジスマン・プロットすることで粒子の表面張力が求められる。
　湿潤熱（浸漬熱）も粒子と液体の相互作用を考える上で重要な尺度になる。湿潤熱は粒子を液体に浸漬した時に発生する熱で、固体表面のエンタルピーと固・液界面のエンタルピーの差と考えることができる。

2.3.8　粒子と液体の混合比

　粒子に油を加えていくと図 2.20 のようにペンジュラー（粒子相連続、油相不連続、空気相連続）、ファニキュラー（粒子相連続、油相連続、空気相連続～不連続）、キャピラリー（粒子相不連続、油相連続、空気相不連続）、スラリー（粒子相不連続、油相連続、空気相なし）と状態が変化していく。化粧品

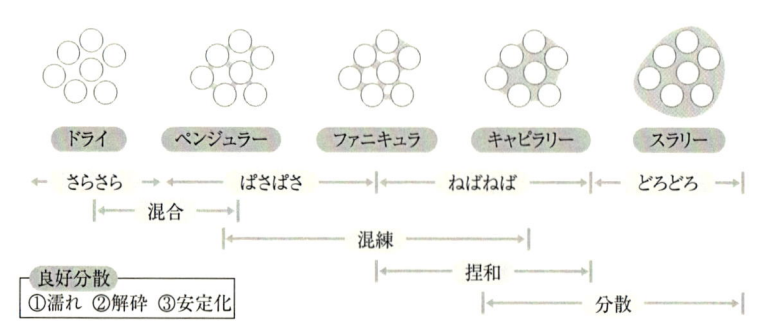

図 2.20　粒子と液体の混合状態
出典：福井寛「トコトンやさしい化粧品の本」日刊工業新聞社（2009）

のファンデーションにはこれらすべての状態の剤型が存在し、それぞれの均一性が求められる。

2.4 触媒活性

触媒作用（Catalysis）はスウェーデンの化学者 Berzelius が名づけたといわれている。Catalysis は Cata + Lyein：dissolution という意味のギリシャ語である。このように Catalysis とは、結合をゆるめ原子と原子とを解き放つという意味を持っている。一方、訳語「触媒」は反応物との接触によって反応を媒介するものという意味を持っている。粒子表面の触媒作用は表面処理にとっても大切な性質であり、ここでは固体表面での触媒活性について述べる。

2.4.1 触媒

触媒は化学反応の際に、自分自身は変化せずに反応の速度を速める物質で、逆に反応の速度を遅らせる触媒（負触媒）もある。反応速度は活性化エネルギー以上のエネルギーをもつ分子の衝突頻度に等しいことから活性化エネルギーを低くすることが重要視されるが、頻度因子の寄与も大きい。固体触媒の特徴は反応の場が二次元の固体表面である点である。気体分子は三次元的に運動するが、分子が表面に吸着すると分子が表面に濃縮され、表面で分子どうしの衝突が起こり新たな分子が表面で生成する。反応が終われば表面から生成物が脱離し三次元空間に飛び去るが、脱離しない生成物であれば表面処理に用いることができる。

2.4.2　触媒反応の測定と解析

(1) 触媒反応器

　触媒反応を行うには反応器が必要となる。いくつかの反応器について説明する。反応器は大きく定常反応器、擬定常反応器、非定常反応器に分けられる。

①流通式反応器（固定床、流動床）

　反応物を含む反応流体を反応器入口から一定速度で連続的に供給し、これにみあう量の反応生成物を出口から取り出す。操作条件の制御が容易で、安定的に製品が得られやすいことから、多量の生産が要求される反応速度の比較的大きな反応に用いられる。

　触媒を動かないように充填したものを固定床反応器と呼び、構造が簡単であり操作が容易である。反応物を含む流体中に触媒を浮遊させて触媒を流体のように混合させるものを、流動床反応器と呼ぶ。

②回分式反応器

　バッチ式反応器ともいい、反応器に反応物、溶媒、触媒を仕込んで一定の温度に保ち、撹拌しながら反応を行い一定時間御に生成物を取りだす。非定常状態であり、反応器内の組成は時間と共に変化する。均一系は主にこの反応器が使用される。

③パルス型反応器

　非定常反応器で、ガスクロマトグラフのサンプル注入口と分離カラムの間に小型の触媒反応器をおいたものである。少量の反応物を注入すると触媒反応器で反応が起こり、それがガスクロマトグラフで分析される。触媒や反応物が少量ですみ、測定が迅速にできるという特長を持っている。このため、触媒のスクリーニングなどに用いられる。パルス型反応器と流通式反応器の反応結果は一致しない場合がある。簡易測定法として用いられる場合と、より直接的な反応機構の解明のために用いられる場合がある。

④マイクロリアクター

　マイクロメートルオーダーの微細流路を持つ反応容器である。マイクロリアクターは、マイクロ流路の単位面積あたりの表面積が大きいため、界面での反

応が効率よく起こり、熱交換の効率が高い。大きさを変えずに数を増やすことによって生産量を増やすことができるため、実験室での反応から工業的な生産への移行が効率的に行われると期待されている。

(2) 反応速度の測定

触媒反応速度は、一般的に単位時間当り単位触媒量当りの反応量で示される。通常触媒量として重量を用いるが、この値を比表面積で割れば単位面積当りの速度に換算できる。また、活性点数が明らかであればターンオーバー頻度を算出し、反応速度を活性点の数という量的因子とターンオーバー頻度という質的因子に分けて理解することができる。

(3) 触媒反応の解析

気相では圧力、液相では濃度を使って反応の進行を表現するが、表面反応では吸着種の濃度が重要である。吸着種の濃度は被覆率で表される。表面反応は吸着、解離、表面拡散、会合反応、脱離という素過程から成っている。表面においてA+B→C型の反応が進行する時、2つの典型的な反応機構がある。1つはLangmuir-Hinshelwood（LH）機構で**図2.21**のように両方の化学種が

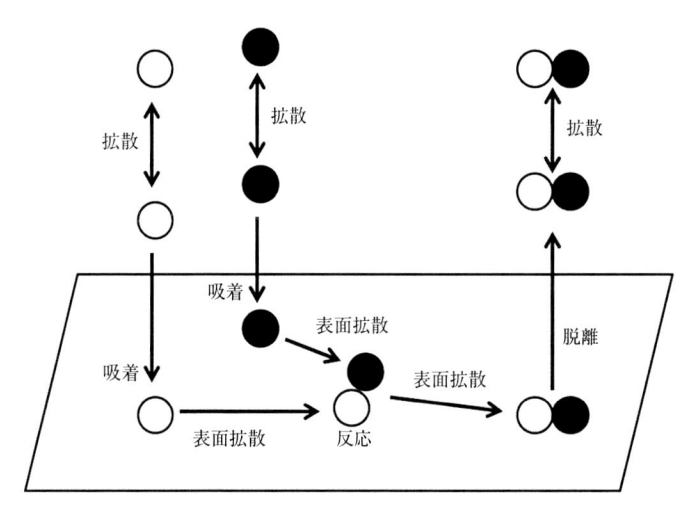

図2.21 Langmuir-Hinshelwood機構

化学吸着して反応が進行する。

$$A(a) + B(a) \rightarrow C \quad （ただし A(a)、B(a) は吸着種）$$

　生成物分子 C は表面に選択的に吸着することもあるが、反応に伴う余剰のエネルギーをもって表面からすぐに脱離する場合もある。もう一方の Eley-Rideal（ER）機構では図 2.22 のように 1 つの反応物のみが化学吸着しており、もう一方の反応物は気相から直接反応するか、非常に弱い吸着状態から反応する。

$$A + B(a) \rightarrow C$$

　固体表面での触媒反応はほとんどが LH 機構で進行するといわれ、吸着種は重要な役目をもっている。表面処理を考える場合、表面での反応が重要になるが、気相や液相での反応と異なる点は表面反応が固体表面という限られた空間的反応場において反応が進行することである。

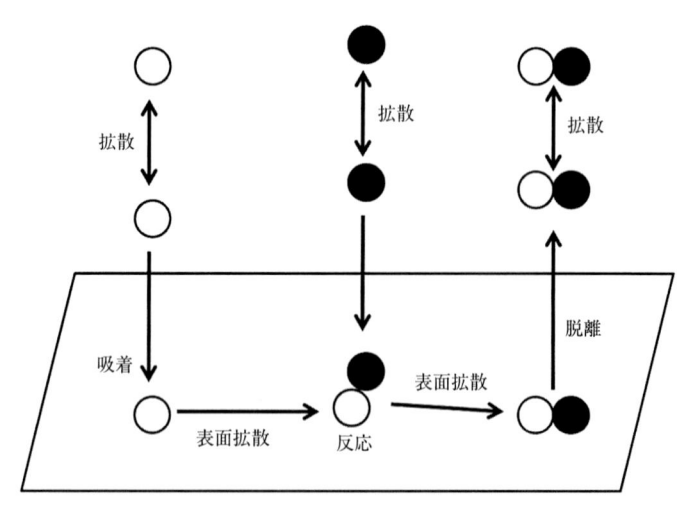

図 2.22　Eley-Rideal 機構

2.4.3 触媒活性の発現機構

(1) 電子状態

　金属は水素化、脱水素ならびにオルト-パラ水素変換反応などの水素の関与した反応に優れた触媒作用を有するが、これらの金属の大部分は遷移元素の属する8族か、これらと1B族元素との合金である。この8族遷移元素の触媒活性はその原子構造、特にd電子の状態に起因するとされている。また、金属イオンについても水溶液中では水和イオンとして存在し、一種の錯体と考えられるが、錯体触媒の中心金属として用いられるのは電子殻に空のd軌道を有する遷移元素である。遷移元素のdsp混成軌道のうち、金属結合形成に関与するdsp混成軌道（結合d軌道）と結合に関与しないで磁気的性質と関連のある軌道、さらに電気伝導にあずかるp軌道の一部があると考えられる。d軌道に存在する電子のうち、金属結合に関与しないd電子の割合がd特性であり、エチレンの水素化反応との間に直線関係があることが知られている[8]。

(2) 幾何構造

　Balandinは固体触媒上での脱水・脱水素および分解反応の結果に基づいて、触媒の幾何学的配列の重要性を提案した[9]。

　例えば金属触媒上でのシクロヘキサンの脱水素反応によるベンゼンの生成については、シクロヘキサンが幾何学構造的に吸着し、3つの金属原子（1、2、3）が3つのC-C結合と結びつき、他の3つ（4、5、6）がそれぞれ2個の水素原子を引き付け、C-H結合が切れてC_6H_6と$3H_2$になるとしている。このような多重点の吸着中心はシクロヘキサンの幾何学的な形状やその位置と合致しなければならない。この条件を満たす金属は原子間距離が0.138 nmの白金から0.124 nmのニッケルまでの金属のみ（Pt、Pd、Ir、Rh、Cu、Ni）となり実験事実をよく説明した。金属以外では、陽イオンAと陰イオンBとからなるイオン結晶において、その配位数と構造は半径比律に従うことが知られている[10]。例えば、半径比律0.11のCO_2の場合は配位数2、半径比律0.29のSiO_2は配位数4、半径比律0.51のSnO_2は配位数6となる。

また、錯体はその中心金属に配位した配位子の数によってその構造が決定され、4配位錯体には正四面体型や平面正方型、6配位錯体では正八面体型などが主な安定構造である。このような構造が大きく寄与している。

(3) 格子欠陥

現実の結晶格子は格子欠陥を持っており、それが触媒作用と関係が深いことも知られている。格子欠陥には点欠陥として空孔型、貫入型、置換型およびそれらが組み合わさったFrenkel型およびSchottky型の欠陥対などがある。また、点欠陥が配列した線欠陥の転移として刃型とラセン型がある。

格子欠陥は加熱した後の急冷あるいはイオン衝撃によっても生じ、著しい触媒作用の増大を伴うこともあるが、エネルギー的に不安定であるから焼きなましなどで活性を失う場合が多い。

金属酸化物についてもこのような欠陥があり、それがさまざまな特性を持たせている。金属酸化物の金属と酸素との結合は、イオン間の静電気力のみによるものではなく、共有結合性も含まれていてその寄与の割合は金属イオン電気陰性度 χ が大きいほど酸素イオンとの電気陰性度の差が小さくなるので、共有結合性が大きくなる。酸化物の化学量論比よりも金属イオンが過剰に存在し、酸素アニオン欠陥が生成した酸化物はn型半導体であり、伝導帯の近くに電子の供与準位を形成する。これらの酸化物は、CuO、ZnO、TiO_2、Fe_2O_3 などで、その大部分はその金属の最高イオン価の酸化物である。

一方、酸素アニオンが過剰で、金属カチオンに欠陥がある場合は充満帯の近くに電子の受容準位が生成し、p型半導体となる。これらの化合物にはNiO、FeO、Ag_2O などがある。

2.4.4　固体酸・塩基

粒子の触媒作用を大別すると**図 2.23** のように酸・塩基と酸化・還元の作用にわけられる。**表 2.7** に代表的な固体酸、固体塩基を示す。固体酸としてはカオリンのような粘土鉱物、ゼオライト、SiO_2 のような金属酸化物がある。

2.4 触媒活性

固体酸・塩基
① 酸強度・塩基強度
　指示薬などで判定
② 酸性度・塩基性度
　滴定などで求める
③ 酸・塩基の種類
　B酸点：プロトン(H^+)
　L酸点：電子対(:)

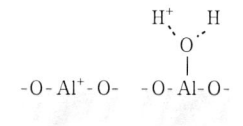

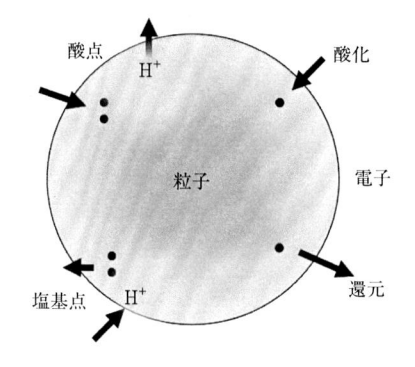

```
          H⁺  H
           \ /
            O
-O- Al⁺ -O-   -O- Al -O-

   L酸点          B酸点
```

図 2.23　粒子表面の触媒活性点

表 2.7　代表的な固体酸・塩基

固体酸	固体塩基
陽イオン交換樹脂 金属酸化物（SiO_2、TiO_2、ZrO_2、Al_2O_3） 複合酸化物（SiO_2-Al_2O_3、SiO_2-TiO_2、TiO_2-ZrO_2） 金属塩（$MgSO_4$、$FeSO_4$、$AlPO_4$） 金属硫化物（ZnS、CdS） 粘土鉱物（カオリナイト、モンモリロナイト、サボナイト） ゼオライト（モルデナイト、Y型、ZSM-5） ヘテロポリ酸	陰イオン交換樹脂 金属酸化物（MgO、CaO、SrO、ZnO、TiO_2） 複合酸化物（SiO_2-CaO、Al_2O_3-MgO） 金属蒸着金属酸化物（Na/MgO、K/MgO、Na/Al_2O_3） アルカリ金属塩担持金属酸化物（KF/Al_2O_3、Li_2CO_3/SiO_2） アルカリ金属イオン交換ゼオライト

　また、固体塩基としてはMgOなどの金属酸化物やアルカリ金属担持金属酸化物などがある。

　金属酸化物の中で酸・塩基触媒として作用するものには典型元素の酸化物が多い。触媒の原子価は安定しており、酸化・還元反応に比較して活性点のイメージがより明確である。

　酸・塩基にはその強さである酸・塩基強度とその強さにおける量としての酸・塩基性度がある。また、酸の種類として固体がH^+を与える場合はBrönsted酸、電子対を受け取る性質をもつ場合はLewis酸と呼ぶ。図2.23にアルミナのLewis酸とそれに水が配位して生成したBrönsted酸を示した。

　固体酸・塩基の発現機構についてはThomas説[11]を拡張した田部説がある。田部は次の2つの仮定からBrönsted酸点・Lewis酸点の発現を説明している[12]。

1) 金属イオンの配位数は単独酸化物中の配位数が保持される。
2) 複合酸化物中すべての酸素原子の配位数は主成分の金属イオンの単独酸化物中の酸素の配位数と等しい。

図 2.24 はこの2つの仮定のもとに、TiO_2-SiO_2 についてモデル構造を記述したものである。金属イオンの配位数は Si が 4、Ti が 6 であるが、酸素の配位数は TiO_2 が主成分の場合は 3、SiO_2 が主成分の場合は 2 となる。(a) の場合、Si の結合 1 個あたりの電荷は 1、O の結合 1 個あたりの電荷は $-2/3$ となる。したがって、Si-O 結合 1 個あたり $1/3$($= 1 - 2/3$)、4つの結合では $4/3$ の正電荷が過剰になる。このように、正電荷が過剰になる場合には、電子対受容能力が生じ Lewis 酸として作用する。

(b) の場合も同様に計算すると、-2 の負電荷が過剰となり、電気的中性を保つためにプロトンが引きつけられ Brönsted 酸点が発現する。

(1) 固体酸・塩基の性質

固体表面は多少なりとも酸・塩基性質を有しているが、酸・塩基性質の特に強いものが酸・塩基触媒として、クラッキング、重合、縮合、解重合、異性化、不均化、アルキル化、脱水、エステル化などに用いられる。

一般の産業で使われている粒子も弱いながら固体酸・塩基としての性質があり、これが粒子が配合されている製品の他成分を分解させる場合がある。ま

(a) TiO_2 が主成分 (b) SiO_2 が主成分

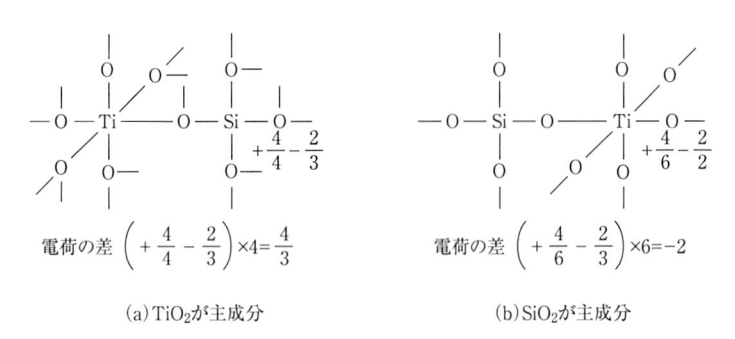

図 2.24 複合酸化物の酸点発現

出典：K. Tanabe et. al., Bull. Chem. Soc. Jpn., 47, 1064(1974).

た、粒子の酸・塩基は塗料やプラスチックなどへの粒子の分散性などにも影響を与える。

固体表面の酸性質を完全に表現するには酸強度、酸量および酸の種類（Brönsted 酸か Lewis 酸か）を明らかにしなければならない。酸強度というのは、酸点が塩基にプロトンを与える能力あるいは塩基から電子対を受取る能力であり、通常 Hammett の酸度関数 H_0 によってあらわされる。酸量というのは固体表面の酸点の数であり、通常、単位重量当たりあるいは単位表面積当たりの酸点の数あるいはモル数として表わされる。

（2）固体酸・塩基の測定法

酸塩基性質の測定法として指示薬を用いる方法、気体吸着法、熱量計法、IR や UV を用いる方法など多々あるが、詳細については田部らの成書[13, 14]を参照されたい。ここでは代表的な測定法について述べる。

①指示薬法

最もよく用いられるのが指示薬を用いる方法である。酸強度は Hammett の酸度関数 H_0 によってあらわされる。

$$H_0 = pKa + \log \frac{[B]}{[BH^+]}$$

ここで〔B〕および〔BH$^+$〕はそれぞれ電荷をもたない塩基およびその共役酸の濃度である。固体表面がプロトンをもっておらず、電子対を受取る場合（Lewis 酸）は Lewis 酸点を A とすると次式で与えられる。

$$H_0 = pKa + \log \frac{[B]}{[AB]}$$

したがって H_0 は〔B〕/〔BH$^+$〕=〔B〕/〔AB〕=1 の時の pKa に等しいから、pKa の既知の塩基を用いて測定できる。

したがって**表 2.8** に示すような pKa の知れた種々の酸塩基変換の指示薬を

使うことにより酸強度を測定することができる。pKaの小さい指示薬を変色させる固体ほどその酸強度は大きい。酸量を求める場合は固体の酸と反応する塩基の量で求められ、種々の酸強度における酸量を求めるには種々のpKaの値をもつ指示薬を用いてアミン滴定をすればよい。この方法ではBrönsed酸点とLewis酸点の合計した量が測定される。

指示薬法は酸強度・酸量の両方が測定できるが、微量水分の影響をうけやすく、また有色粒子では色の判別がつかないという欠点をもっている。

なお、塩基性質の測定原理は酸の場合とほぼ同じで、**表2.9**のように指示薬にフェノールフタレインや4-ニトロアニリンなどを用い、滴定用の酸とし

表2.8　酸強度測定法に使われる指示薬

指示薬	塩基性色	酸性色	pKa	H_2SO_4濃度
ニュートラルレッド	黄	赤	+6.8	8×10^{-8}
メチルレッド	黄	赤	+4.8	—
フェニルアゾナフチルアミン	黄	赤	+4.0	5×10^{-6}
p-ジメチルアミノアゾベンゼン	黄	赤	+3.3	3×10^{-5}
2-アミノ-5-アゾトルエン	黄	赤	+2.0	5×10^{-3}
ベンゼンアゾジフェニルアミン	黄	紫	+1.5	0.02
4-メチルアミノアゾ-1-ナフタレン	黄	赤	+1.2	0.03
クリスタルバイオレット	青	黄	+0.8	0.1
p-ニトロベンゼンアゾ-(p-ニトロ)-ジフェニルアミン	橙	紫	+0.43	—
ジシンナマアセトン	黄	赤	−3.0	48
ベンジルアセトフェノン	無色	黄	−5.6	71
アントラキノン	無色	黄	−8.2	90

表2.9　塩基強度測定法に使われる指示薬

指示薬	塩基性色	酸性色	pKb
フェノールフタレイン	桃	無色	+9.3
2,4,6-トリニトロアニリン	赤橙	黄	+12.2
2,4-ジニトロアニリン	紫	黄	+15.0
4-クロロ-2-ニトロアニリン	橙	黄	+17.2
4-ニトロアニリン	橙	黄	+18.4
4-クロロアニリン	桃	無色	+26.5
クメン	桃	無色	+37.0

ては安息香酸を用いる場合が多い。

②ガスクロマトグラフィー法

　指示薬を用いる場合は色で滴定の終点を判断するため、有色粒子の測定ができない。このため、n-ヘキサン中で粒子にピリジンを吸着させ、ガスクロマトグラフィーを使って測定する方法[15]がある。この方法で求めたピリジンの飽和吸着量と n-ブチルアミン滴定法から求めた酸性度およびピリジン吸着量は比表面積に比例し直線的に増加する。また、酸性度とピリジン飽和吸着量とは良い対応関係になり、本法で有色粒子の酸性度が評価できる。ただし、酸強度に関する情報は得難い。

③昇温脱離法

　酸点の量や強度を調べるために塩基性のアンモニアを粒子に吸着させ、温度を連続的に上昇させることによって脱離するアンモニアの量、脱離温度を測定するのが昇温脱離法である。弱い酸点に吸着しているアンモニアは低温で脱離し、強い酸点に吸着しているアンモニアは高温で脱離することから酸点の強度が分かる。同様に塩基点の量や強度を調べるには二酸化炭素を吸着させて昇温脱離を行う。ゼオライトなどではアンモニアの昇温脱離測定を行う際にアンモニアの吸着・脱離後に水蒸気を導入して低温側のピークを減少させ、高温側のピークのみを検出する場合がある。低温側のピークは酸点に結合したアンモニア上に水素結合したアンモニアもしくは物理吸着したアンモニアに起因する。水はアンモニアより弱い塩基なので酸点上のアンモニアを置換することはできないが、OH の極性が NH より強いことにより水素結合したアンモニアを置換できる。また、水はアンモニアより沸点が高いため、表面に物理吸着したアンモニアを置換できる。したがって、水蒸気処理を行うことで水素結合や物理吸着のアンモニアが除去され、真の酸性質を示すピークを得ることができる。

④赤外分光法

　固体酸が Lewis 酸であるか Brönsted 酸であるかを区別する方法として、固体に吸着させたアンモニアやピリジンの吸着状態を赤外分光法により解析する方法がある。Parry[16] は固体酸に吸着させたピリジンの赤外吸収スペクトルを透過法で測定し、表面と配位結合したピリジンの吸収（Lewis 酸）とピリジニウムイオン（Brönsted 酸）を区別した。ピリジン環の面内伸縮振動に起因す

る赤外吸収スペクトルの波数から水素結合のピリジン（HPY）、ルイス酸点上にピリジンの窒素の非共有電子対が配位する配位型ピリジン（LPY）、ブレンステッド酸点上のプロトンの配位したピリジニウムイオン（BPY）が帰属される。

しかし、透過法では隠ぺい力の高い粒子上の吸着種の測定には適していない。福井らは隠ぺい力の高い二酸化チタンに吸着させたピリジンの赤外吸収スペクトルを拡散反射型のFT-IRで測定し、表面と配位結合したピリジンの吸収（Lewis酸）とピリジニウムイオン（Brönsted酸）を区別した[17]。**図2.25**に二酸化チタン上のピリジン吸着前後の赤外吸収差スペクトルを示す。ルイス酸、ブレンステッド酸、水素結合のピリジンは図の範囲であり、1605 cm^{-1}および1445 cm^{-1}にLewis酸点に吸着したピリジン環の吸収が見られた。**図2.26**に水酸化鉄を各温度で焼成した酸化鉄にピリジン吸着した時の赤外吸収スペクトルを示した。300℃焼成ではH、L、B共に多く存在するが、焼成温度が上昇するにつれてHが消失し、600℃ではBとLしか検出されない。800℃焼成ではBも消失しLだけになってしまう。拡散反射法を用いれば、酸

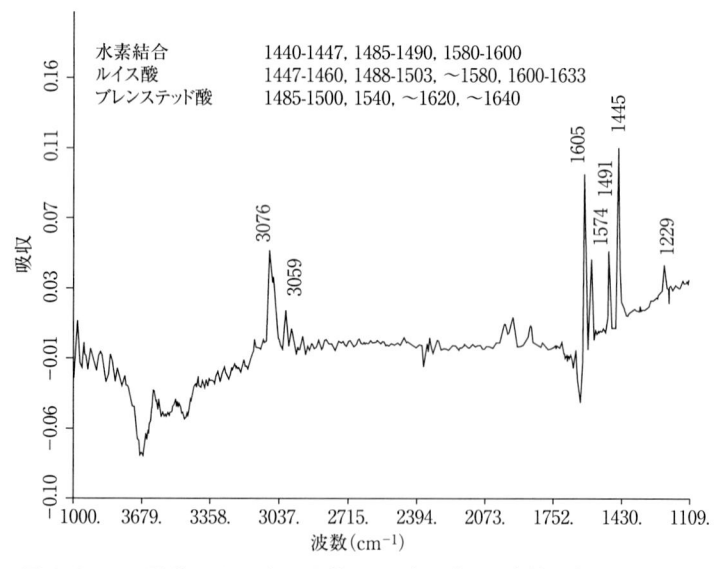

図2.25 二酸化チタン上に吸着したピリジンの赤外吸収スペクトル

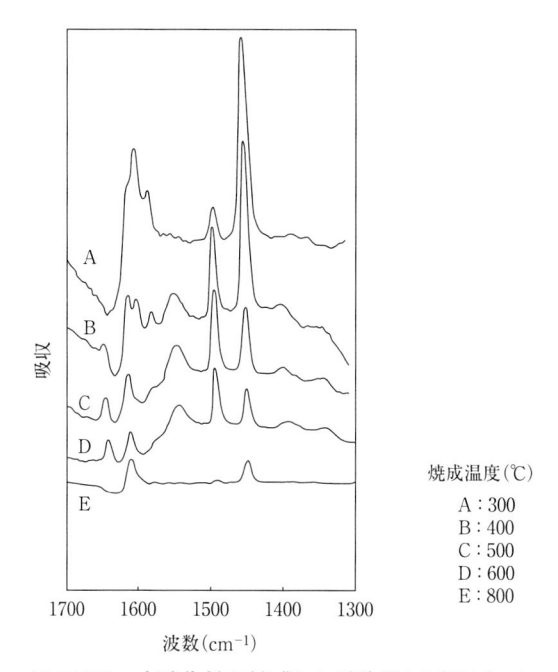

図 2.26　水酸化鉄を焼成した酸化鉄にピリジンを
吸着させた時の赤外吸収スペクトル

化鉄のような赤褐色の粒子に吸着したピリジンの状態も測定することができる。

⑤指示反応法

　酸点の強度や種類は転化率や生成物の分布などに影響する。例えばオレフィンは弱い酸では反応しないが、中程度の酸では重合し、強い酸ではクラッキングを起こす。反応物質を適当に選べば酸量、酸強度、酸の種類について多くの情報が得られる。

　この方法は間接的なものではあるが、触媒以外の用途で使われている酸・塩基量のあまり多くない粒子の評価には適していると思われる。酸量の尺度としては 1-ブテンから 2-ブテンへの異性化反応やイソプロパノールの脱水反応が便利である。

　福井らは図 2.27 に示すようなパルス反応装置を用いて粒子によるイソプロパノールの分解反応によって酸点および塩基点の評価を行った[18]。すなわ

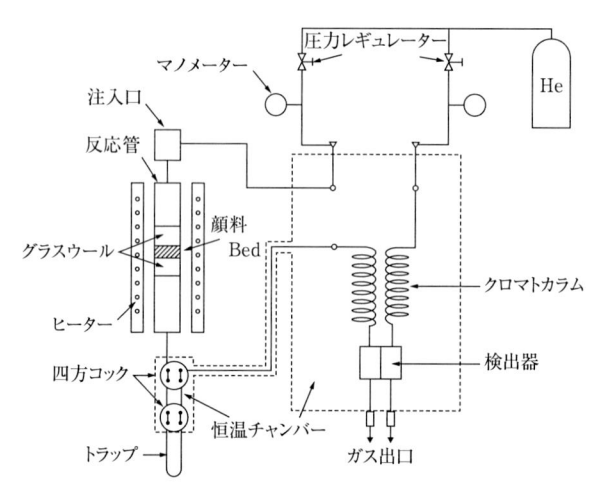

図 2.27 パルス反応装置の概略図

ち図 2.28 に示すように、イソプロパノールは酸点で脱水反応によってプロピレンを生成し、塩基点があれば脱水素反応によってアセトンが生成することからその選択性によって粒子表面の酸点と塩基点を簡便に評価した。一般的に粘土鉱物は固体酸のみを持つものが多く、酸化鉄や二酸化チタンは固体酸と固

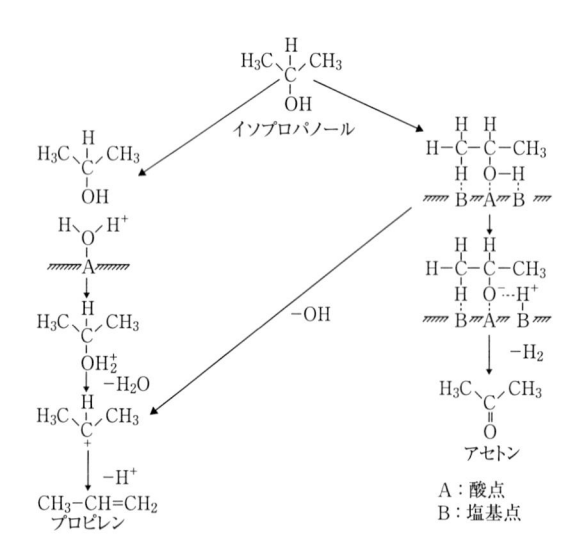

A：酸点
B：塩基点

図 2.28 酸・塩基によるイソプロパノールの分解機構

体塩基を有し、酸化亜鉛はその中でも固体塩基の寄与が大きいことがわかった。図 2.29 に固体酸の強いカオリンの脱水反応結果を示す。カオリンは200℃以下でイソプロパノールを脱水してプロピレンを生成するが、炭酸ナトリウムで表面処理したカオリンは脱水反応活性が弱くなっていることがわかる。このように粘土鉱物のように単純に酸点だけしかないものは中和をすることができる。弱い酸点のみを評価するには t-ブタノールの脱水反応が適しているが、同じ第 3 級アルコールを有するリナロールの分解反応を用いても微弱な酸点を評価できる。表 2.10 に化粧品用顔料によるリナロールの分解挙動を示す。酸化亜鉛はリナロールを分解させないが回収率は 100%ではなく、酸化亜鉛に少し吸着していると思われる。リナロールの回収の少ない顔料ほど分解物の種類が多くなり、さまざまな反応が起こっていることがわかる。これらの分解物の分解経路を図 2.30 に示す[19]。すなわち、リナロールが固体酸で脱水し異性化、環化するが、活性の強い粒子はその後に不均化して p-シメンが生成する。p-シメンは化粧品の劣化臭の代表的なもので、これを生成する粒子は香料安定性が悪い。同様に空気雰囲気化でのリナロールの分解機構についても報告されている[20]。このようにパルス反応装置を用いて粒子の香料分

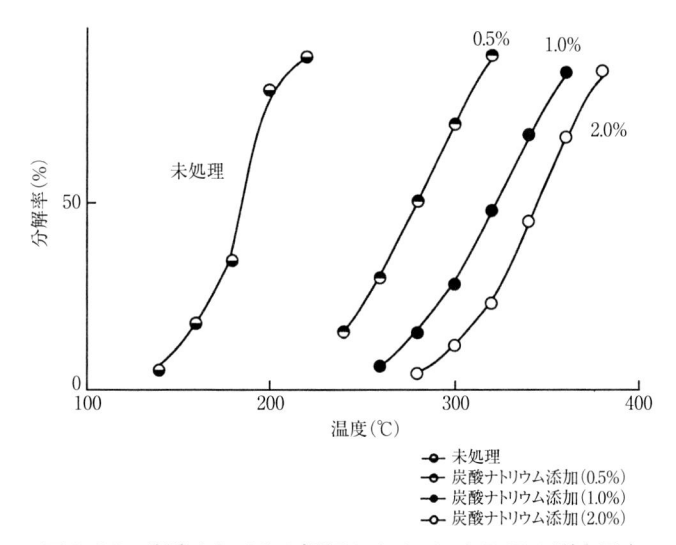

図 2.29　炭酸ナトリウム処理カオリンによる IPA 脱水反応

表 2.10　化粧品用顔料によるリナロールの分解

顔料	リナロール回収率（%）	生成物分布（%）									
		I	II	III	IV	V	VI	VII	VIII	IX	その他
酸化亜鉛	86.5	nd	nd	nd	nd	nd	nd	nd	nd	nd	nd
黒色酸化鉄	57.5	75.0	12.5	12.5	nd	nd	nd	nd	nd	nd	nd
水酸化クロム	54.0	73.3	nd	26.7	nd	nd	nd	nd	nd	nd	nd
コバルトブルー	34.5	64.3	11.9	16.7	7.1	nd	tr	tr	nd	nd	nd
シリカ	23.0	50.0	15.6	21.9	12.5	tr	nd	nd	nd	nd	nd
雲母	34.5	43.6	12.0	25.6	10.5	2.3	nd	nd	nd	nd	6.10
黄色酸化鉄	15.0	43.7	12.5	16.3	22.5	5.0	nd	nd	nd	nd	nd
タルク	25.0	19.4	12.9	14.4	13.7	10.1	7.2	10.9	9.4	tr	2.0
二酸化チタン A	20.5	26.2	12.3	12.3	18.0	13.1	8.2	9.8	nd	nd	0.1
群青	18.5	46.2	14.3	24.4	11.7	1.7	0.8	0.8	nd	nd	0.1
二酸化チタン R	9.5	24.0	15.6	13.5	12.5	7.3	5.2	11.4	10.4	nd	0.1
二酸化チタン A-R	7.5	20.9	6.8	10.5	12.6	7.9	4.2	7.3	5.8	nd	24.0
ウルトラマリンバイオレット	2.5	25.4	10.9	17.4	12.3	7.2	2.9	4.3	8.0	7.2	4.4
紺青	1.0	10.0	6.9	7.7	6.9	3.1	1.5	1.5	6.9	30.8	24.7
カオリン	0.5	7.9	1.1	9.1	1.1	11.4	5.7	9.1	30.7	11.4	12.5
赤色酸化鉄	1.0	11.3	7.2	12.4	13.4	12.9	4.6	6.2	16.5	8.8	6.7

反応温度、178℃；キャリアガス、N_2 50 ml/min；顔料量、10 mg；パルスサイズ、0.3 μl

解活性を短時間に評価できる。また、塩基点の評価にはジアセトンアルコールの分解などが適している。

　このような粒子の活性は共存する化合物の劣化を予測するだけではなく、表面修飾する場合の設計に役立つ。

2.4.5　酸化・還元

　酸化還元反応は、酸素付加、水素化、脱水素などの酸素あるいは水素原子の移行を伴う反応が多く、遷移元素を含むものが多い。遷移元素は多種の原子価を有し、周囲の雰囲気に応じて変化しやすく、電気的には多くが半導体である。この原子価の可変性や電子授受の容易さが触媒作用と深い関係をもっている。遷移元素酸化物の多くは半導体に属し、その伝導機構の違いによりn型半導体とp型半導体に分類されている。化学量論量より金属イオンがやや過剰であり、伝導帯近くにできる donor 準位が熱励起により伝導帯へ電子を供

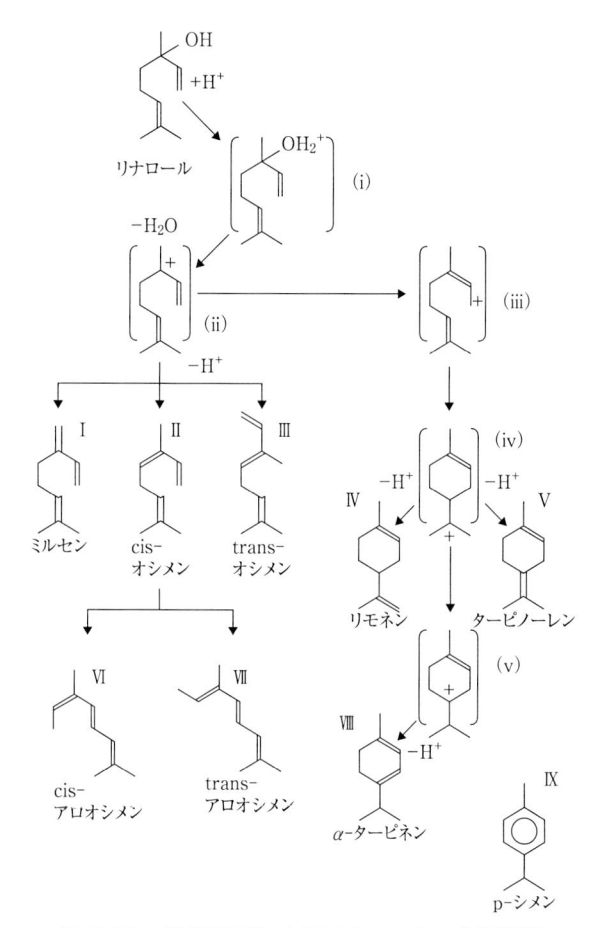

図 2.30　粒子表面によるリナロールの分解機構

給することにより伝導が行われるものを n 型半導体、酸素イオン過剰型で充満帯近くにできる accepter 準位へ充満帯の電子が移行して正孔を生じ、この正孔によって伝導が行われるものを p 型半導体という。これらの金属酸化物の CO 酸化活性は一般に p 型＞n 型であることが知られている。

（1）酸化・還元性質

　金属酸化物の酸化反応（H_2、CO、CH_4、C_3H_6 などの酸化反応）に対する活

性は、酸化物の酸素原子当たりの生成熱 $\varDelta H_0$ と関係がある。$\varDelta H_0$ の小さな酸化物ほど金属と酸素の結合が弱いため触媒表面の活性酸素は反応しやすく活性が高いが、$\varDelta H_0$ の極端に小さい Ag_2O などでは活性酸素の補給が困難となるため逆に活性が低下する。金属酸化物は酸素を与えたり水素をとったりする酸化作用のほか反応物から電子を1個とって反応物を酸化する作用を示すものもある。

(2) 酸化・還元測定法

酸化還元性質の測定の例としてスペクトルを用いる方法と示差熱分析を利用する方法について述べる。

①酸化力測定法

酸化力を見る方法として、酸素の吸着熱を吸着等温線測定法によって高温で測定したり、酸素を吸着させた後に酸素の昇温脱離を測定する方法がある。また、水素雰囲気下で酸化表面を昇温還元し、水素や生成物を測定する方法がある。

②電子スピン共鳴および吸収スペクトル法

SiO_2-Al_2O_3 は p-フェニレンジアミン、アンスラセンやペリレンから電子をとり、それらのカチオンラジカルを生成する。これらのカチオンラジカルを電子スピン共鳴（ESR）スペクトルおよび吸収スペクトルで測定して酸化点を求める。

一方、還元点についてはテトラシアノエチレンやニトロベンゼンを吸着させると、そのアニオンラジカルを生成するため同様の方法で測定できる。

③酸素ガスフロー DTA 法

油脂の酸化劣化測定は通常 AOM（Active Oxygen Method）が用いられるが、油脂の過酸化物の測定は滴定で行うため粒子が入っていると測定ができない。一方、熱測定は油脂劣化の評価法として指示薬を用いる必要がなく、粒子が添加された油脂の系では有用であると思われる。福井らは酸素ガスフロー DTA で油脂の酸化の発熱までの時間（ブレークタイム）を測定することによって粒子の油脂酸化能を評価した[21]。図 2.31 にひまし油に各種粒子を 20％添加した場合の絶対温度の逆数とブレークタイムの対数との関係を示す。

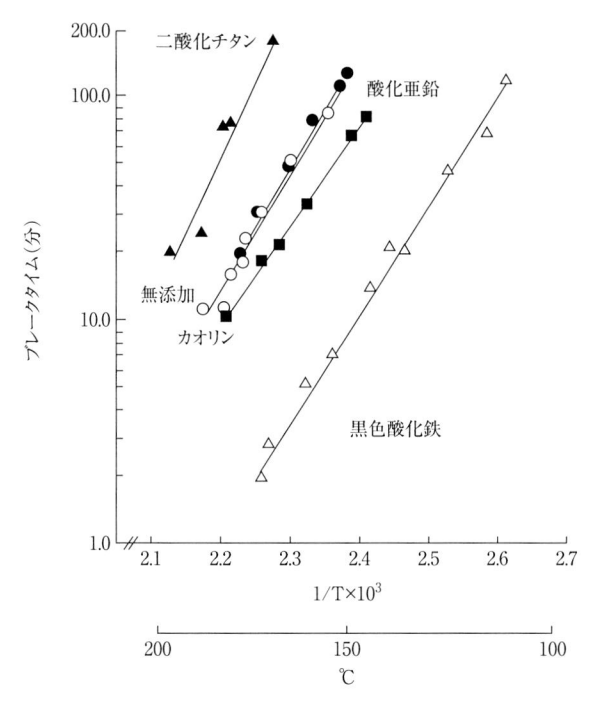

**図 2.31　各粒子（20%）を加えた時のひまし油の
　　　　　ブレークタイム**

何も添加していないひまし油では高温になるに従ってブレークタイムは短くなり、ひまし油は高温になるほど酸化され易いことがわかる。ひまし油の直線に対し、カオリンを 20% 加えたひまし油の挙動は同じであり、カオリンは油の酸化に影響を与えていない。一方、酸化亜鉛や黒色酸化鉄を加えたひまし油は同じ温度ではブレークタイムが短くなっておりこれらの粒子を添加することによって酸化が促進されることがわかる。また、二酸化チタンは油の酸化を抑制しているように観測される。この方法は熱の出入りで酸化を評価しているため、滴定で必要な指示薬の色の変化が必要なく着色粒子が分散していても測定することができる。**表 2.11** に各粒子のブレークタイムを示す。ブレークタイムを短くするものは含水酸化クロムや酸化鉄など遷移元素を含むものであり、特に鉄を含む顔料はブレークタイムが非常に短い値となり、ヒマシ油の酸化には Cr＞Fe＞Mn の順で酸化促進効果が認められた。

表2.11 各粒子のブレークタイム

顔料	比表面積 (m²/g)	ひまし油のブレークタイム(分)
水酸化クロム	80.0	0.1
赤色酸化鉄	15.4	1.8
黄色酸化鉄	19.9	2.1
黒色酸化鉄	5.7	2.3
紺青	30.3	2.4
マンガンバイオレット	—	5.8
酸化亜鉛	4.0	17.6
(なし)	—	26.6
カオリン	11.8	27.9
雲母	7.7	29.7
群青	9.1	33.0
シリカ	200.2	40.0
タルク	11.3	54.0
二酸化チタン A	55.8	132.3
二酸化チタン B	14.9	158.5

2.4.6 光触媒

　光触媒は光を吸収してエネルギーの高い状態になり、そのエネルギーを反応物質に与えて化学反応を起こす。1940年代から、二酸化チタンなどの顔料が塗料に含まれている時に光が当たるとチョーキングという現象が起こり、塗料が劣化することが知られていた。この分野では光触媒反応を抑える研究が主であり、光触媒反応はマイナスのイメージであった。しかし、本多・藤島効果がNatureに発表されてから光エネルギー変換の研究が活発になり、そして、現在までに水の光分解以外でも有機合成など多岐にわたる研究が展開されている。特に光触媒を利用して有害物質を分解・無害化する光環境触媒は分解され難い種々の化学物質を安全かつ容易に分解できることから実用化されており、一般の人達にも光触媒という言葉が浸透している。光触媒を使うと、数万℃という高温でなければ起こり難い反応を常温で起こすことができる。また、普通の化学反応と異なり、光の照射を止めれば反応を止めることができる。

　光触媒としては金属イオンや金属錯体も用いられるが、もっともよく使用されているのは光半導体である。光触媒として用いられる半導体には、ガリウムリン、ガリウムヒ素、硫酸カドミウム、チタン酸ストロンチウム、酸化チタ

ン、酸化亜鉛、酸化鉄、酸化タングステンなどがある。

　光半導体は通常、電気を通さない不導体であるが、光が当たると電気が通るようになる。酸化チタンのような光半導体は、**図2.32**のように電子が充満した価電子帯（Valence Band）と電子が入っていない空の伝導帯（Conduction Band）とからなり、伝導帯と価電子帯のエネルギー差である禁制帯（Band Gap）に相当するエネルギーを外部から与えられると価電子帯から伝導帯に電子（Electron：e^-）が励起され、価電子帯に電子の抜けた正孔（Positive hole：h^+）が生成する。電子と正孔は同時に生成し、電子は強い還元力を持ち、正孔は強い酸化力を持っている。電子が移動するように正孔も移動する。これが繰り返されることにより電荷が移動する。

　大部分の光半導体は水に入れて光を当てると、陽イオンと陰イオンになって溶解する光溶解が起こるが、酸化チタンは光溶解を起こさず、安価で耐久性に優れ、資源的にも豊富で入手しやすいため多く使われている。

　酸化チタンではアナタース型、ルチル型およびブルッカイト型という結晶型およびアモルファスがあるが、原子配列が異なることから当然バンドギャップが異なる。酸化チタンの場合、価電子帯を形成するのは主にOの2p軌道であり、伝導帯を形成するのはTiの3d軌道である。バンドギャップは約3 eVであるが、ルチル型のバンドギャップに比べるとアナタース型は上下に0.1 eVほど大きく3.2 eVである。

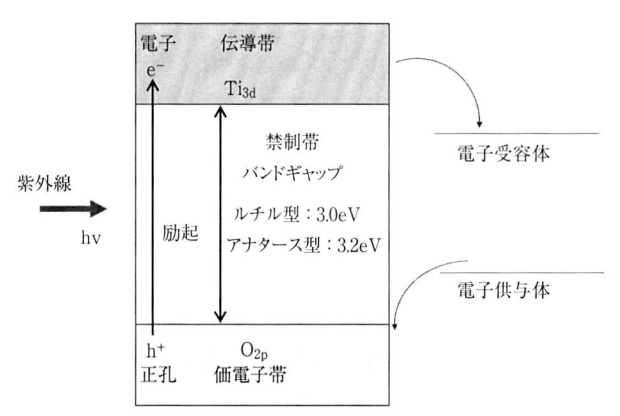

図2.32　半導体TiO$_2$のバンド構造と光励起による電荷分離

ルチル型のバンドギャップ（3.0 eV）の場合、約 380 nm 以下の紫外線を受けると励起し、生じた励起電子と正孔が気相や液相中の成分をそれぞれ還元、酸化すると、結果的には正孔と反応する「還元剤」から、電子と反応する「酸化剤」へ電子が流れたことになる。単に「還元剤」と「酸化剤」を混合しただけでは反応しない系でも光半導体存在下で光を照射すると電子の流れが生じるのは光エネルギーが酸化還元や反応の活性化エネルギーとして利用されるからである。従って、基本的には光触媒反応を電解反応の類型と見ることもできるが、半導体粒子による反応においては生じた正孔と電子がそれぞれ酸化と還元の活性点となり、一つ一つの粒子上の極めて近い表面サイトで酸化と還元の両反応が進行する点が異なっている。

　結晶型以外に光触媒活性を支配する主な要因として、粒径、表面積などがある。粒子径が小さくなると伝導帯や価電子帯の位置がシフトし、バンドギャップが大きくなる。バンドギャップが大きくなると吸収波長端が短波長側にシフトするが、このような現象を量子サイズ効果と呼んでいる。

＜参考文献＞

1) P. Stamatakis, B. R. Palmer, G. C. Salzman, C. F. Bohren, T. B. Allen, J. Coatings Tech., **62**, 95 (1990).
2) R. L. Carr, Chemical Engineering, **18**, 166 (1965).
3) 岩澤康裕、中村潤児、福井賢一、吉信　淳、「ベーシック表面化学」p.61, 化学同人、京都, 2010
4) C. A. Parks, Chem. Rev., **15**, 177 (1965).
5) R. H. Yoon, T. Salman, G. Donnay, J. Colloid Interface Sci., **70**, 483 (1979).
6) W. A. Zisman, Advanc. Chem. Ser., **43**, 1 (1964).
7) E.W. Washburn, Phys. Rev., **17**, 374 (1921).
8) O. Beeck, Disscussion Faraday Sci., **8**, 314 (1950).
9) A. A. Balandin, Z. Phisik. Chem., **B2**, 289 (1929).
10) 今中利信、「触媒反応」、p.28、培風館、東京、(1975).
11) C. L. Thomas, Ind. Eng. Chem., **41**, 2564 (1949).

12) K. Tanabe et. al., Bull. Chem. Soc. Jpn., **47**, 1064 (1974).
13) K. Tanabe, "Solid Acids and Bases" Kodansha, Tokyo, Academic Press, New York (1970).
14) 田部浩三、竹下常一、「酸塩基触媒」、産業図書、(1966).
15) 高田　晋、福島正二、田中宗男、色材、**52**, 306 (1979).
16) E. P. Parry, J. Catal., 2, 371 (1963).
17) 福井　寛、田中宗男、藤山善雄、色材、**57**, 487 (1984).
18) 福井　寛、斉藤　力、田中宗男、色材、**55**, 864 (1982).
19) H. Fukui, R. Namba, M. Tanaka, M. Nakano and S. Fukushima, J. Soc. Cosmet. Chemists, **38**, 385 (1987).
20) 福井　寛、難波隆二郎、田中宗男、中野幹清、色材、**61**、481（1988）.
21) 福井　寛、斉藤　力、田中宗男、色材、**56**, 349 (1983).

第3章

実務に役立つ分散技術

3.1 粒子の分散状態と分散液の性質

　粒子分散の基本は、乾燥した粒子凝集体の一次粒子への解凝集であることを第1章で述べたが、実際の工業プロセスでは、設備、時間、工数、配合などの問題で、一次粒子まで解凝集できていない場合が多い。また、分散方法や分散液配合組成のちょっとした違いにより、分散液の流動性がサラサラであったりポテポテであったりと、顕著な違いが見られることがある。

　本節では、粒子分散液の流動性や沈降などマクロな物性と、粒子の分散状態の関係について解説する。

3.1.1 流動性

　分散安定化が不十分な場合、解凝集された粒子が分散液中で弱い相互作用で凝集することにより、図3.1に示すような網目状の構造体を形成することがある。「弱い力で」と書いたのは、静置したり、容器を少し傾けただけのような、力があまり加わっていない状態では凝集しているが、高速撹拌機で撹拌したり、スプレーで塗装するなど、大きな力が加わると解離するような程度の力

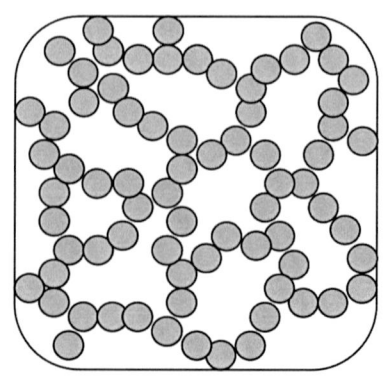

図3.1　粒子による構造形成（フロキュレート）

を意図したものである。

このような凝集体はフロキュレート（Flocculate）と呼ばれ、凝集体を形成することはフロキュレーション（Flocculation）と呼ばれる。

図 3.1 のような網目状の粒子凝集体が分散液中に形成されると、連続層であるビヒクルが個々の網目のなかに閉じ込められてしまうので、その凝集体を壊せるだけの力を分散液に加えないと流動しない。**図 3.2**[1)] に示したのは、右側はフロキュレートがほとんど形成されていない粒子分散液、左側はフロキュレートの形成が著しい分散液であり、匙を傾けて流出させようとしている様子である。

分散剤などが粒子表面へ吸着して分散安定化が実現されていれば、フロキュレートの形成が防止され、傾けるだけで分散液は連続的に流下する。一方、そのような配合設計がなされていない場合には、フロキュレートが生成して個々の粒子単位では流動できず、一定量の固まりが匙外に滑り出し、フロキュレートの強度が重量に耐えきれなくなった時に落下するという流動挙動を示すことになる。

フロキュレートは一度解凝集された粒子が形成するので、粒子と粒子の間には溶剤やビヒクルが介在する。粒子間の凝集力は乾燥粉における凝集より小さいので、このような現象が生じる。このように、加える力が大きくなると粒子分散液の粘度が低下するような流動挙動は、「擬塑性流動」と呼ばれる。

図 3.2 左側のような粒子分散液の状態は、例えばスクリーン印刷時の版離れ性や、塗工時におけるタレ防止など、好ましい場合もあるが、粒子間に凝集力

フロキュレートあり　　　　　　フロキュレートなし
図 3.2　フロキュレートの有無と分散液の流動性[1)]

が働いているのであるから、分散度の低下や粘度変化につながりやすい。また、時間の経過とともに粒子同士がさらに密に凝集すると、網目が締まることにより、一部のビヒクルが粒子凝集相から押し出され、上部はクリアー層、下部はババロアのようなゲル状の粒子を含んだ層に分離することがある。このような現象は「シネレシス（Syneresis）」と呼ばれる。

　コストなどの要因で、フロキュレートが形成される不安定な配合を採用せざるを得ない場合も多いが、理想的には、図3.2の右側のような状態にしておいて、レオロジーコントロール剤（増粘剤）などを用いて流動性を好ましい状態に制御するべきである。

　タルクやカオリン、クレーなどの粘土鉱物粒子は何層ものシートが重なり合った層状構造をしており、鱗片状の形態である[2]。さらに、粒子の端部と側部の電荷が異なることが多い。このような粒子の分散液では、**図3.3**のように端部と側部で粒子同士が引き合い、フロキュレートを形成することで擬塑性流動を示しやすい。図3.3のようなフロキュレートの構造は、トランプのカードを組み合わせたように見えるので、カードハウス構造と呼ばれる。粘土由来粒子のなかでも、ベントナイトやヘクトライトなどはカードハウス構造を形成しやすく、塗料などに配合してわざと擬塑性流動とし、タレ止め剤（増粘剤）として使用されることがある。

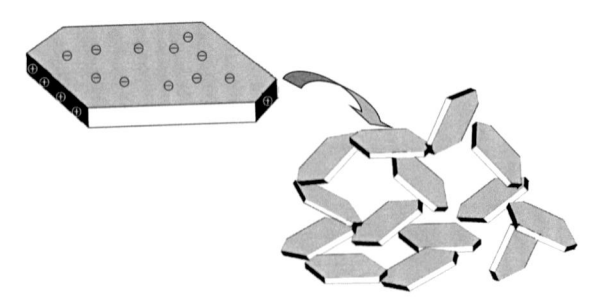

図3.3　鱗片状の粘土鉱物粒子によるカードハウス構造の形成

3.1.2 沈降

　粒子の粒子径が大きいほど、また、比重の大きな粒子ほど沈降しやすい。ほとんどの粒子は比重がビヒクルよりも大きいが、一定の分散度以上に微粒化されると沈降しない。これはなぜであろうか？

　液体中の粒子には常に2種類の力が働いている。1つは重力であり、重力 g によって比重 ρ_0、粘度 η の液体中を、直径 a、比重 ρ の球状粒子が沈降する速度 ν は、次のストークス（Stokes）の式で表せる。

$$\nu = \frac{2a^2(\rho - \rho_0)}{9\eta} \qquad 3.1 式$$

　重力だけが粒子に作用しているのであれば、どんなに微粒化してもビヒクルより比重が大きい限り、速さの差はあるにせよ、必ず沈降するはずである。

　液体中では液体分子が常に熱運動しており、粒子に衝突して粒子を動かす力が働いている。この力による粒子の運動はブラウン（Brown）運動と呼ばれ、時間 t で粒子が移動する距離 d の平均値は3.2式で表せる。

$$d = \sqrt{2Dt} \qquad 3.2 式$$

　ブラウン運動の方向は不特定で、時間 t で距離 d 動いたとしても、$2t$ で倍の $2d$ 動くとは限らない、あるものはまったく逆の方向へ動いて元の位置となる場合もあるし、90°方向へ移動すれば元の位置からの距離は $\sqrt{2D}$ となる。すべての粒子の移動距離を平均すれば3.2式で表されるということである。このような様式の運動は拡散運動と呼ばれ、D は拡散係数と呼ばれる。D はボルツマン（Boltzmann）定数 k、温度 T、粒子径 a、液体粘度 η を用いて、3.3式で表すことができる。

$$D = \frac{kT}{6\pi\eta a} \qquad \text{3.3 式}$$

 3.3式はアインシュタイン (Einstain)—ストークスの式と呼ばれる。ブラウン運動では3.3式から粒子径 a が小さいほど移動距離が大きくなることがわかる。

 表3.1に、比重 $\rho_0=1$、粘度 10 mPa・s の液体中（水に少量の高分子を溶解したビヒクルを想定）での、比重 $\rho=4$ の球状粒子（二酸化チタンを想定）の沈降およびブラウン運動による1秒間の移動距離と、粒子径との関係を示す。温度は室温とした。

 粒子径が 100 μm であれば、1秒間にブラウン運動で 21 nm 移動するが、その間に 6.5 mm も沈降するので、この大きさの粒子は分散が安定であっても必ず沈降する。一方、粒子径が 10 nm のナノ粒子は1秒間に 65 pm 沈降するが、ブラウン運動で不定方向に 2.1 μm も移動してしまうので、実質的に沈降しない。それでは、どこまで小さければ沈降しないかというと、移動距離で沈降よりブラウン運動の方が優勢になれば良いのだから、1 μm より少し小さめというのが目安となる。

 沈降とブラウン運動に対する粘度の影響を比較すると、沈降の方が影響は大である。すなわち、粘度が10倍になれば3.1式から沈降速度は 1/10 になるのに対し、ブラウン運動による移動距離は3.2式、3.3式から、$1/\sqrt{10}$ にしかならない。粘度が高くなるほどブラウン運動が優勢になるということである。したがって、一次粒子径が 1 μm より大きく、比重も大きな粒子であれば、増粘剤などを処方して粘度を増加させて沈降を防止する必要がある。

 一般的な粒子分散液では、通常、粒子径を小さくするか、粘度を高くして、

表3.1 沈降とブラウン運動による粒子の移動距離と粒子径の関係

粒子径	100 μm	10 μm	1 μm	100 nm	10 nm	1 nm
沈降	6.5 mm	65 μm	650 nm	6.5 nm	65 pm	6.5 fm
ブラウン運動（平均移動距離）	21 nm	66 nm	210 nm	660 nm	2.1 μm	6.6 μm

粒子は二酸化チタン（$\rho=4$）、液相は $\rho_0=1$, $\eta=10$ mPa・s として計算
mm、μm、nm、pm（ピコメーター）、fm（フェムトメーター）の順に 1/1000 ずつ小さくなる。

沈降しないように設計・製造されているはずである。それが沈降するのであれば、大きな原因は2つ考えられる。

1つは凝集による粒子径の増大である。粒子が凝集するのを、樹脂や分散剤などの高分子が粒子表面に吸着して防止している。吸着のドライビングフォースは酸塩基相互作用（有機溶剤系）や疎水性相互作用（水系）といった発熱的な相互作用である。発熱的な相互作用で吸着しているのであるから、高温下で保管すると高分子が脱着して、粒子の凝集を引き起こす場合がある。また、3.3式から高温になるほど、また、微粒子になるほど、粒子のブラウン運動は激しくなるので、粒子同士が衝突して凝集する可能性は高くなる。粒子分散液はできるだけ高温にならないように保管するべきである。さらに、粒子分散液を溶剤で希釈する際に、多量の溶剤を瞬時に加えると、局所的に濃度差が生じて粒子表面に吸着している高分子が溶剤側へ移動（脱着）し、粒子が凝集することがあるので注意が必要である。

もう1つの沈降の原因は粘度低下である。粒子分散液を溶剤で希釈すると粘度が低下するので、その分、沈降が起こりやすくなる。過剰希釈には注意が必要である。

3.1.3　乾燥被膜の性質

粒子分散液は半製品として用いられ、何がしかの製品の製造段階で塗布、乾燥という過程を経て製品の一部となることが多い。粒子分散液を乾燥させて得られる被膜の性質は、分散液中での分散度や分散液の流動性（粒子間相互作用）に多大な影響を受ける、以下ではその主なものについて解説する。

(1) 平滑性（被膜の光沢値）

被膜表面の平滑性は、粒子分散度の影響を受ける。**図 3.4 (a)** に示すように、分散粒子径が大きい場合には被膜表面に粒子形状に沿った凹凸が形成され平滑性は不良となる。一方、**図 3.4 (b)** のように分散粒子径が小さければ、被膜表面は平滑になる。

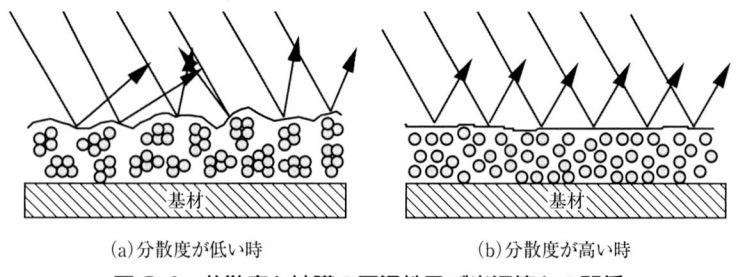

(a)分散度が低い時　　　　　　　(b)分散度が高い時

図 3.4　分散度と被膜の平滑性及び光沢値との関係

　塗料などでは平滑性が塗膜光沢値という重要な品質の決定要因となる。光沢値は被膜表面における光の鏡面反射率であり、一方向から入射した光が正反射方向へ反射される割合である。分散度が低く被膜表面が平滑でない場合には、正反射方向とは異なる方向への反射（拡散反射）が生じて光沢値は低くなる。

　分散粒子径と被膜光沢値の関係では、分散粒子径が 0.35 〜 0.2 μm 付近（可視光波長の 1/2）までは粒子径の減少とともに単調に光沢値は増加するが、それ以下では光沢値は飽和してあまり変化しなくなる。

（2）被膜密度

　セラミックススラリーや金属ペーストなどでは、乾燥被膜中の粒子密度が高いことが好ましい。塗布された粒子分散液が乾燥する際には、溶剤の蒸発にともなって被膜が収縮していく。乾燥被膜の粒子密度を高くするためには、収縮につれて粒子が移動して、お互いの隙間に入り込み、密に充填された状態にならなければならない。一方、フロキュレートが発達している粒子分散液では、溶剤が完全に蒸発するまでに図 3.1 のような隙間のある構造が被膜中に固定されてしまい、被膜密度が大きくならない。

（3）光の吸収と散乱

　顔料のような着色粒子がその粒子固有の色に着色するためには、粒子内部に入射光が侵入し、内部の色素によって特定の波長（色）の光が選択的に吸収され、残りの光が粒子から放出されることが必要である（**図 3.5**）。この時、吸収された光の補色に着色する。通常、粒子とそれを取り巻くマトリクス材では

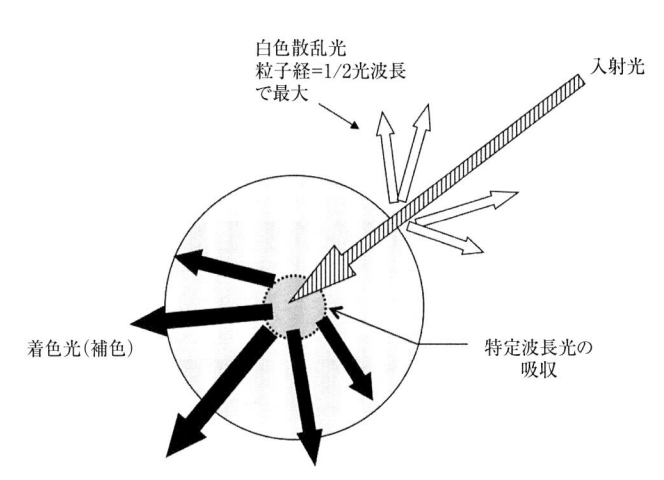

図 3.5　粒子による光の散乱と吸収、着色

　屈折率が異なるので、粒子とマトリクスの界面で、光は内部に進入するものと散乱（反射）するものに分割される。散乱された光は着色しておらず白色となる。この白色光が被膜中で観測された場合には「白濁り」とか「ヘイズ」と呼ばれる。

　界面での光の散乱は、粒子とマトリクスの屈折率差が大きいほど大きい。また、粒子径が光の波長の半分程度の時に、散乱効率が最大になることが知られている。可視光の波長はおよそ $0.4 \sim 0.7 \, \mu m$ なので、その半分、すなわち分散粒子径が $0.2 \sim 0.35 \, \mu m$ の時に散乱は最大となる。したがって、ヘイズがなく、鮮やかな着色を得るためには、分散粒子径を $0.2 \sim 0.35 \, \mu m$ より大幅に小さくする必要がある。カラーフィルター用の顔料分散液などでは分散粒子径が $0.05 \, \mu m$ 程度のものも珍しくない。

　一方、可視光を効果的に散乱させたい場合には、粒子径を $0.2 \sim 0.35 \, \mu m$ 程度にするべきである。これよりも粒子径が大きくても小さくても散乱は弱くなる。白色顔料（可視光をすべて散乱）として使用される二酸化チタン顔料の一次粒子径は、ほとんどが $0.3 \, \mu m$ 前後に設定されているので、一次粒子まで解凝集して使用するのが理想的である。

　なお、上記の内容は可視光だけに限らず紫外光や赤外光、X線などの電磁波にも当てはまり、目標とする分散粒子径は対象とする電磁波波長の1/2を基

準に考えるべきである。

3.1.4　複数種類の粒子が共存する際に起こる現象

　複数種類の粒子を混ぜ合わせ、1つの分散液として使用される場合がある。1つひとつの粒子の分散液では問題はないが、混合することで生じる現象について解説する。ここでは筆者の経験の制約もあり、顔料粒子を例にとって、色という被膜の性質で説明するが、読者諸氏の使用される粒子の性質や目標とする性能に置き換えて考えていただきたい。

　図3.6では、顔料として白色の二酸化チタンを含む分散液と、黒色のカーボンブラックを含む分散液を混合して、グレーの塗料を作成したという想定である。各顔料粒子は一次粒子まで分散されているのが理想であるが、現実の工業製品としてはありがちな、凝集体が残存する分散液を用いた想定としている。

　図3.6（a）が塗料製造直後の初期色相（正常色）とする。二酸化チタンは表面張力が高く、濡れが進行しやすいので、図3.6（b）のように貯蔵中に解

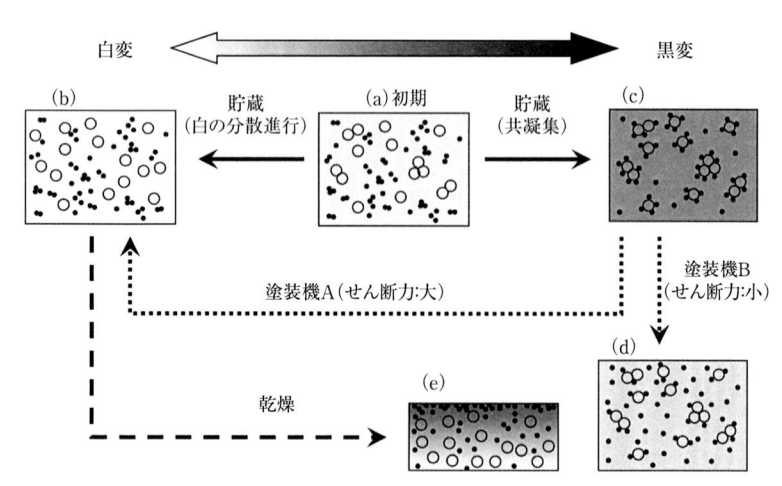

図3.6　顔料の分散・凝集状態と塗膜の色
（各状態での背景色は塗膜色のイメージを示す）

凝集することがある。白の面積が増加するので、塗料の色相は、より明るい方向に変化することになる。この機構による色変動を防止するためには、一次粒子まで解凝集された分散液を用いることである。

　粒子は何らかの原因により分散液中でプラスまたはマイナスに帯電することがある。例えば白色顔料がプラスで、黒色顔料がマイナスに帯電すると、静電引力により引き合って凝集する。このような異種粒子間の凝集を「共凝集」もしくは「ヘテロ（hetero）凝集」と呼ぶ。

　例えば図 3.6（c）のように、白色顔料の周りに黒色顔料が共凝集すると、白の表面が黒で覆われるので塗料の色相は暗くなる。このような共凝集はフロキュレートと同様に、塗装時に掛かるせん断力により解凝集されるが、せん断力の大きさにより、その程度が異なる。大きなせん断力が掛かった場合には、例えば図 3.6（b）のように白原色の凝集体まで解凝集されて、初期色相よりも明るくなる場合もあれば、弱いせん断力では図 3.6（d）のように図 3.6（c）よりはやや明るいが、初期色相に比べれば暗くなる場合もある。

　粒子分散液を塗布すると、被膜が形成される過程で、溶剤が塗布膜表面から蒸発する。膜内部の溶剤も蒸発するが、そのためには溶剤が膜内部から膜表面へ移動しなければならない。移動の機構としては拡散と対流があるが、溶剤量が多く、溶剤の蒸発速度が大きい場合には、対流が主体となる。溶剤が移動するのに付随して粒子も移動し、複数種類の粒子では、粒子径や比重の違いにより移動度が異なる。また、空気は非常に極性の低い気体なので、空気と接している膜表面には極性の低い粒子が集まりやすい。これらの結果、被膜内部と被膜表面では粒子の混合比率が異なってしまう場合がある。図 3.6（e）では、黒色のカーボンブラックのほうが白色の二酸化チタンよりも極性が低く、かつ小粒子径で比重も小さいので、表面にカーボンブラックが濃化して、塗膜の表面色が正常色よりも暗くなる様子を表している。

　このような異常現象は、実用的には表面調整剤などの添加剤により解決されることも多いが、基本的には高分子の吸着で粒子表面をしっかりと被覆して、粒子そのものの表面極性や電荷は異なっても、吸着層を含んだ最表面の性質は同等にして解決するべきである。

3.2 粒子分散評価法

「粒子の分散を評価する」という場合、重要であるのは、凝集体がどの程度まで解凝集されているかという分散度の評価と、分散された粒子によるフロキュレート形成の有無とその程度の評価、およびそれらの安定性の評価である。安定性に関しては、分散度とフロキュレート形成の程度が時間的に変化するか否かを見るのが一般的である。

3.2.1 分散度の評価

粒子分散度の評価は、粒ゲージ、電子顕微鏡、各種粒子径測定装置などを用いて行われており、頻度因子すなわち粒子径分布まで測定可能なものも多い。

ただし、測定試料調製にあたって、希釈や乾燥などの操作を伴うものが多いので、操作による凝集や沈降分離、分散の進行など、実際系からの状態変化に注意が必要である。特に有機溶剤系での大過剰の溶剤による希釈時には、高分子が粒子から脱着して凝集を生じることが少なくない。また、平均粒子径の算出においても、個数平均、面積平均、重量平均と測定方法により異なることがある。さらに、実際の粒子はレンガ状や針状、鱗片状など種々の形状をしているが、測定方法により、ストークス径、球相当径など等価の球状粒子で近似されることが多い。これらの理由から、粒子径の測定にあたっては、採用する測定法の原理を十分に理解しておく必要がある。

表 3.2 に代表的な粒子径測定方法と日本工業規格 JIS のあるものは対応 JIS 番号、測定可能な粒子径範囲、測定される粒子径を示す。表中、ストークス (Stokes) 径とあるのは、その粒子と同じ速さで液体中を沈降する真球状粒子の直径である。

以下の解説では、第 2 章の粉体の評価と項目が重なるものがあるが、本章では測定法そのものの解説というより、分散度評価に用いる際のポイントを中心

3.2 粒子分散評価法

表 3.2　粒子径計測法

測定方法	対応 JIS No.	測定可能粒子径範囲〔μm〕 0.01 / 0.1 / 1 / 10 / 100	粒子径
粒ゲージ法	K5600-2-5	1～100	球相当径
光学 / 電子顕微鏡法	Z8827-1	0.01～10	長さ・面積
沈降速度法	Z-8820, Z-8823	0.1～100	ストークス径
光子相関法	Z8826	0.01～1	ストークス径
光回折法・散乱法	Z8825	0.1～100	球相当径
電気的検知帯法	Z8832	1～100	体積相当径
超音波減衰分光法		0.1～100	ストークス径

に述べる。

(1) 粒ゲージ法

　粒ゲージとスクレーパーを用いる方法で、JIS K5600-2-5 や ISO1524：2013 に塗料中の顔料分散度測定方法として記載されている。他の JIS は粒子径計測方法そのものの規格であるのに対し、粒ゲージ法は分散度の評価方法として唯一の規格である。図 3.7[3] に粒ゲージとスクレーパー、その代表的な寸法と使用方法を示す。粒ゲージには傾斜のある溝が設けてあり、一定間隔で溝の深さがミクロン単位で示されている。図 3.7 に示すように、スクレーパーで粒子分

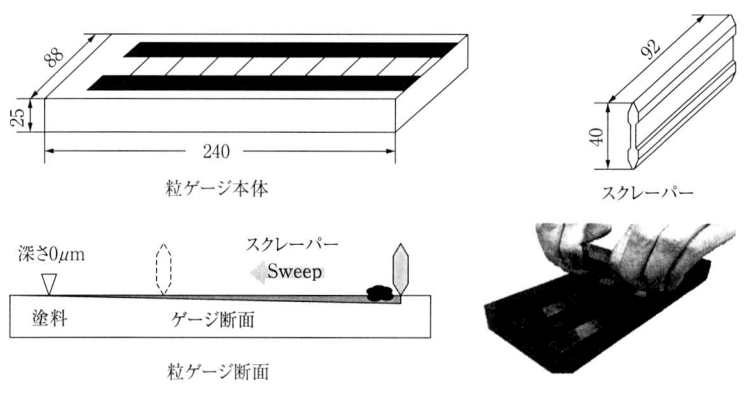

図 3.7　粒ゲージによる顔料粒子分散度の評価[3]

散液を擦り付けると、溝の深さより大きな粒子が頭を出すことになり、**図3.8**[3]に示したような斑点や線状痕を溝の上に形成する。この斑点や線状痕が始まる溝の深さを、溝横に付された目盛りから読み取る。目盛りと目盛りの間を補間せず、直近の大きい方の目盛りを読む等、読み取り方法には一定の規則がある。粒子分散液の擦り付けと数値の読み取りを自動で行なう試みもなされている[3]。

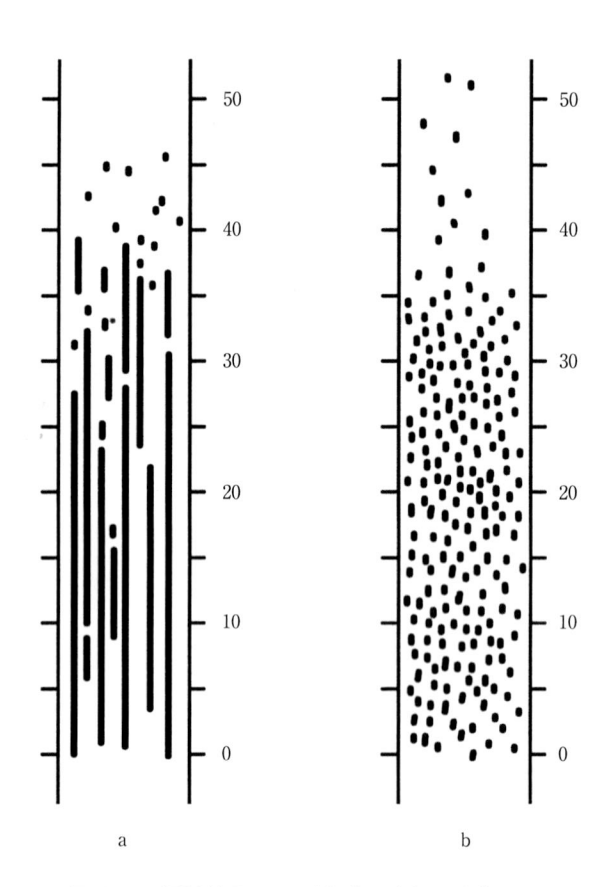

図3.8 顔料粒子により粒ゲージ上に形成される線状痕（a）および斑点（b）[3]

(2) 顕微鏡法

　透過型や走査型の電子顕微鏡、光学顕微鏡で、粒子の1個ずつについて、大きさを計測する方法である。粒度分布曲線や平均粒子径を得るためには、多数の粒子を計測する必要があるが、画像解析装置を利用すれば労力はさほど必要ではない。粒子の形状が目で認識できるのは大きな長所である。また、粒子径や粒度分布を得る上で何らの仮定も入らない確実な測定方法である。

　乾燥被膜中の粒子の分散状態は一般的に透過型電子顕微鏡で観察されるが、このためにはウルトラミクロトームを用いて被膜の薄片を切り出す必要があり、ある程度の熟練が必要である。Simpsonらは、酸化チタンなどの無機粒子であれば、被膜を酸素プラズマでエッチングして表面の有機化合物層を取り除き、粒子のみを露出させることで、走査型電子顕微鏡でも分散状態が鮮明に観察できることを示している[4]。

　粒子分散液を液体窒素などで瞬時に凍結させてから、液体窒素温度のステージで観測することのできる透過型電子顕微鏡（Cryo-TEM）を利用することで、濃度や凝集状態をあまり変化させることなく観測することが可能となっている[5]。

(3) 沈降速度法

　重力加速度 g の重力場で粒子が液体中を沈降する際、定常状態では粒子径 a と沈降速度 v とは3.1式で関係づけられる。したがって、静置状態もしくは遠心重力場における沈降速度を計測することにより、粒子径を決定することができる。

　沈降速度の測定には光透過法が採用されている装置が多く、粒子を一様に懸濁させた測定セルを重力場にセットし、セルの一定位置における光透過率の変化を経過時間の関数として測定する。

　沈降速度法では、1つの粒子の沈降が他の粒子の沈降速度に影響を与えない必要があり、また、透過光強度検出装置の感度の問題から、測定サンプルの粒子濃度は0.1％程度が上限である。したがって本方法では、測定のために粒子分散液を大希釈することになり、樹脂の脱着などによる凝集への注意が必要である。

(4) 光子相関法

　準弾性光散乱法、動的光散乱法とも呼ばれる。粒子が液体中に分散している系に光が入射し、散乱される時、粒子のブラウン運動により散乱光の波長と入射光の波長は異なっている（ドップラーシフトと呼ばれる）。この波長の変化は、粒子のブラウン運動の大きさに依存し、その度合いを示す拡散係数 D と粒子径 a は、3.3 式により関係づけられる。したがって、波長の変化を測定することにより、D が決定でき、a が決定できることになる。

　光の入射角度から特定の方向で散乱光の強度を観測すると、個々の粒子からの散乱光は時々刻々と波長の違いにより干渉し合うので、散乱光強度は時間的に揺らぐことになる。この揺らぎを散乱光強度の時間自己相関関数を用いて解析するため光子相関法と呼ばれる。なお、実際の測定においては、D の決定のために、希釈液の粘度のほか、屈折率も知っておく必要がある。

　この方法においても、2 つ以上の粒子による多重散乱の影響を防止するために、粒子濃度が希薄な状態で測定する必要がある。したがって、沈降速度法と同様に、測定サンプルの調製の際に、希釈に伴う分散度の変化に注意が必要である。

　本方法は、粒子のブラウン運動に基づく拡散係数を測定することから、粒子径の比較的小さな領域（通常 1 μm 以下）を測定するのには適しているが、大粒子径粒子の測定は困難である。

　光子相関法では、粒体力学的な移動単位としての大きさが粒子径として測定されるので、粒子に高分子が吸着したり、溶媒和したりしている場合には、吸着高分子層や溶媒和層を含んだ大きさが、測定値として得られることになる。インクジェットインクや液晶用カラーフィルターなどでは、平均粒子径が 100 nm 以下となることも珍しくないが、このような場合には吸着高分子層の厚さが無視できないので、測定値の解釈には注意が必要である。

(5) 光回折法・散乱法

　希薄な粒子分散系に入射した単色光が、粒子により回折し、検出面に形成する回折像を解析することによって、粒子径やその分布を求める方法である。前出の沈降速度法、光子相関法と同様に、粒子濃度が希薄な状態で測定する必要

があり、測定サンプルの調製の際に、希釈に伴う分散度の変化に注意が必要である。

　本方法だけでは、1 μm 程度以上の粒子しか測定できないが、市販の測定機では Mie 散乱理論を利用する静的光散乱法による測定機能を併せもった機種があり、測定可能な粒子径範囲がサブミクロン領域まで広がっている。ただし、同じ光散乱法でも光子相関法は散乱光の時間的揺らぎを計測するのに対し、静的光散乱法は散乱光強度の入射方向に対する角度分布を測定する。

　得られる粒子径も、本方法では回折・散乱光の空間分布が同じ球状粒子の粒子径であるのに対し、光子相関法はストークス径である。さらに、粒子径分布は「理論的に計算した想定される粒子径分画からの光散乱パターンの重ね合わせが測定された散乱パターンに最もよく一致するように各分画の寄与率を求める数学的逆問題を解くことで、体積基準の粒子径分布を求める（JISZ8825）」とあるように、重力沈降法などほかの方法のように直接測定されるものではないことに留意が必要である。

(6) 電気的検知帯法

　エレクトロゾーン（Electro Zone）法とも呼ばれる。この方法では、非常に希薄な粒子分散液に孔径 9 〜 2000 μm の小孔を持ったチューブを浸漬させる（図 3.9[6)]）。チューブを減圧すると粒子分散液がチューブ内に流入するが、小孔を粒子が通過する度に、電気抵抗が変化する。電気抵抗の変化は孔径に対する粒子の体積比率に依存し、電気抵抗の変化した回数が粒子の個数に等しいことから、試料の体積基準の粒度分布を求めるものである。

　この測定法の特徴は、迅速に測定できることで、5 万個の粒子を数秒で測定できるとされている。しかし、小孔中を 2 個以上の粒子が同時に通過しないよう、十分低濃度にしておく必要がある。また、使用できる溶媒が誘電率の比較的高いもの（水、アルコール、ケトンなど）に限られるため、適用できる分散系も制限される。さらに、小孔の大きさと粒子径の比率によって検出感度が変化するので、対象とする粒子径に応じて小孔径を変える必要がある。小孔径を変化させることで、測定可能な粒子径範囲は数 100 nm 〜 数 100 μm とされている。

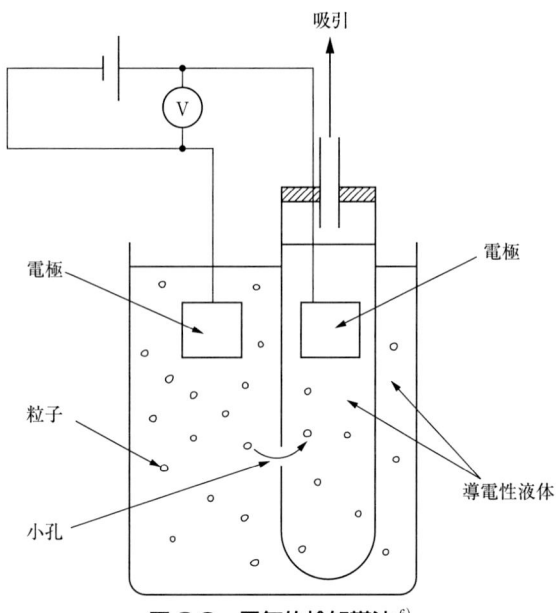

図 3.9 電気的検知帯法[6]

(7) 超音波減衰分光法

　粒子分散液中を超音波が通過する際には、液の不連続成分である粒子の存在により、超音波の照射エネルギーが粒子の運動エネルギーや熱エネルギーとなって散逸する。この散逸の程度は、粒子の濃度、比重、粒径および懸濁液の粘度や比重に依存するので、これらの値が既知であれば、超音波の減衰を計測することにより、粒径を求めることができる。

　光より波長の長い超音波を用いることにより、高濃度の試料を測定対象とすることができる。測定可能な粒子濃度は0.5〜50体積％、粒径は0.01〜1000μmとされており、40体積％のアルミナスラリーに対する測定例が報告されている[7]。前述の、沈降速度法、光子相関法、光回折・散乱法、電気的検知帯法では、いずれも、粒子分散液を溶剤などで大希釈する必要があるが、本方法では希釈が必要でないか、極めて低い希釈倍率で済む。このため、実用系への適用において有利と考えられ、生産ラインに接続可能なインラインシステムも出現している。

(8) 間接的方法

　上記に示した分散度の評価法は、分散度が粒子径で定量的に評価できる長所がある。一方で、各論で随時説明したように、試料調製にあたっては、ほとんどの方法で評価対象の分散系を希釈する必要があり、このことに伴う分散状態の変化が懸念される。

　塗料やインキ産業では、顔料という着色粒子について、分散液や分散液を乾燥させて得られる被膜の着色力や光沢値が、粒子径に依存することが古くから知られている。したがって、着色力や光沢値を測定することで分散度の代用特性とすることが可能である。これらの方法では、粒子径の絶対値は得られないものの、分散液をそのまま測定の対象とできる長所があり、また測定も簡便なので、製造現場における工程管理に利用できるなど、実用的な方法でもある。

　着色力とは、高分子マトリクスやほかの顔料を含んでいる分散系に、一定重量の評価対象顔料分散液を混ぜた時に、その顔料固有の色が発現する度合いのことである。顔料の分散が進行すると、微粒化により表面積が増大し、着色力が増加する。顔料濃度やバインダー種など、成分組成が同等の系であれば、着色力を分散度の目安とすることができる。測定の詳細についてはほか[8]を参照されたい。

　顔料分散液をガラス板やPETシートなどの平滑な基材に塗布し乾燥させると、図3.4に示すように、顔料粒子の大きさに対応して表面に凹凸が形成される。顔料分散度が高くなるほど凹凸は小さいので、光沢値を分散度の目安とすることができる。ただし、粒子径が小さいほど光沢値は増加するものの、平均粒子径が0.2～0.35μm以下となると、ほとんど光沢値は増加しないので、高度な分散度を対象とする場合にはこのことを念頭に置いておく必要がある。

　本節の冒頭で説明した、粒ゲージによる読みだけでは、最大粒子径に関する情報しか得られないが、粒ゲージ上の粒子分散液薄膜をそのまま十分乾燥させて、ハンディタイプの光沢計を用いて光沢値を測定する[9]ことで、平均粒子径に関する情報も得ることができる。

3.2.2　フロキュレートの評価

フロキュレート形成の有無やその程度を評価するために、粘度計やレオメーターを用いた分散液の流動性の測定（レオロジー測定）が行われる。本節でもレオロジー測定について解説する。なお、レオロジーに関する基礎的な知識や用語に関しては、ほかの成書[10]を参照されたい。

(1) 流動曲線

粒子分散系でよく観察される代表的な流動曲線を、ずり速度Dとずり応力Sの関係として、模式的に図3.10に示す。

図3.10aでは、ずり速度とずり応力が比例関係にある。ずり応力とずり速度の比が粘度であるから、図3.10aは、ずり速度によらず粘度が一定ということもできる。このような流動挙動はニュートン流動と呼ばれる。高分子吸着により粒子間の相互作用が十分に妨げられている場合に観察される。この流動曲線を示す分散系は、粒子間の相互作用がほとんどないので、経時的に凝集することも少ない。

図3.10bは、ずり応力がずり速度の増加に伴い減少するもので、このような流動挙動は擬塑性流動と呼ばれる。高分子吸着が不十分などの理由で、粒子同士のフロキュレーションにより網目構造を形成している場合には、ゆっくりと流動させようとすると、フロキュレートを壊さなければならないので、大きな力が必要となる。高速で流動させる場合にはフロキュレートがすでに破壊さ

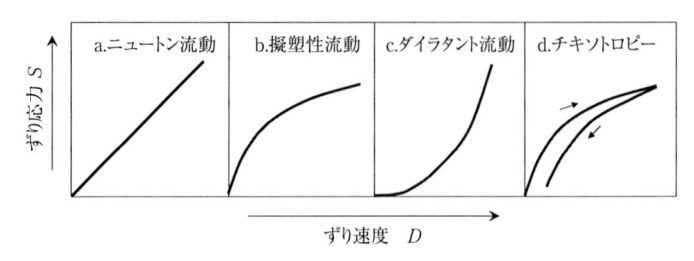

図3.10　粒子分散系で観測される流動曲線

れているので、比較的小さな力で済むことになり、このような流動挙動が観察される。

図3.10cのように、ずり速度の増加とともにずり応力が増加する流動は、ダイラタント流動と呼ばれ、最密充填状態近くまで粒子濃度を大きくした場合によく観察される。このような高濃度で分散液が流動するためには、流動に伴いそれぞれの粒子がお互いの位置を入れ替える必要があるが、粒子同士の摩擦があるので、高速での流動ほど大きなエネルギーが必要となる。高分子吸着により粒子間の摩擦が低減されると、ダイラタント挙動は緩和される。

流動曲線を測定する際に、ずり速度を増加させながらずり応力を測定したあと、さらに、ずり速度を減少させながらずり応力を測定すると、流動曲線が図3.10dのようにヒステリシスを示すことがある。このような現象はチキソトロピーと呼ばれ、フロキュレートの網目構造が、ずり速度の増加に伴い破壊され、ずり速度を低くしてもすぐに元通りの構造が回復されないために生じる。

粒子分散液が、図3.10b〜dのような非ニュートン流動を示す場合には、高分子吸着が不十分で、粒子同士の直接相互作用が生じている証拠であるから、経時や加温での粘度増加、凝集、ブツの発生、沈降などの不具合に注意が必要である。逆に言えば、良い粒子分散系の流動曲線は、図3.10aのようなニュートン流動ということになる。

（2）降伏値

フロキュレートによる網目構造が形成されている粒子分散液の、流動を開始させるためには、この構造を破壊できる力を加えなければならない。このために最小限必要な力は降伏値と呼ばれる。

Gillespie[11, 12]によれば降伏値 S_0 は次式で与えられる。

$$S_0 = K\phi^2 E \qquad 3.4式$$

ϕ：粒子の体積濃度　　E：粒子間の凝集エネルギー
K：系によって定まる定数

したがって、ϕ が一定であれば、降伏値の測定により粒子同士の相互作用の大

きさを比較検討できることになる。

　降伏値は回転粘度計を用いて、回転数を変化させながら粘度測定を行なって決定できる（高価なレオメーターでも当然測定可能であるが、回転粘度計で十分である）。回転数をずり速度に、粘度計の読みをずり速度に変換する必要があるが、そのための換算式は粘度計に付随している。

　一般的な粒子分散液では、ずり速度 S の平方根とずり速度 D の平方根の関係は直線となることが経験的に知られている。すなわち、以下の式が成立する。

$$\sqrt{S} = \sqrt{S_0} + \sqrt{\eta_\infty}\sqrt{D} \qquad 3.5\,式$$

　この 3.5 式はキャッソン（Casson）の式と呼ばれる。η_∞ は残留粘度と呼ばれ、理論的には全ての構造が破壊された時の粘度である。当然、S_0 が小さいほうが安定で良好な粒子分散液である。

(3) チキソトロピー係数

　粒子分散液において、粒子間に相互作用が働き、フロキュレートが生成すると、非ニュートン流動を示すようになるが、この非ニュートン性の程度を手軽に評価する尺度として考案されたのが、チキソトロピー係数（TI 値）であり、次式で定義される。

$$TI = \frac{\eta_1 - \eta_2}{\log(\Omega_2/\Omega_1)} \qquad 3.6\,式$$

ここで η_1、η_2 は、それぞれずり速度が Ω_1、Ω_2 における粘度である。

　回転粘度計を用いて、ずり速度を $\Omega_1 = 19.2\,\text{sec}^{-1}$、$\Omega_2 = 192\,\text{sec}^{-1}$ などのように 10 倍にとると、右辺の分母が 1 となって、TI 値を、単純にそれぞれのずり速度における粘度の差として求めることができる。TI 値が小さくて 0 に近いほど良好な分散系である。

　粒子分散系の粘度測定では、少なくとも複数のずり速度（回転数）で測定していただきたい。

3.3　有機溶剤系における粒子分散

　一般的な有機溶剤の表面張力は固体粒子の表面張力に比べて低いので、濡れの過程が阻害されて分散が進行しないということは稀である。このことは1.4.1項で記載した。したがって、有機溶剤中における粒子分散では、分散安定化の過程をいかに満足させるかということが重要である。

　実用的な粒子分散系では、分散安定化は高分子の粒子への吸着によって実現され、有機溶剤中での高分子吸着のドライビングフォースは粒子表面との酸塩基相互作用である。したがって、粒子と高分子の酸塩基的性質を的確に評価することが、良好な分散性を得るための第一歩となる。

　酸塩基的性質の評価方法として、著者らは次項に示す非水電位差滴定法を用いたが、高分子についてはメーカーから提供される酸価やアミン価、金属酸化物などの粒子ではその等電点（2.3.5項参照）も参考になる。一般に、等電点が5～6以下の粒子は酸性、8～9以上の粒子は塩基性、6～8の粒子は両性もしくは中性である。2.4.4項（2）の固体酸・塩基の測定法も参考にされたい。

3.3.1　非水電位差滴定法による高分子と粒子の酸塩基的性質の評価

　ここでは、高分子や粒子の酸塩基的性質の評価法として、非水電位差滴定法とその測定例を紹介する。非水電位差滴定法は、ガラス電極を用いて水素イオンの電位を計測しながら、酸性もしくは塩基性の試薬を滴下して、滴下量と電位の関係曲線の変局点から当量点を決定する方法である。

　高分子の酸量、塩基量の測定では、メチルイソブチルケトン（MIBK）に測定の対象となる高分子を溶解させておき、酸量の測定では、塩基性滴定試薬の水酸化テトラブチルアンモニウムヒドロキシド（TBAH）やカリウムメトキシドのMIBK溶液を滴下する。塩基量の測定には、酸性滴定試薬の過塩素酸MIBK溶液を滴下する[13-15]。

図3.11では酸量を測定するために、A、B2つの高分子をMIBKにそれぞれ溶解しておき、塩基性滴定試薬であるTBAHのMIBK溶液の滴下量と、電極の電位の関係を計測しているという想定である。滴定曲線の当量点（a, b）から高分子の酸量が決定できる。

さらに当量点までの滴下量の、半分量の滴定試薬が滴下された点（半当量点；a/2, b/2）における電位（E_A、E_B）から、高分子がもつ酸の強度に関する情報も得ることができる。半当量点での電位なので半当量電位と呼ぶ。詳しくは原報[13]を参照されたいが、半当量点での電位が高いほど強酸（酸解離定数Kaが大きい）であり、図では$E_A > E_B$なので、高分子Aの酸の方が高分子Bの酸よりも強い。塩基を滴定する場合も同様に、半当量電位から強度を決定でき、塩基の場合は半当量電位が低いほど強塩基である。

粒子材料はMIBKを含め一般的な溶剤には溶解せず、直接滴定することは困難なので、逆滴定法を用いる。逆滴定法とは、あらかじめ濃度が既知の酸性試薬や塩基性試薬のMIBK溶液を準備しておき、一定量の粒子と混合して中和反応を生じさせる。一定時間経過後に、遠心分離やろ過などの方法で粒子を除去して、得た上澄み液を電位差滴定することにより、残余の酸性試薬や塩基

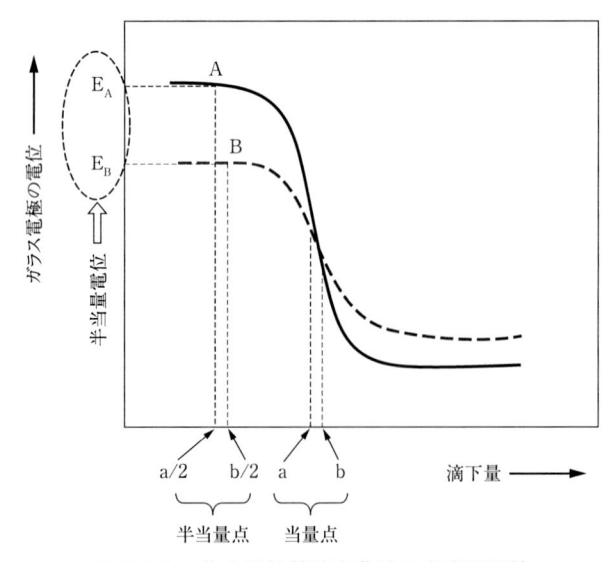

図3.11　非水電位差滴定曲線と半当量電位

性試薬の濃度を決定する。減少した酸性試薬の量から粒子の塩基量を、塩基性試薬の量から粒子の酸量を決定する。

　逆滴定法による粒子の酸量、塩基量の測定において、粒子と反応させる酸性試薬や塩基性試薬に、強度が異なるものを複数用いると、強度別に粒子の酸量や塩基量を決定することができる [14, 15]。**図 3.12**[15] は塗料用酸化チタン顔料の塩基量の測定例である。横軸は用いた酸性試薬の強度で、その試薬の半当量電位である。電位が高いほど強酸である。強度の高い酸性試薬を用いた場合には、粒子表面の強度の低い塩基性点まで含め、すべての塩基の量が測定できるが、試薬の強度が低いと比較的高強度の塩基性点しか測定できない。酸性点に関しても同様である。

　試料のDやCでは、強度の高い酸性試薬を用いた場合には粒子の単位表面積あたり約 7 μmol/m^2 の比較的多量の塩基が観測されるが、強度の低い酸性試薬を用いた場合には 2.5 ～ 2.8 μmol/m^2 程度しか観測されない。このことより、試料のCやDの塩基性点には強度の分布があり、高強度の酸性試薬と相

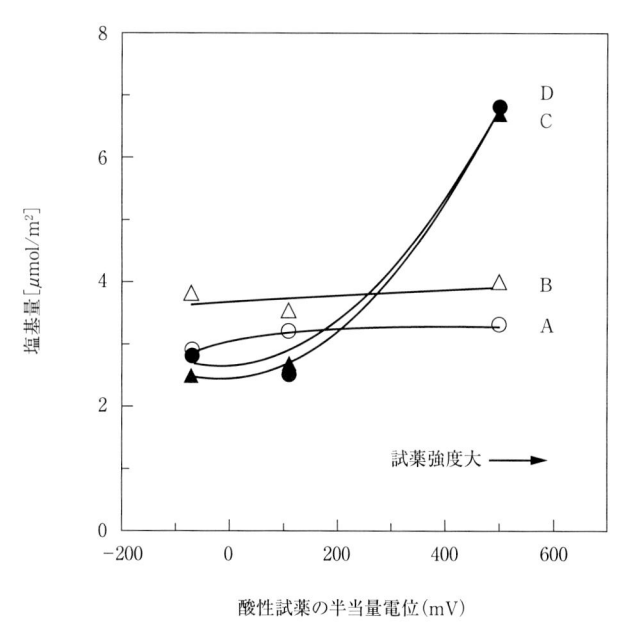

図 3.12　塗料用酸化チタン顔料の塩基量の強度別滴定 [15]

互作用し得る比較的低強度のものまで含めると塩基性点の量は多いが、低強度の酸性試薬とも相互作用し得る高強度の塩基性点の量は少ないと考えることができる。一方、試料のAやBでは塩基の強度は均一であり、特に、Bの高強度の塩基量は4 μmol/m² 程度とA、C、Dより多いことが理解できる。

3.3.2　酸塩基相互作用の考え方に基づく粒子分散性に優れたバインダー樹脂の設計例

　塗料などでは連続被膜を構成するためにバインダー樹脂が用いられる。バインダー樹脂は一種の高分子であるので、バインダー樹脂の吸着により分散安定化を図ることができる。以下では有機溶剤型塗料における顔料粒子の分散を題材として、バインダー樹脂と粒子の間に酸塩基相互作用が生じるようにすることにより、優れた粒子の分散安定化が図られることを著者らの実験結果を用いて説明する。

　図3.13[13]は、塗料用の各種顔料についての酸量、塩基量の測定結果である。塩基量の測定には過塩素酸が、酸量の測定にはTBAHがそれぞれ用いられており、これら酸性、塩基性の試薬は比較的高強度であるので、図3.12における強度の低いものまですべて含めた酸量、塩基量が測定されている。図3.13中、黒抜きで示したカーボンブラックCは酸量が圧倒的に多いので酸性顔料、塩基しか測定されない銅フタロシアニンブルーAは塩基性顔料、などと分類することができる。

　表3.3[13]に、熱硬化型アルキド樹脂塗料用のバインダー樹脂であるAlkyd-P、およびそれを塩基性物質で変性して作成した顔料分散用樹脂について、3.3.1項の非水滴定法を用いて測定した酸量、塩基量を示す。アルキド樹脂というのは脂肪酸で変性されたポリエステル樹脂の総称であり、塗料のバインダー樹脂として広く用いられている。塗料の塗装作業性や基材への密着、各種耐久性能は主にバインダー樹脂によって支配されており、顔料粒子の分散のためにバインダー樹脂とはまったく異なる性質の分散剤などを用いると、本来の塗料性能に影響を及ぼす場合が少なくない。

　バインダー樹脂をごく少量の酸性や塩基性の物質で変性することにより、顔

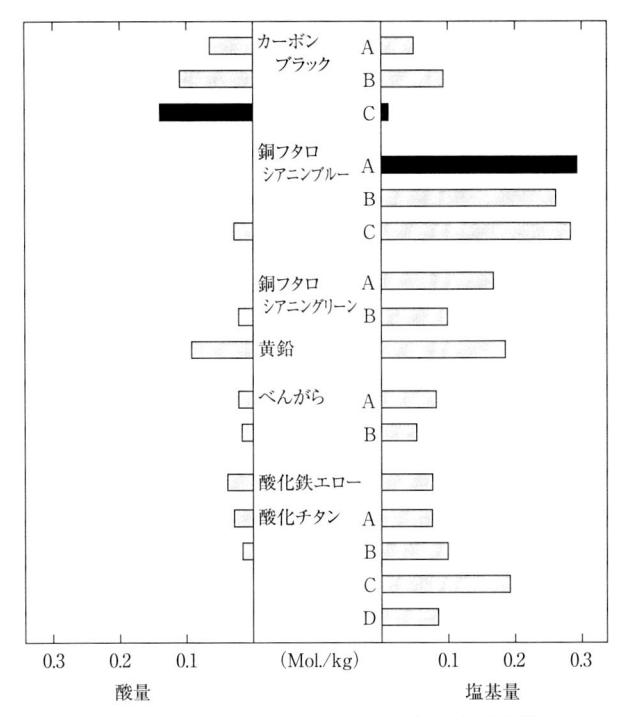

図 3.13　塗料用顔料の酸・塩基量測定例 [13]

表 3.3　アルキド樹脂塗料用バインダー樹脂、および顔料分散用樹脂の酸量と塩基量 [13]

樹脂 コード	酸量 Mol・Kg^{-1}	塩基量 Mol・Kg^{-1}	塩基種 （半当量電位）
Alkyd-P	0.14	0.00	なし
Alkyd-M1	0.14	0.04	メラミン （230 mV）
Alkyd-M2	0.14	0.10	
Alkyd-M3	0.14	0.17	
Alkyd-I1	0.13	0.05	イミン （110 mV）
Alkyd-I2	0.09	0.10	
Alkyd-I3	0.06	0.17	

料粒子の分散性を確保することができれば、元々のバインダー樹脂の性能をほぼ維持できるので好都合である。このような設計の樹脂は顔料分散用樹脂と呼ばれる。

表3.3のAlkyd-Pは、本来、メラミン樹脂と混合して加熱硬化させるバインダー樹脂として設計されたものであり、メラミン樹脂との硬化反応を触媒する酸（カルボキシル基）しか持っていない。このようなバインダー樹脂を分散に用いた場合、図3.13の銅フタロシアニンブルーAのように塩基性顔料であれば、酸塩基相互作用が働いて、高分子吸着による良好な分散安定化が期待できるが、カーボンブラックCのような酸性顔料に対してはそれが期待できない。

この問題を解決するために調製したのが、顔料分散用樹脂のAlkyd-Ml～M3およびAlkyd-Il～I3である。Alkyd-MシリーズはAlkyd-Pをメラミン樹脂で変性することにより、塩基を付与した樹脂である。また、Alkyd-Iシリーズは低分子のイミン化合物で変性することにより、塩基を付与した樹脂である。各シリーズとも1＜2＜3の順に変性量が多く、これに対応して塩基量が多くなっている。元々、メラミン樹脂は分散終了後に混合して塗料を作成するので、Alkyd-Mシリーズを顔料粒子の分散に用いても、最終的な塗膜のバインダー組成は同一となり、塗料・塗膜性能への影響を心配する必要がない。また、Alkyd-Iシリーズについては、イミン化合物が低分子量で、変性に用いる量はごく少量で済むので、塗料・塗膜性能への影響は軽微である。

Alkyd-PおよびAlkyd-Ml～M3を用いて、酸性顔料のカーボンブラックCを分散した際の、分散時間と分散液（分散ペーストと呼ぶ。）の光沢値との関係を図3.14[13)]に示す。分散ペーストの光沢値とは、分散ペーストを薄膜状に塗布・乾燥させ、皮膜に光を照射した際の正反射方向の反射率である。3.2.1項（8）で示したように、粒子径が小さいほど皮膜表面が平滑になるので、光沢値は大きくなり、粒子分散度の指標となる。

分散速度は樹脂中の塩基量の多いP＜Ml＜M2＜M3の順に大きな値を示した。また、長時間分散すると分散時間の増加に対して光沢値は飽和し、変化しなくなるが、この時点での光沢値を平衡光沢値と呼ぶと、平衡光沢値も、P＜Ml＜M2＜M3の順に大きな値を示した。同様の実験をAlkyd-Il～I3についても行った。樹脂の塩基量と平行光沢値との関係を図3.15[13)]に示す。塩基量が同等でも、平衡光沢値はAlkyd-MシリーズよりもAlkyd-Iシリーズの方が高い値を示した。

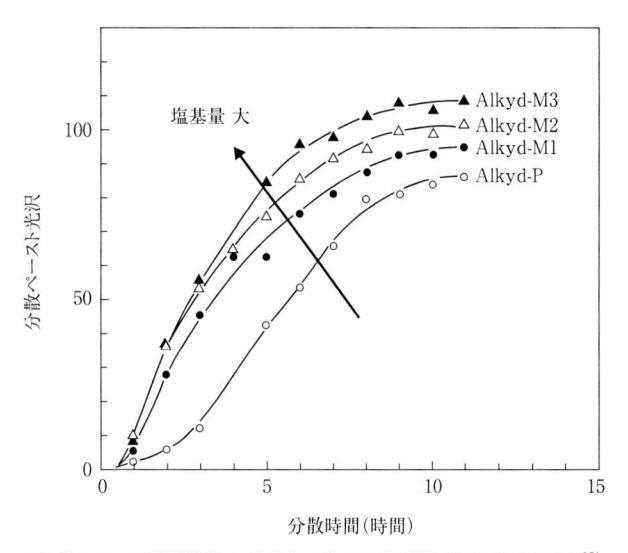

3.3 有機溶剤系における粒子分散

図 3.14 酸性顔料の分散に対する塩基変性樹脂の効果 [13]

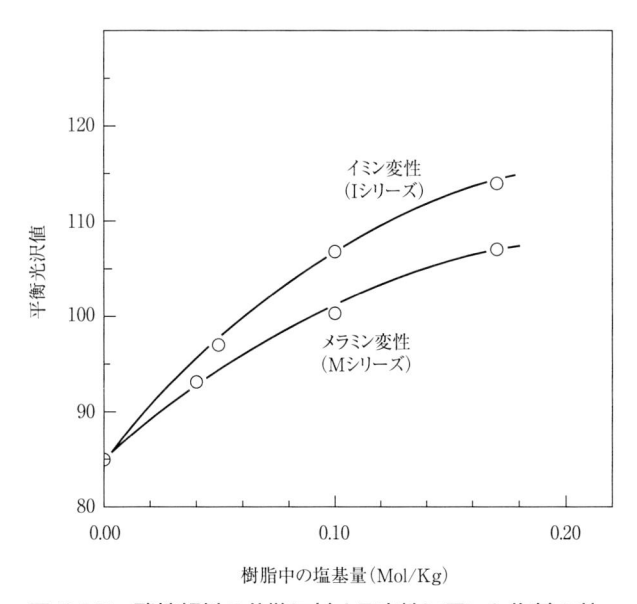

図 3.15 酸性顔料の分散に対する変性に用いた塩基の効果 [13]

上記の実験で、各分散時間における分散ペーストの光沢値を測定すると同時に、回転粘度計を用いて降伏値の測定を行なった。降伏値は3.2.2項（2）で示したように、フロキュレート形成の程度を示す値である。光沢値と降伏値の関係を**図 3.16**[13]に示す。酸しか持たない Alkyd-P でも分散時間の増加により光沢値は増加するが、それと同時に降伏値も増加し、フロキュレートが形成されることを示す。一方、Alkyd-M シリーズや Alkyd-I シリーズでは、光沢値は増加するが降伏値はほとんどゼロのままであり、フロキュレートの形成は認められなかった。

　これらの比較実験では、用いた分散機や溶剤は同一であり、濡れや機械的解枠の過程に大きな差はない。したがって、図 3.14、図 3.15 の分散速度や平衡光沢値の差、および図 3.16 の分散の進行に伴うフロキュレートの形成の有無は、樹脂が酸塩基相互作用で顔料粒子に吸着して分散安定化させることの良否に起因すると考えられる。

　まず、塩基量の多い樹脂ほど酸性顔料の分散安定化度は高い。さらに、表

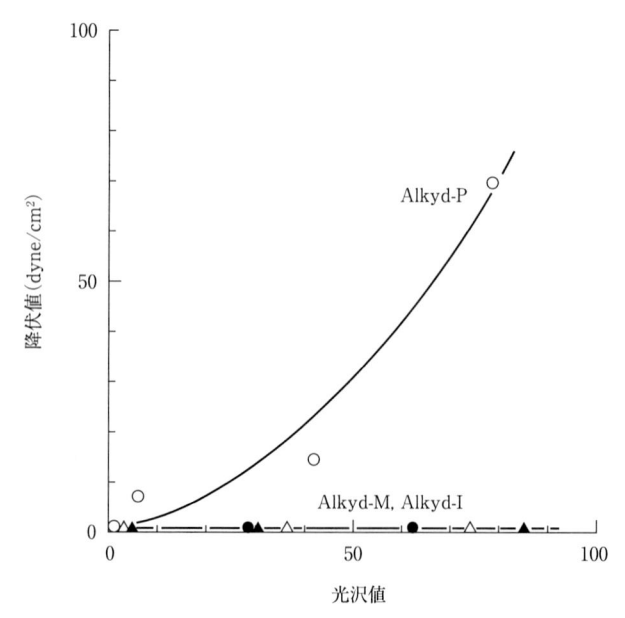

図 3.16　酸性顔料の分散に対する塩基変性樹脂の効果[13]

3.3 に示したように、Alkyd-M シリーズの塩基を滴定した際の半当量電位は Alkyd-I シリーズよりも高く、Alkyd-I シリーズの塩基が Alkyd-M シリーズよりも強塩基ということになる。図 3.15 で塩基量が同等でも Alkyd-I シリーズの方が高い平衡光沢値を示したのは、塩基強度が大きいために、より高度な分散安定化が図られたためと考えられる。

このように、バインダー樹脂を基にして、酸性もしくは塩基性物質を用いた変性により、良好な粒子分散性を有する樹脂を設計することが可能である。

3.3.3 阻害効果

前項では酸性のバインダー樹脂を塩基で変性することで、酸性粒子の良好な分散安定化が実現できることを示した。それでは塩基性粒子の分散安定性はどうなるのであろうか。

図 3.17[13] に、塩基性顔料の銅フタロシアニンブルー A を Alkyd-P および Alkyd-I1 〜 I3 を用いて分散した際の、分散時間と光沢値との関係を示す。樹

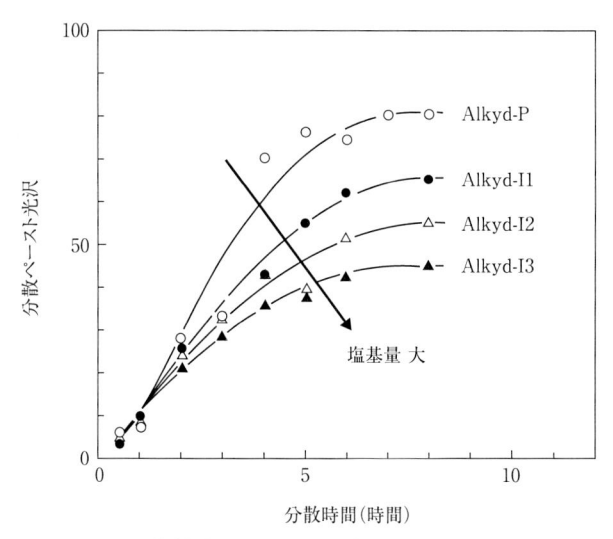

図 3.17　塩基性顔料の分散に対する塩基変性樹脂の効果 [13]

脂中の塩基量が増加するほど、分散速度と平衡光沢値は減少した。また、**図3.18**[13)] に示すように、塩基変性樹脂では光沢値の増加に伴う降伏値の増加が顕著で、この傾向は塩基量が多いものほど著しかった。すなわち、イミンによる変性は塩基性顔料の分散安定化を阻害することが理解できる。

一方、Alkyd-M シリーズではこのような現象は見られず、顔料分散挙動は Alkyd-P と同等であった[13)]。すなわち、分散時間に対する光沢値の上昇速度および平衡光沢値は同等であり、また光沢値の上昇に伴う降伏値の増加も観測されなかった。

Alkyd-I シリーズの塩基は Alkyd-M シリーズの塩基よりも強いことを先に記載した。銅フタロシアニンブルー A の塩基の強度が、Alkyd-I シリーズと Alkyd-M シリーズの中間と考えることで、上記の阻害現象を説明することができる。銅フタロシアニンブルー A の分散安定化のためには、樹脂の酸が顔

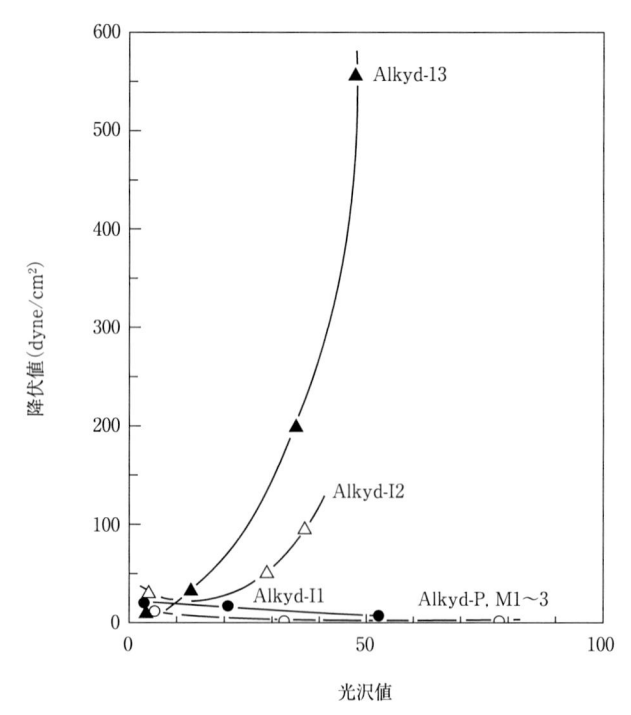

図3.18　塩基性顔料の分散に対する塩基変性樹脂の効果[13)]

料の塩基と相互作用して、樹脂吸着が生じる必要があるが、Alkyd-I シリーズの塩基が顔料の塩基よりも強いために、樹脂の酸と樹脂の塩基の相互作用が優先的に進行してしまい、結果として、顔料に吸着するべき樹脂の酸が、樹脂同士の相互作用で消費されてしまったと考えられる。

結論として、粒子としてカーボンブラックCのような酸性の粒子だけを分散すればよいのであれば、Alkyd-I3のような塩基強度が高く、塩基量も多い樹脂を用いれば良いし、図3.13示したような多様な酸塩基性を示す粒子群を満遍なく分散したいのであれば、Alkyd-M シリーズのような程良い強度の両性樹脂を採用するべきであろう。

3.3.4 色素誘導体

高分子や粒子に、酸や塩基がなかったり、少なかったりすると、酸塩基相互作用が発現しにくいので、分散安定性は不良となる。

バインダー樹脂を用いる系で、樹脂の酸塩基的性質が乏しい時には、上述したようにバインダー樹脂を酸性や塩基性の物質で変性するか、分散剤を利用することになる。分散剤は、粒子に吸着する部分（アンカー部）とビヒクル中に溶け拡がる部分（溶媒和部）とに、分子の中で役割分担がされており、それぞれの部分が効果的にその役割を果たすように分子設計された高分子である。ただし、有機溶剤系用の分散剤のアンカー部は、酸性もしくは塩基性の官能基であることに変わりはない。分散剤の構造と使い方に関しては3.5節で解説する。

一方、粒子表面の酸塩基性が乏しい時には、第4章に示す各種方法で表面処理をしなければならない。塗料やインキにおける有機顔料の分散では、顔料粒子の酸塩基的性質が乏しい際に、色素誘導体の添加がよく行われる。色素誘導体は、顔料誘導体、シナージスト（Synergist）などとも呼ばれ、顔料製造時に表面処理剤として用いられたり、分散時に添加して用いられたりする。**図3.19**に色素誘導体の一例として、ジメチルアミノエチルキナクリドン（DMAEQR）の化学構造式を示す。

キナクリドン顔料は代表的な高耐候性の赤色系顔料であるが、表面の酸塩基

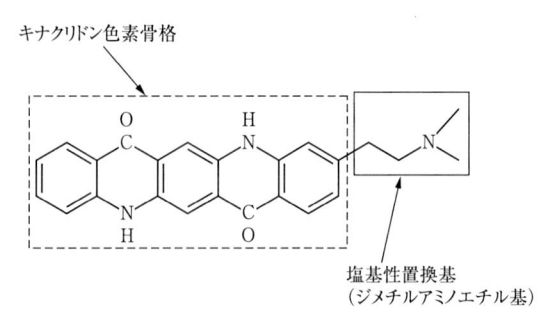

図 3.19　色素誘導体の一例

性は乏しいので、通常のバインダー樹脂に酸性や塩基性の官能基を持たせても分散安定化は困難であることが多い。キナクリドン顔料は、図3.19に破線で囲った部分が基本分子構造で、これが結晶を構成して顔料一次粒子を形成している。図3.19のDMAEQRはキナクリドン構造に塩基性のジメチルアミノエチル基が置換基として導入された形をしている。

色素誘導体を顔料製造工程もしくは顔料分散工程において、キナクリドン顔料に少量（数パーセント）混合すると、**図 3.20** に模式的に示すように、キナクリドン顔料の表面へ、色素構造の部分が共通なので強固に吸着する。吸着のドライビングフォースは、π電子軌道同士の重なり合いによるπ-πスタッキングとされている。

この吸着の結果、顔料粒子表面には新しく塩基性の官能基（ジメチルアミノエチル基）が存在することになるので、このアミノ基を介して酸性のバインダー樹脂や分散剤が、酸塩基相互作用で吸着して分散安定化が図られることになる。

塩基性もしくは酸性の置換基を持った多種類の色素誘導体が知られているが（4.2.3項(10)）、ほとんどは色素誘導体単独で市販されることはなく、顔料メーカーで表面処理剤として用いられ、処理された顔料が易分散グレードとして市販される。例外的に、フタロシアニンブルーもしくはジスアゾイエローの色素骨格に、酸性の官能基を置換基として導入した色素誘導体が数種類、分散助剤として市販されている。

π-πスタッキングはπ電子軌道同士の重なり合いであるので、π電子軌道を

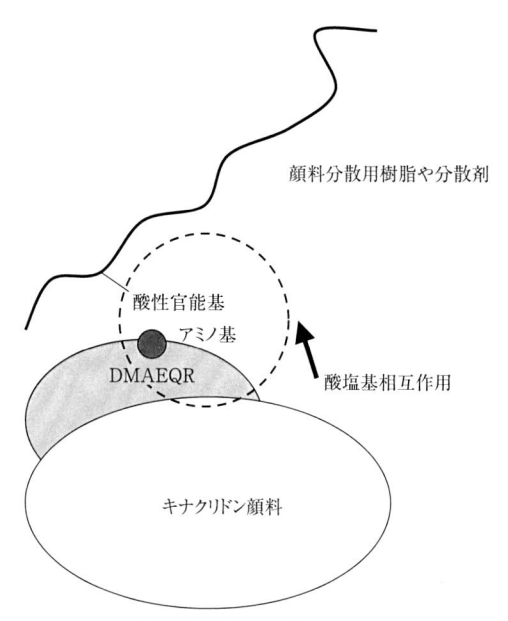

図 3.20 有機溶剤系での粒子分散における
色素誘導体の作用機構

持つ粒子であれば、色素骨格の化学構造が必ずしも同一でなくても構わない。例えば、フタロシアニンブルー骨格の色素誘導体が、カーボンブラックの分散助剤として推奨されている。カーボンブラックの基本的な化学構造は、ベンゼン環が多数連なったグラファイト構造であるので、粒子表面には π 電子軌道が広がっている。

最近では、同様に π 電子軌道を粒子表面に持ち、酸性や塩基性の乏しい導電性カーボン[16] やカーボンナノチューブ[17] などの炭素材料の分散助剤としても、色素誘導体の適用が検討されている。

3.4 水性系における粒子分散

3.4.1 水の特異性

　水性系での粒子分散を、有機溶剤系と別の項とする理由は、水という溶剤が他の一般的な有機溶剤に比べて、非常に特異的な挙動をするためである。

　周知の通り、水の分子式は H_2O で表され、酸素原子1個に水素原子2個が結合した構造をしている。元素の周期律表において、酸素と同じ第2周期にあり、水素原子と反応して安定な分子を形成する元素は、ホウ素（B）、炭素（C）、窒素（N）、フッ素（F）であるが、これらと水素の安定な化合物、ジボラン（B_2H_6）、メタン（CH_4）、アンモニア（NH_3）、フッ化水素（HF）はいずれも気体であるのに対して、唯一、水だけが液体である。また、水の密度は炭化水素やアルコール、ケトン、エーテルなどの有機溶剤より大きい上に、液体状態の方が固体状態より大きい（氷が水に浮く）。

　これは、水独特の液体構造と強い分子間相互作用に起因する。一般的な有機溶剤では、分子間の相互作用は比較的緩やかであり、分子間距離はほぼ一定ではあるものの、空間的位置関係はランダムである。一方、水は液体状態であっても、**図3.21**に示すように、1つの水分子が正四面体の中心に位置し、他の分子が四つの頂点を占めるという規則正しい構造を取っている。さらに、分子同士はO-H---Oのように水素結合により強く相互作用をしている。水素結合の強さは $10 \sim 40 KJmol^{-1}$ で、共有結合の約 $500 KJmol^{-1}$ に比べるとはるかに小さいが、キシレンや炭化水素における分子間力の主体であるファン・デル・ワールス力の $1 KJmol^{-1}$ に比べるとかなり大きい。アルコール類などでは水素結合も寄与するので、分子間力はトルエンやキシレン、炭化水素に比べると大きいが、図3.21のような規則正しい構造を示すのは、唯一、水だけである。

　大きな分子間力と規則正しい液体構造という特徴から、水を粒子分散液の溶剤として用いる際には、**表3.4**に示すような性質に留意が必要である。表3.4

3.4 水性系における粒子分散

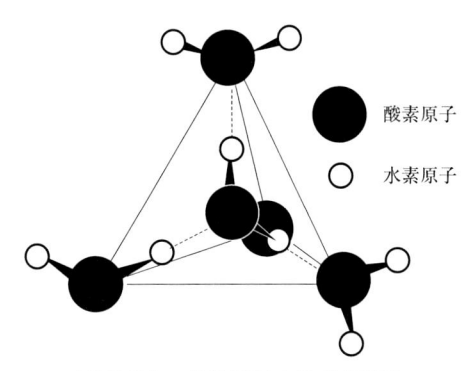

図 3.21　水分子による水素結合

酸素原子
水素原子

表 3.4　水性粒子分散液を設計する上で留意すべき水の特異性

性質	水	トルエン	水の特異性
溶解性パラメーター値 $(cal/cc)^{1/2}$	23.5	8.9	有機溶剤に溶解する多くの化合物が溶解しない。
表面張力（dyne/cm）	72.6	28.5	粒子表面へのヌレ性に劣る。基材への塗布時にハジキ易い。
誘電率（20℃）	80.1	2.24	イオン性物質が解離しやすい。電荷間力は弱い
沸点（℃）	100	110.6	沸点の割に、蒸発潜熱が大きく蒸発しにくいため、 ・タレ易い ・ワキ易い
蒸発潜熱（cal/g）	540	98.6	
相対蒸発速度（酢酸ブチルを100）	38	200	

　では、水を有機溶剤の代表例としてのトルエンと比較する。

　溶解性パラメーター（SP）については5章で解説するが、分子間力に基づく性質であるから、水のSP値は非常に大きな値となる。分子間力に対する水素結合の寄与が大きいメタノールでも、SP値はせいぜい14.3（cal/cm^3）$^{1/2}$程度である。「SP値が近いほど、よく混ざり、よく溶ける」ので、多くの有機化合物は水には溶解しない。溶解するのは、イオン性官能基があるか、水酸基やポリオキシエチレン鎖のような高極性官能基がある物質に限定される。

　表面張力も分子間力に起因するので大きな値となり、次項で詳述するように、水性系での粒子分散では、濡れの過程の良否を念頭に置く必要が生じる。

　水の誘電率は非常に大きいので、イオン性の物質が解離しやすくなる。高分

子や粒子表面にイオン性官能基が存在すると、解離により電荷が発現するので、電荷間の引力や斥力に留意が必要である。ただし、2つの電荷間の力（クーロン力）F は、電荷間の距離を R、電荷の大きさを q_1、q_2、誘電率を ε とすると、以下の式となり、誘電率が大きいと電荷間の力は小さいことになる。

$$F = \frac{q_1 q_2}{\varepsilon R^2}$$ 3.7 式

　例えば、食塩（NaCl）はプラスの静電荷をもつナトリウムイオン（Na^+）と、マイナスの静電荷を持つ塩素イオン（Cl^-）が、静電引力によって結合した結晶であるが、誘電率の低いトルエン中では電荷間の力が強いので容易に溶解しない。一方、誘電率の高い水中では、熱揺らぎなどのわずかなきっかけで簡単に分離して、溶解してしまうほど静電引力は小さい。したがって、粒子分散においては、電荷が一旦発現すれば溶剤系のほうが影響は深刻であり、異種電荷粒子間の共凝集などの問題を生じることがあるが、水性系では引力、斥力ともに副次的な効果と考えて良い（塩化銀や硫酸バリウムなど水に難溶性の塩は共有結合性が強いとされている）。

　また、粒子分散とは直接関係しないが、水は沸点が低い割には蒸発速度が小さく、また表面張力が高いので、水性粒子分散液を基材に塗布する場合には、「タレやすく、ワキやすい。またハジキやすい」という厄介な性質をもっている。これも、水素結合に基づく大きな分子間力が原因である。

3.4.2　粒子の水に対する濡れ

　粒子分散の単位過程における濡れの過程に関して、有機溶剤系では、ほとんどの粒子と有機溶剤の組み合わせにおいて、粒子の表面張力が溶剤の表面張力よりも大きく、粒子表面を溶剤がどんどん濡れ広がる拡張濡れが生じるので、濡れの過程を考慮する必要はない（1.4.1 項）。

一方、水は表面張力が大きいために、カーボンブラックやカーボンナノチューブ、グラファイト、有機顔料などの有機粒子に対して、有限の接触角を示す（付着濡れ）ので、水性系溶剤中での分散速度を大きくするためには、まず、濡れの過程の良否を考える必要がある。

　以下では、水性塗料における有機顔料粒子の分散を例に、濡れの進行に影響する粒子の因子について説明する。

(1) 粒子の表面張力の影響

　一般論ではあるが、無機粒子は表面張力が大きいので、水系ビヒクル中での分散であっても、拡張濡れとなって、濡れの過程が律速となることはない（表1.1、表1.2）。

　一方、有機粒子の多くは無機粒子に比べて表面張力が低いので、水性系での分散速度を大きくしようとすると、できるだけ表面張力の高い有機粒子を選択する必要がある。本来は粒子の表面張力を測定するべきであるが、接触角測定のためにペレット状サンプルを作成しなければならないなど厄介なことが多いので、著者らはSP値を用いて粉体状のまま簡便に疎水性粒子の水濡れ性を評価する方法を考案した[18]。表面張力とSP値は、どちらも分子間力に基づくパラメーターであり（5章参照）、大きな離齬はないと考えている。

　方法の名称はアセトン滴定法とした。手順は以下の通りである。一定量（50 ml）の水をビーカーに入れ、少量（0.1 g）の有機顔料粒子を加えると、有機顔料は疎水性であるので水面に浮く。マグネティックスターラーなどで緩やかに撹拌しながら、ビュレットからアセトンやメタノールなどの水混和性有機溶剤を徐々に加えると、ある時点で粒子が沈降を開始するので、沈降するまでに要した有機溶剤の量を記録する。水のSP値と有機溶剤のSP値、粒子が沈降した時の水と有機溶剤の体積比から、粒子が沈降した水・有機溶剤混合溶液の見かけのSP値（δ_m）を、3.8式を用いて計算する。

$$\delta_m = \sqrt{\phi_{有機溶剤} \cdot \delta_{有機溶剤}^2 + \phi_{水} \cdot \delta_{水}^2} \qquad 3.8式$$

　$\phi_{有機溶剤}$、$\phi_{水}$（$\phi_{有機溶剤} + \phi_{水} = 1$）は、顔料粒子が沈降した時の水と有機溶剤

の体積分率である。δm が大きくて水の SP 値 23.5（cal/cm^3）$^{1/2}$ に近い粒子ほど、より親水性で、水濡れ性は良好と考えられる。

　上記の方法を用いて、アゾ顔料、イソインドリノン、銅フタロシアニンの顔料群の δm を、水混和性有機溶剤としてアセトンとメタノールを用いて測定した。**図 3.22**[19] に、各顔料についてアセトンを用いて測定した δm（アセトン）と、メタノールを用いて測定した δm（メタノール）との関係を示す。破線は δm（メタノール）＝δm（アセトン）の直線である。各顔料について測定した δm（メタノール）と δm（アセトン）は概ね一致しており、本方法の妥当性を支持する結果と考えられる。

　上記の顔料群を、ある水性塗料系で一定時間分散して得られた塗膜の光沢値と、顔料の δm（アセトン）との関係を**図 3.23**[20] に示す。光沢値が高いほど分散度は高い（3.2.1 項（8）参照）。δm（アセトン）が大きくて、より親水性の顔料ほど、高い光沢値が得られている。

　すなわち、疎水性粒子の水系における分散では、濡れの過程が律速段階であ

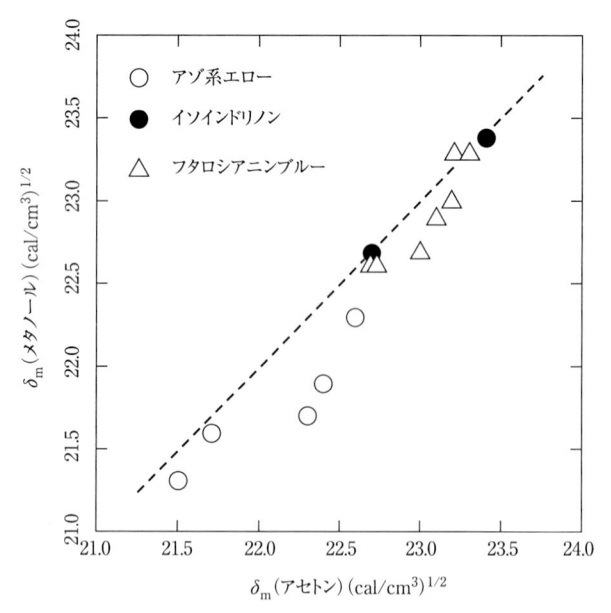

図 3.22　アセトンとメタノールを用いて決定した疎水性顔料の水濡れ性に関する定量値の比較[19]

3.4 水性系における粒子分散

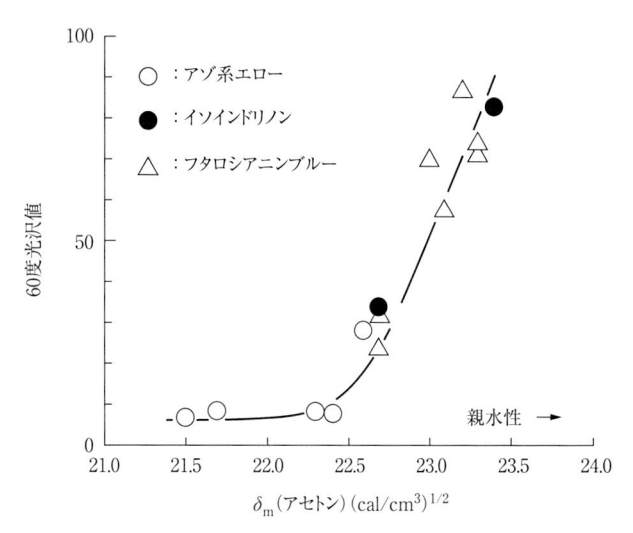

図 3.23 疎水性顔料の水濡れ性と水性塗料中での分散速度[20]

(縦軸：60度光沢値、横軸：δ_m（アセトン）$(\mathrm{cal/cm^3})^{1/2}$)

凡例：○：アゾ系エロー、●：イソインドリノン、△：フタロシアニンブルー、→：親水性

り、水濡れ性の良い粒子ほど分散速度は高い。第4章で示す、表面処理の中で、水濡れ性を向上させるには、粒子の表面張力を増加させるような処理が有効である。粒子の表面処理や銘柄変更ができない場合で、粒子の疎水性度が大きい場合には、界面活性剤などを添加してビヒクルの表面張力を下げる必要がある。

(2) 粒子の凝集構造の影響

ウオッシュバーンの式（図1.5）から、粒子の凝集隙間への浸透時間 t を小さくする手段は、前項の水接触角 θ が小さい粒子を選択するほかに、凝集隙間 R の大きな粒子を選択することが考えられる。

多くの粒子材料では、その製造過程で生成、洗浄、ろ過、乾燥などの操作が含まれる。例えば、ろ過過程での圧搾力や乾燥過程での加熱温度や昇温時間などは、粒子の凝集構造に影響する。この結果、同じような化学構造で一次粒子径もあまり変わらないのに、分散挙動がメーカーや銘柄によって異なるということを散見する。特に疎水性粉体の水性系での分散に多く見られるようである。このような場合、粒子凝集体中の凝集隙間の大きさが異なることがある。

凝集隙間の大きさ R は、粒子の比表面積の測定手段として知られる窒素吸着法を用いて測定することができる[21]。ドリモアーヒール（Dollimore-Heal）法と呼ばれる粉体の細孔径と細孔容積を測定する方法で、測定原理を**図 3.24**に示す。試料粉体を測定セルに容れ、完全に脱気する（図 3.24 中の絵の左端の状態）。徐々に窒素をセルに導入し平衡分圧（大気圧に対する圧力の比率）を高めていくと、粒子細孔部に窒素分子が絵の上側のように吸着し、細孔を埋めていく（細孔以外の部分へも吸着するが絵では省略）。平衡分圧を大気圧付近（図 3.24 の右端の状態）まで上昇させて窒素を吸着させたあと、徐々に平衡分圧を下げていくと、こんどは吸着した窒素分子が図 3.24 中の絵の下側のように脱着していく。この場合、細孔径に対応した平衡分圧まで下がらないと、その細孔からは脱着しないという挙動を示す。この結果、細孔が有る粉体

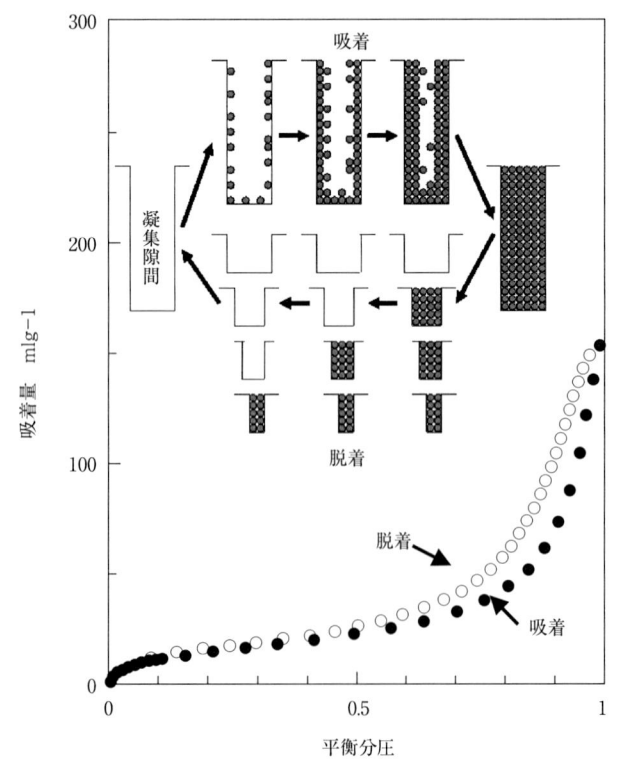

図 3.24　窒素の吸着を用いた顔料の凝集隙間の測定

ではグラフのように吸着側と脱着側で、同じ平衡分圧に対して吸着量が異なるヒステリシス挙動を示す。それぞれの平衡分圧における吸着側と脱着側の吸着量の差は細孔径に依存するので、吸脱着曲線のヒステリシスを解析することにより、細孔径の分布曲線を得ることができる。

図 3.25[21] に銅フタロシアニンブルー顔料の銘柄 A〜G について、その細孔分布曲線を示す。横軸は細孔径であるが、電子顕微鏡写真などからこのような穴が顔料粒子そのものに開いていることは考えられず、これは顔料粒子凝集体の隙間を計測していると考えられる。顔料メーカーや製造プロセスが異なれば、同じ銅フタロシアニンブルー顔料でも、凝集隙間の大きさや分布が異なる。

上記銅フタロシアニンブルーの各顔料銘柄 A〜G を、ある水性塗料中で一定時間分散した。図 3.25 の分布曲線のピーク径と、塗膜の光沢値との関係を図 3.26[21] に示す。凝集隙間の大きな銘柄ほど、高い光沢値が得られている。すなわち、粒子同士が凝集している隙間の大きさが、大きいものほどぬれの速度が大きくなり、分散速度が大きくなったと考えられる。図 3.26 ではピーク径を採用したので、幾分、相関性が良くないが、窒素とトルエン蒸気の吸着を併用した詳細な検討では、さらに良好な相関関係が得られている[21]。

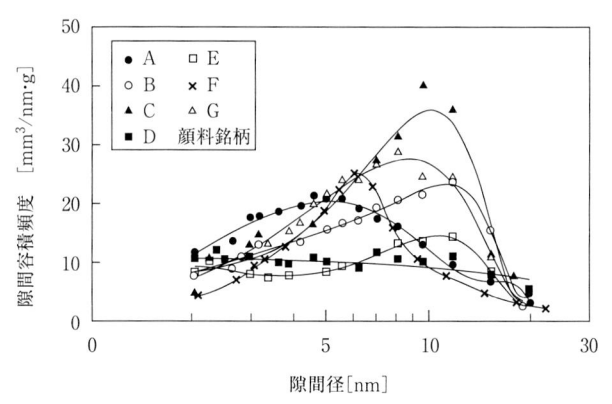

図 3.25　フタロシアニン顔料粉体の凝集隙間の測定[21]

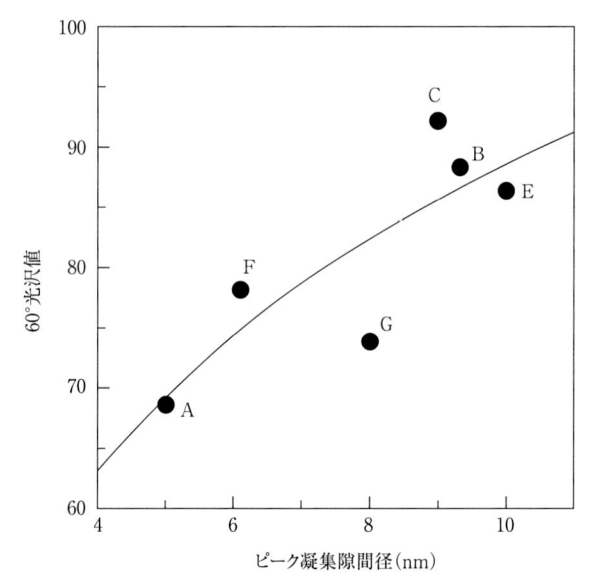

図 3.26 フタロシアニン顔料の凝集隙間と水性塗料中での分散度との関係[21]

3.4.3 実用的な水性粒子分散系での分散安定化機構

表 3.5 に教科書などの DLVO 理論の解説で取り上げられる分散系における、電解質濃度と粒子の体積濃度の代表的な値を、実際の水性塗料の一例と比較する。この水性塗料はアミン中和型水溶性アクリル樹脂をバインダー成分とし、これに分散型樹脂粒子や顔料粒子を含有する。

教科書などでよく取り上げられるのは、電解質濃度が $10^{-5} \sim 10^{-3}$ mol/L 程度であるのに対し、実際の塗料系では約 1 mol/L にもなる。前者の中間値を

表 3.5 実際の水性塗料における電解質濃度と粒子濃度

	電解質濃度 (mol/L)	粒子の体積濃度 (%)
教科書等の DLVO 理論解説でよく取り上げられる系	$10^{-5} - 10^{-3}$	<0.1
実際の水性塗料の一例	1	5−30

10^{-4} mol/L とすると、実際の塗料系の電解質濃度は約一万倍であり、1.1式のデバイ距離 $1/\kappa$ は約1/100になる。すなわち粒子間力ポテンシャルは図1.9 aのような状態と想定される。また粒子濃度は50倍以上であり、1.5.1項（4）で指摘した「電気二重層が薄くて、他の粒子はすぐ隣に存在する状態」であるので、いくら粒子表面に電荷があっても分散安定化はおぼつかない。

このことから、実際の塗料系では水性系といえども、顔料粒子の分散安定化は、樹脂や分散剤などの高分子を顔料表面に吸着させて確保することになる。おそらく、他の工業分野でも似たような条件の粒子分散系が多いのではないだろうか。

それでは水性系において高分子成分が粒子へ吸着するための相互作用は、どのように考えれば良いであろうか。

(1) 酸塩基相互作用による高分子吸着

有機溶剤系での分散安定化の延長で考えると、高分子成分と粒子との相互作用としては、まず酸塩基相互作用が想定される。ただし、水性系ビヒクルでは、高分子の酸性や塩基性の官能基は親水性官能基であり、多くの場合、高分子の水への溶解に貢献している。また、解離してイオンとなっていることも多い。ここで判断が2つに分かれる。

導電ペーストやセラミックスラリーなどで、最終的には高分子が焼成などによりすべて除去される場合には、酸性や塩基性（水性系では解離するので、アニオン性やカチオン性ともいう）の官能基をもつ高分子を、基本的には制限なく、分散剤として用いることができる。ポリアクリル酸、ポリスチレンスルフォン酸、ポリエチレンイミン、ポリアリルアミンなどがその例である。

一方、塗料などでは、高分子が連続成分として残存し塗膜を形成する。水性塗料であっても、塗膜を形成した後は、塗膜の耐水性が要求されるので、親水性官能基の量は、高分子の水和安定性を最低限確保できるレベルに極小化されている。これを粒子への吸着に用いると、吸着はするものの高分子の水和安定性が低下して、顔料粒子の分散安定化にはつながらない。また、粒子に吸着しても水和安定性が阻害されないほど多くの酸性や塩基性の官能基をもつ高分子を使用すれば、塗膜の耐水性に悪影響が出る。このような場合には、次項の疎

(2) 疎水性相互作用による高分子吸着

　水は 3.4.1 項で述べたように、非常に規則的な構造を取っている。このような中に、水と親和性の低い、いわゆる疎水性の物質が入ってくると、疎水性水和という現象が生じる。水分子は図 3.21 のような正四面体がいくつも続いた規則正しい構造を取っているが、疎水性物質が入ってくると、その周りだけ正四面体の構造を歪めて籠のようなスペースを作り、その中に疎水性物質を収納しようとする。これが疎水性水和である。

　このような構造を取るためには、疎水性物質の周囲の水分子は、バルクの水分子よりもさらに規則正しい配列をする必要があるので、系全体としてはエントロピー（乱雑さ）が減少する。これは、自由エネルギー的に不利であるので、疎水性物質と水との界面の面積をできるだけ少なくするために、疎水性の物質を寄せ集め、1個所に押し込もうとする。あたかも疎水性物質同士が引き合っているように見えるので、これを疎水性相互作用と呼ぶ。

　疎水性相互作用は、水が存在して初めて生じる引力であり、蒸発などで水がなくなれば消失してしまうが、水がある限りきわめて強い引力であるので、これを高分子吸着のドライビングフォースとして利用する。ただし、酸塩基相互作用が基本的に酸点（酸性官能基）と塩基点（塩基性官能基）との間の 1 対 1 の相互作用であるのに対し、疎水性相互作用は疎水性の物質が寄り集まる一種の凝集力であることに留意されたい。

　高分子の疎水性官能基としては、長鎖アルキル基、フェニル基やナフチル基などのアリール基（芳香族基）、ピリジニウム基やイミダゾール基などの複素環式芳香族基などが該当する。

　図 3.27[18] に、疎水性度の異なるアニオン系水溶性アクリル樹脂を用いて、酸化チタン顔料を分散した際の、分散時間と粒ゲージ（3.2.1 項 (1)）で評価した分散度の関係を示す。樹脂の疎水性度は共重合する疎水性モノマー（ラウリルメタクリレート）の量により変化させ、濁度滴定法で決定した SP 値 δ（5.1.3 項 (1)）で定量化した。δ が小さいほど樹脂は疎水性である。δ が小さくて疎水性度の高い樹脂ほど、粒子が早く小さくなっている。これは疎水性相

3.4 水性系における粒子分散

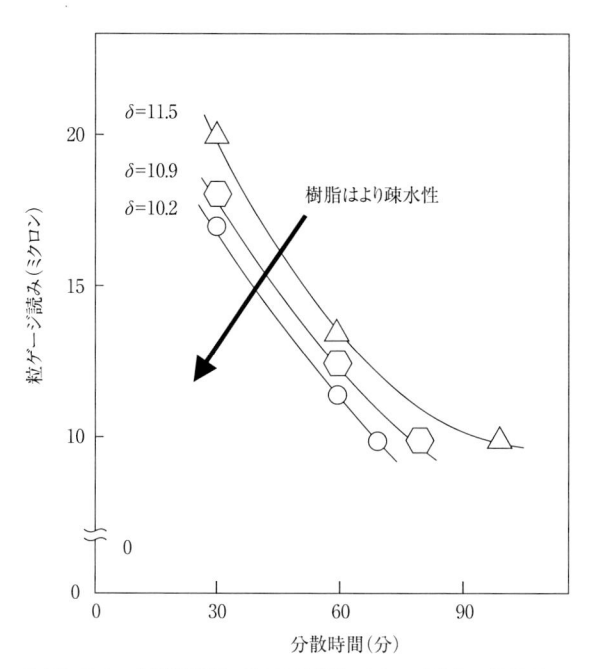

図 3.27 水性塗料における酸化チタン顔料の分散速度に対する樹脂疎水性度の影響[18]

互作用による高分子吸着で分散安定化される度合いが高いためと考えられる。

ただし、高分子が疎水性のほうが良いというのは、あくまで高分子の水溶性が確保できている（溶液が濁っていない）範囲内である。エマルションのような分散状態の高分子は分散安定化作用が乏しい。

市販されている水性系用高分子分散剤も、粒子へのアンカーとして疎水性官能基が使用されているものが多い。

3.4.4 粒子表面の最適親水-疎水性度

高分子吸着のドライビングフォースとして、疎水性相互作用を利用する場合、高分子吸着のためには粒子表面に疎水性が必要であるが、濡れのためには、ある程度の親水性も必要である。結論的には、濡れと高分子との疎水性相

互作用が適度に両立できる、粒子表面の最適親水 - 疎水性度が存在する。

親水 - 疎水性度を定量化する尺度として、粒子を水に浸漬した時に単位表面積当たりに発生する熱（水湿潤熱）量を採用すると、$0.2 \sim 0.25 \, J/m^2$ 程度の熱量を発生する粒子が理想的である[22, 23]。

著者らは、疎水性顔料の1つであるキナクリドンレッド（QR）顔料に低温プラズマ処理[24] を施すことで親水性を付与し、親水性度の異なる一連の QR 顔料系列を作成した[22]。得られた QR 顔料を、親水性度の異なる3種類のアニオン系水溶性樹脂で一定時間分散し、分散ペーストの光沢値を測定した。**図3.28**[22] にこれら QR 顔料の水湿潤熱と各 QR を含む分散ペースト光沢値との関係を示す。未処理の QR は湿潤熱が $0.1 \, J/m^2$ 程度であるが、低温プラズマ処理により水湿潤熱が増加するにつれて、光沢値の増加が観測された。水湿潤

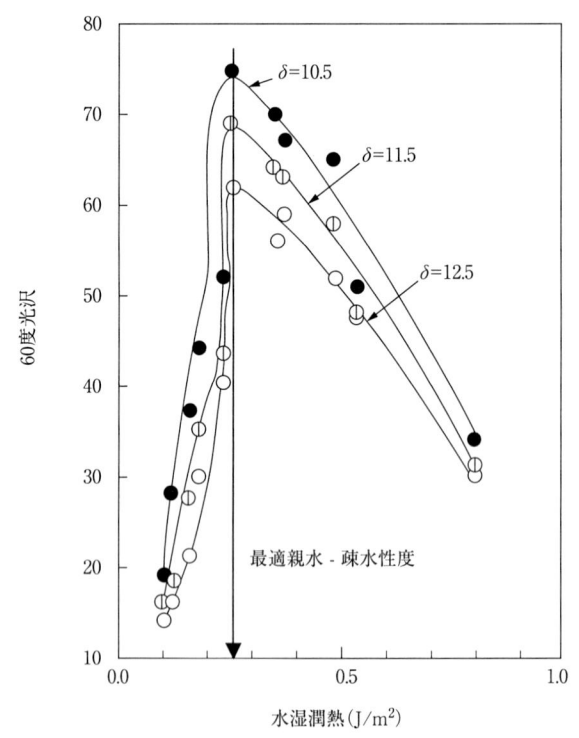

図 3.28　顔料の親水 - 疎水性度と水性塗料系における分散度[22]

熱が $0.25\,\mathrm{J/m^2}$ 付近で、光沢は極大値を示し、これ以上親水性度が増加すると、光沢値は減少した。これは、水湿潤熱が $0.25\,\mathrm{J/m^2}$ 以下では濡れの過程が律速であるので、より親水性の顔料の方が分散速度は大きいが、$0.25\,\mathrm{J/m^2}$ 以上では樹脂との疎水性相互作用による分散安定化が律速となるので、より疎水性の顔料のほうが大きな分散速度を示したためである。

水湿潤熱が $0.25\,\mathrm{J/m^2}$ 程度の時に分散が最良になるのは、分散性を流動性（降伏値）で評価した場合でも[22]、酸化チタン顔料を有機物のプラズマ重合で処理して疎水性度を増加させた場合[23]でも同様であった。

なお、図 3.28 では、親水性度の異なる樹脂を 3 種類用いているが、顔料粒子の水湿潤熱が同じであれば、疎水性相互作用が作用しやすい疎水性の（δ の小さい）樹脂を用いた方が高い分散度が得られており、ここでも疎水性相互作用の有用性が示されている。

3.4.5　共存有機溶剤の影響

水性系粒子分散液では水が溶剤組成の主成分であるが、高分子の製造や疎水性物質の混合などの目的で、少量の水溶性有機溶媒が共存することが多い。アルコールなど界面活性能の高い有機溶剤が共存した場合に、疎水性相互作用による高分子吸着が阻害され、粒子分散性は低下する。

著者らは、水性ビヒクル中で高分子と粒子が疎水性相互作用をしている部位を、混合する有機溶剤が、どの程度乱すかを定量的に理解するために、疎水性相互作用の部位を疎水性のヘキサンで代用した。これは、ヘキサンと水は混合することなく二層に分離し、その界面の界面張力が白金リング式の界面張力計で測定可能であるためである。

水とヘキサンの界面を乱し、界面が活性化されると、その界面張力は低下するので、一定量の有機溶剤を混合したときの、水／ヘキサンの界面張力（γ_{hsw}）を測定することで、有機溶剤の影響を定量化できると考えた。γ_{hsw} が低いほど、その有機溶剤は高分子と粒子の疎水性相互作用を阻害するはずである。

図 3.29[25] に、種々の水溶性有機溶剤（Sol A 〜 Sol D）の γ_{hsw} と、酸化チ

タン顔料をアニオン系水溶性アクリル樹脂で、該当有機溶剤存在下に分散した際の分散粒子径との関係を示す。また、**図 3.30**[25)] には γ_{hsw} と顔料粒子への樹脂吸着量との関係を示す。γ_{hsw} が小さい有機溶剤ほど分散粒子径が大きく、樹脂吸着量は少ない。すなわち界面活性能の高い有機溶剤が存在すると、疎水性相互作用による高分子吸着が阻害され、粒子分散性は低下する。

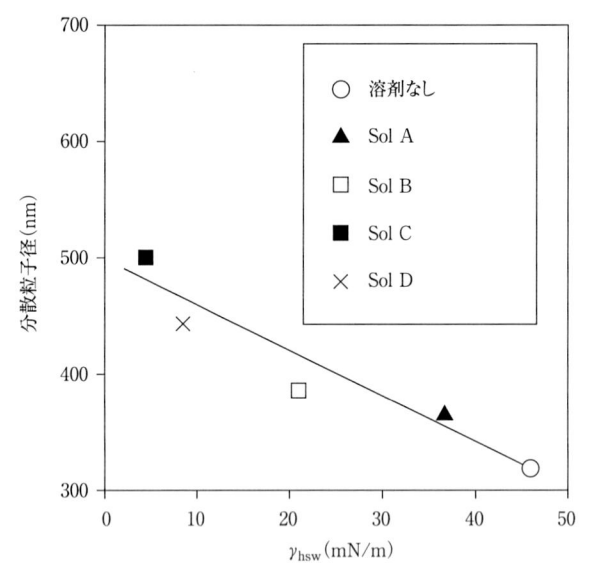

図 3.29 混合する有機溶剤の γ_{hsw} と水性塗料系における分散度の関係 [25)]

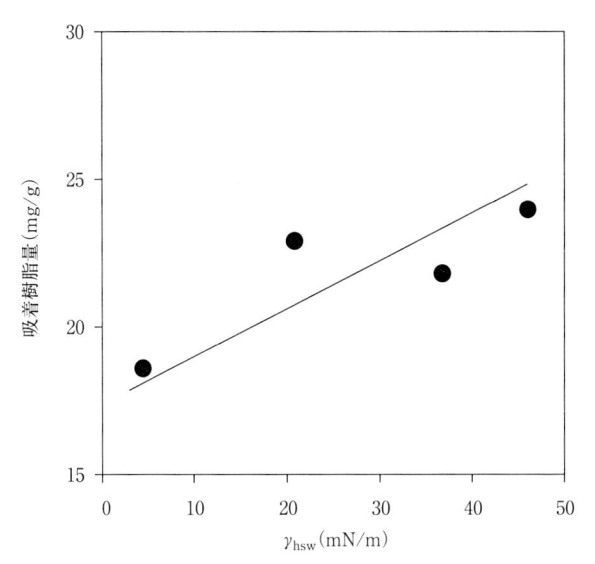

図 3.30　混合有機溶剤の γ_{hsw} と水性塗料系における粒子への吸着樹脂量との関係[25]

3.5　分散剤

　分散剤は粒子の分散度や分散安定性の向上を主目的に配合される化学物質の総称である。3.3 節、3.4 節では、それぞれ溶剤型塗料系と水性塗料系で、バインダー樹脂やバインダー樹脂を変性した分散用樹脂の吸着による分散安定化を題材に粒子分散の考え方について解説した。

　粒子分散系の適用分野によっては、バインダー樹脂がなく、溶剤と分散剤だけであったり、バインダーがあってもほかに分散剤を併用したりする場合が数多く存在する。以下では、分散剤の構造や特徴、作用機構、使い方について解説する。

3.5.1　界面活性剤

界面活性剤とは1つの分子のなかに、水に馴染み易い部分（親水基）と油に馴染み易い部分（親油基）の両方を持つ化合物の総称である。水と油、無機粒子と有機溶剤など、高極性物質と低極性物質の界面に作用して、界面張力を下げる作用がある。界面張力を下げる機能は界面活性能と呼ばれる。

粒子分散においては粒子とビヒクルの界面に作用して、界面張力の低下（界面の安定化）や、電荷の付与、溶媒和層や立体障害層の形成による凝集防止などに貢献する。親水基にはアニオン性（酸性）、カチオン性（塩基性）、非イオン性のものがある。

界面活性剤といえば、石鹸（ラウリン酸、ステアリン酸などの脂肪酸のナトリウム塩）のような分子量がおおむね500以下の低分子量のものを指すのが一般的であり、界面活性能があっても分子量がそれ以上の高分子分散剤とは区別されることが多い。高分子分散剤に関しては、項を改めて解説し、本項では低分子量の界面活性剤について解説する。

（1）界面活性剤の種類と特徴

界面活性剤の代表例として、ラウリン酸ナトリウムについて、分子構造模型を図3.31（a）に示す。化学式は図3.31（b）の$C_{11}H_{23}COONa$であり、長い炭化水素鎖（ラルリル基）が親油基、カルボキシル基が親水基である。このような分子は、模式的に図3.31（c）のように表現されることが多い。

親水基、親油基には、種々の構造のものが存在する。代表的なものを表3.5に示す。親水基が水中で解離して、活性剤分子が負の電荷を示すものをアニオン性界面活性剤と呼び、正の電荷を示すものをカチオン性界面活性剤と呼ぶ。また、表3.5で親水基の最下段に示したポリオキシエチレン鎖は、イオン性ではないが酸素の部分が水和することで、親水基として機能する。このようなイオン性でない親水基を持つ界面活性剤を、非イオン性界面活性剤もしくはノニオン性界面活性剤と呼ぶ。

界面活性剤を粒子分散に用いると、ビヒクル表面に吸着して濡れの過程を改

(a)

(b)　CH₃-CH₂-CH₂-CH₂-CH₂-CH₂-CH₂-CH₂-CH₂-CH₂-CH₂-CO-O-Na

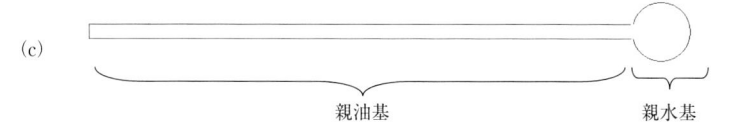

(c)

　　　　　　　　　　　親油基　　　　　　　　　　　　親水基

図 3.31　ラウリン酸ナトリウムの分子模型（a）と化学構造式（b）および構造モデル（c）

表 3.5　界面活性剤の新水基と新油基の例

親水基	親油基（n：8～24）
$-OSO_3Na$	C_nH_{2n+1}
$-SO_3Na$	C_nH_{2n-1}
$-PO_4Na_2$	
$-COONa$	C_nH_{2n-3}
$-\overset{|}{\underset{|}{N}}-\oplus$	$C_nH_{2n+1}-\bigcirc$
	C_nF_{2n+1}
$-COOH$	
$-OH$	(ビフェニル基)
	(ジフェニルエーテル基) C_nH_{2n+1}
$-NH-$	
$-CONH_2$	(ナフチル基)
$-(CH_2CH_2O)-$	C_nH_{2n+1}

善したり、ミセルを形成してミセル内部に粒子を取り込んだりすることができる。界面活性剤は粒子分散の他、液体中に液体を分散させる乳化や、コーティング液に添加して、表面張力を下げることで基材への濡れ性を改善する目的な

どでも広く使用されている。

図 3.32 に界面活性剤水溶液の濃度と表面張力の関係を示す。濃度が低い時には、界面活性剤分子は溶液表面（空気界面）に吸着するか、単分子で溶解している。溶液表面の分子は空気中に親油基を突き出して吸着しているので、その分、表面張力が低下する。活性剤濃度が増加するとともに、溶液表面は界面活性剤分子で完全に覆われるとともに、溶液内部に、親油基を内側に、親水基を外側にした球状の構造体が形成される。この構造体をミセルと呼び、ミセルが形成され始める濃度を臨界ミセル濃度（cmc；Critical Micelle Concentration）と呼ぶ。

カーボンブラックのように表面張力の低い疎水性粒子の分散では、濡れの過程が律速段階であり、粒子の表面張力を増加させる処理をするか、界面活性剤の添加などによって水性ビヒクルの表面張力を低下させることが必要であることを、3.4.2 項で述べた。図 3.32 から cmc 以上に活性剤をビヒクルに添加して

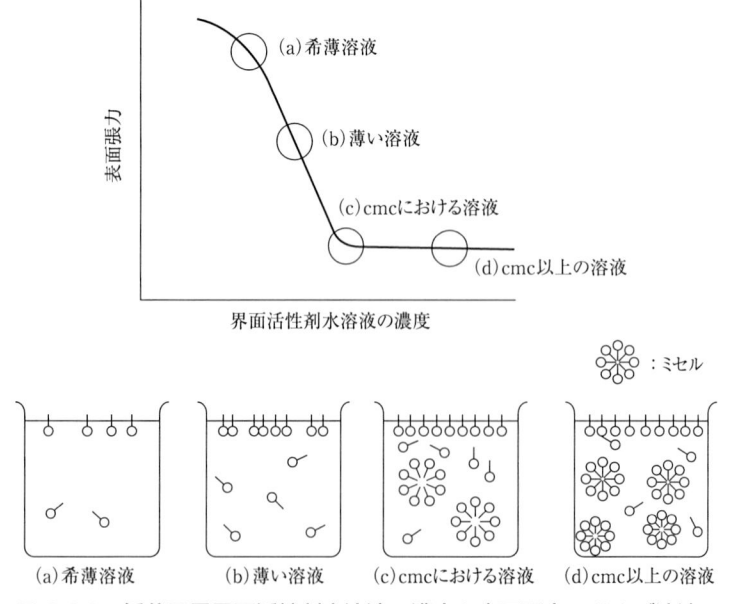

図 3.32　低分子量界面活性剤水溶液の濃度と表面張力、および溶液中での活性剤分子の存在状態モデル

も表面張力は低下しないので、濡れの改善のために使用する低分子界面活性剤の量は cmc 以下で良い。一方、分散安定化のためには、ミセル内部に粒子が取り込まれる必要があるので、界面活性剤は cmc 以上で使用するべきである。

　非イオン性界面活性剤の親水基であるポリオキシエチレン基の親水性は、酸素と水分子との水素結合に由来するが、この水素結合は温度が上昇すると切れてしまう（脱水和）という特徴がある。このため、非イオン性界面活性剤水溶液では、これ以上の高温では活性剤が析出して界面活性化機能がなくなるという温度が存在し、これを「曇点（Cloud point）」と呼ぶ。曇点は親水基と親油基の比率や共存する電解質の量にも依存するが、低いものでは30℃付近という活性剤もある。また、ポリオキシエチレン基は次節の高分子量分散剤にも親水基として使用されることが多いため、これらの分散剤を使用した水性粒子分散系では、液の温度が高温にならないように（50℃以下程度が目安）注意が必要である。

(2) HLB 値と粒子分散

　非イオン性界面活性剤において、分子全体の分子量と親水基（＝ポリオキシエチレン鎖）の分子量を用いて、次の式で表される値を HLB 値と呼ぶ。

$$HLB = \frac{\text{ポリオキシエチレン鎖の分子量}}{\text{非イオン性界面活性剤の分子量}} \times \frac{100}{5} \qquad 3.9 式$$

　HLB とは Hydrophile-Lypophile Balance の略で、親水 – 親油バランスの意味である。HLB 値は界面活性剤の親水性度を、20点満点で表した尺度と解釈することができ、分散や乳化などにおいて、対象とする物質の親水性度や親油性度に応じた適切な活性剤を選択するのに有用な尺度とされている。基本的な指針では、対象とする物質の親水性度が大きい場合には HLB 値の大きな活性剤を用い、親水性度が低い（疎水性、親油性）物質には HLB 値の小さな活性剤を用いる。

　ある水性塗料における顔料の分散において、顔料ごとに最適な界面活性剤の HLB 値を決定した例を**表 3.6**[26] に示す。表 3.6 は種々の顔料を、HLB 値の異

表 3.6 水性塗料で分散する際の界面活性剤に関する顔料種ごとの最適HLB 値（原報[26] より抜粋、C.I.Pigment No. は著者推定）

顔料種	C.I.PigmentNo. （著者推定）	最適 HLB 値
BON レッド（暗色）	C.I.Pigment Red 52	6-8
トルイジンレッド	C.I.Pigment Red 3	8-10
フタロシアニングリーン	C.I.Pigment Green 36	10-12
カーボンブラック（ランプブラック）	C.I.Pigment Black 7	10-12
フタロシアニンブルー	C.I.Pigment Blue 15：1	11-13
キナクリドンバイオレット	C.I.Pigment Violet 19	11-13
フタロシアニングリーン ▲ 有機顔料	C.I.Pigment Green 7	12-14
酸化鉄　　　　　　　　▼ 無機顔料	C.I.Pigment Red 101	13-15
モリブデートオレンジ	C.I.Pigment Orange 21	16-18
酸化チタン（ルチル）	C.I. Pigment White 6	17-20
黄鉛	C.I.Pigment Yellow 34	18-20

なる一連の非イオン性界面活性剤を用いて水中で分散した際に、分散性が一番良かった界面活性剤の HLB 値を示したものである。有機顔料やカーボンブラックは疎水性であるので、HLB 値の小さな界面活性剤を用いた時に良好な分散性が得られ、親水性の無機顔料には HLB 値の大きな活性剤が適していることが理解できる。また、有機顔料のなかでも、アゾ系顔料は縮合多環系顔料（フタロシアニン、キナクリドン）より、最適 HLB 値が低く、その分、表面が疎水性と考えられる。

　HLB 値は元来、ポリオキシエチレン鎖を親水基とする非イオン性界面活性剤に対して定義された値であるが、オキシプロピレン鎖を含んだものや、イオン性の界面活性剤にも拡張して使用されている。個々の界面活性剤の HLB 値は、メーカーに問い合わせるのが早くて確実であろう。

（3）界面活性剤の使い方

　粒子分散においては、界面活性剤は水性ビヒクルの表面張力を下げることにより、疎水性粒子の濡れを改善する目的では、使用する意義があると考えられる。

　一方、分散安定化に関しては、立体障害効果や浸透圧効果（1.5.2 項参照）

を発現するには、分子が小さすぎて十分な安定化効果は得られない。イオン性活性剤による静電斥力（1.5.1 項参照）でも、粒子濃度や共存電解質の種類と濃度に制約があり、実用的な粒子分散系への適用は限定的となる。

　表 3.6 で水性塗料での顔料分散への適用例を示したが、水／粒子という界面が、水／界面活性剤／粒子という界面構造に変化することにより、界面張力が減少し、界面の不安定さが緩和される程度である。現象的には、水と粒子だけではまったく流動性がない分散液が、活性剤の添加で塑性流動ではあるが流動性を示す程度である。もちろん、添加しないより遥かにましではある。

　粒子間の相互作用がなくなると、分散液の流動挙動はニュートニアンとなるが、そのためにはバインダー樹脂の吸着による分散安定化や、高分子量分散剤の使用が必要となる。長期間、高温、温度変動などの過酷な貯蔵条件における安定性確保でも同様である。ただし、高分子量分散剤は、分子量が大きい分、重量基準の添加量が界面活性剤に比べて多くなる。また、熱分解性などでも一般的には劣るので、被膜形成後に有機成分の残存が好ましくない場合には、界面活性剤を中心に考えざるを得ない場合もある。

3.5.2　高分子分散剤

　高分子が粒子表面に吸着して分散安定化効果が発現するためには、トレイン部で高分子が粒子表面に固定され、かつループ部やテール部がビヒクル中に溶け拡がる必要があることを 1.5.2 項で述べた。高分子を構成する官能基やモノマー、セグメントと、トレイン、ループ、テールの各機能部との対応関係で、高分子分散剤はいくつかのタイプに分類される。

　第一のタイプは、高分子が単一のモノマーから構成されるホモポリマーで、ポリアクリル酸（PAA）やポリエチレングリコール（PEG）、ポリエチレンイミン（PEI）、ポリビニルピロリドン（PVP）などが相当する。このような高分子では、トレイン部を構成するモノマーとループ部・テール部を構成するモノマーは同一である。高分子中のすべての部分が粒子表面への吸着も、溶媒和も可能であるということであるから、吸着力が弱い場合には脱着しやすく、分散安定化効果が不十分である。一方、吸着力が強い場合には、吸着形態が時

間とともにフラットな形態に変化して、立体障害効果が不十分になったり、複数粒子への橋掛け吸着が生じてフロキュレートを形成したりすることがある。ホモポリマーではないが、分子中でトレイン部とループ部・テール部の区別がないという点では、スチレン‐無水マレイン酸共重合体（SMA）やエチレン‐マレイン酸共重合体（EMA）なども同様である。

単一のモノマーで構成されるという点では同様であるが、ヒドロキシエチルセルロース（HEC）やカルボキシメチルセルロース（CMC）、エチルセルロース（EC）など、繊維素由来高分子は、水素結合や疎水結合などで剛直な高分子同士が網目状の構造を形成し、分散液の粘度を増加させる。粘度の増加により粒子が動きにくくなるので、結果的に凝集や沈降を防止する。粒子表面に吸着する1.5.2項の分散安定化効果とは機構が異なるが、工業的には一種の分散剤と考えることも可能である。

粒子表面に対する強い親和性をもち、分子中でトレイン部として作用する部分をアンカー（Anchor）部と呼ぶ。アンカー部に相当するのは、有機溶剤系では、酸性や塩基性の官能基であり、これに加えて水性系では長鎖脂肪族炭化水素基や芳香族基などの疎水性官能基もアンカー部となる。

アンカー部として作用する代表的な官能基を表3.7に示す。芳香族アミノ基は水性媒体中では疎水性相互作用で粒子に吸着し、粒子分散液から被膜を形成する際、乾燥につれて水が蒸発して被膜内部が非水雰囲気に変化すると、今度は塩基性アンカーとして酸塩基相互作用で引き続き吸着を維持することができるので、水性系でのカーボンブラックの分散などで優れた効果を示す。

このように特定のアンカー部を持つ高分子が、第2のタイプの高分子分散剤

表3.7　分散剤の代表的なアンカー部

酸性	カルボキシル基 リン酸基 スルホン酸基
塩基性	脂肪族アミノ基 芳香族アミノ基 4級アンモニウム基
疎水性	長鎖アルキル基 フェニル基 ナフチル基 芳香族アミノ基

である。アンカー部は3.3節や3.4節で紹介したように、バインダーに変性などで意識的に導入されることもあるし、もともと酸価やアミン価として他の目的や原因で分子中に存在しているものが、粒子に対してアンカー部として作用するということもある。どちらにしてもアンカー部の分布はランダムである。ここでいうランダムとは、分子内のアンカー部の位置や、分子ごとのアンカー部の数が一定でないということである。アンカー部の分布がランダムであることの弊害は、3.5.2項（2）で詳述する。

ポリビニルアルコール（PVA）も分散剤として使用されるが、PVAを製造する際は、ビニルアルコールを重合させるのではなく、酢酸ビニルを重合させてポリビニル酢酸を合成し、酢酸エステル部分を加水分解して、水酸基に戻す方法が取られる。これは、ビニルアルコールモノマーが不安定なためで、加水分解の比率はケン化価と呼ばれる。100％ケン化されたPVAより、一部の酢酸エステル部がケン化されずに残存しているPVAのほうが、分散剤として用いられる。これは水中で、酢酸エステル部が疎水性相互作用により粒子表面に吸着するアンカー部として作用するためである。この場合も、アンカー部の分布はランダムとなる。

第3のタイプに分類されるのが、分散剤専用として設計された高分子で、1つの分子に存在するアンカー部の個数や、分子中での位置などが精密に制御された分子構造が特徴である。また、高分子分散剤として市販されているものの多くがこのタイプである。

次節以下ではアンカー部に関する分子構造の話題を中心として、上記第3のタイプの分散剤に関する解説を進める。ループ部とトレイン部はその機能が溶剤やビヒクルなどの溶剤中へ溶け拡がって、溶媒和することで粒子の凝集を防止するので、一括して溶媒和部と呼び、また、第3のタイプの分散剤を単純に高分子分散剤と呼ぶことにする。

(1) 高分子分散剤の溶媒和部

市販されている高分子分散剤の溶媒和部は、有機溶剤系用ではポリエステル鎖、アクリル鎖、ウレタン鎖などが主であり、これに加えて水性系用分散剤では、非イオン性界面活性剤の親水部であるポリオキシエチレン鎖も使用されて

いる。立体障害効果を発現するためには、分子量は少なくとも1,000～2,000は必要であるが、分子量が大きすぎると分散液の粘度が高くなったり、ビヒクルとの相溶性が悪くなったりするので、実質的には数万までである。

　塗料やインクなど、バインダー樹脂の使用が必須な粒子分散系の場合、分散剤の溶媒和部とバインダー樹脂との相溶性は重要なポイントである。しかし、一般的に市販分散剤の溶媒和部の相溶性に関する情報（例えばSP値や化学構造式）は、あまり明確に示されていない。実際には、当該分散剤とバインダー樹脂を一定の比率（1：10～1：1）で混合したものを、ガラス板やPETシートなどの透明な基材に塗布し、乾燥後、皮膜の濁りの有無を肉眼で観測することにより、相溶性をチェックする以外に方法はなさそうである。濁りがあれば皮膜中で分散剤とバインダー樹脂が相分離している証拠であるので、相溶性はないと判断される。

（2）アンカー部分布と粒子分散性

　有機溶剤系における粒子分散において、図3.15にバインダー樹脂に導入するアンカー部の量が多いほど、分散安定化過程が促進されて、分散速度や到達分散度が向上することを示したが、さらにアンカー部の量を単純に増やしても、粒子分散性は良くはならない。これは、分子中でのアンカー部の分布に依存する。**図3.33**に示すように、1つの分子中にアンカー部として吸着基が一つだけ存在する分子（a）や、後述するブロック型高分子のように一個所に吸着基が集中して1つのアンカー部を形成している分子（b）は、吸着による立体障害効果で分散安定化に寄与するが、（c）のように分子中に複数のアンカー部が離れて存在する場合には、複数の粒子に橋架け的に吸着することにより、粒子同士を引き寄せて凝集させてしまうことがある。この凝集効果は分子量が大きいほど著しく、分子量が500～1,000万程度のポリアクリル酸やポリアクリルアミドなどの高分子は、水処理分野で凝集剤として用いられるほどである。排水中に含まれる浮遊粒子に橋架け吸着して寄せ集め、凝集させて、沈降除去しやすくする作用がある。

　したがって、表3.3の顔料分散用樹脂のように、バインダー樹脂を変性してアンカー部を導入する手法では、変性量が少ない場合にはアンカー部が1つだ

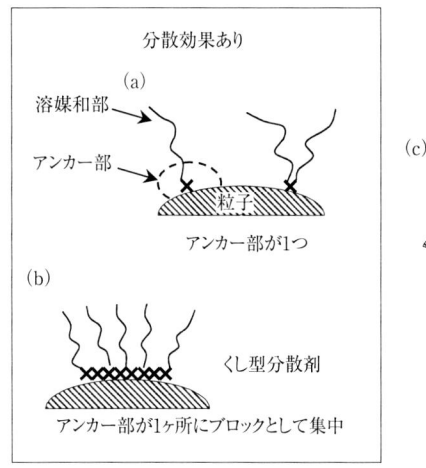

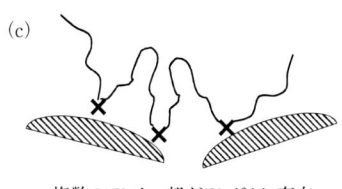

図 3.33　分子内のアンカー部の分布と粒子分散性

けの分子が生成することになるが、変性量が増加するにつれて複数のアンカー部を持つ分子が増加して、橋架け吸着による凝集を生じるので粒子分散性は低下することになる。

　同様のことがバインダー樹脂の選定にもあてはまり、例えば酸価が大きなバインダー樹脂の存在下に、塩基性や両性の粒子を分散すると、橋架け吸着による凝集や、フロキュレートの生成による流動性不良が生じることがある。分子量にもよるが、酸価やアミン価で50を超えるような場合は要注意である。

　また、ホモポリマーを分散剤として用いる場合も同様で、高分子中のすべての部分が粒子表面への吸着も、溶媒和も可能であるので、吸着力が強い場合には、粒子濃度と分子量に依存するが、複数粒子への橋架け吸着が生じてフロキュレートを形成する可能性がある。

　一方、アンカー部を持たない分子は、分散安定化に寄与しないので、そのような分子が混ざっている高分子を分散剤として用いる場合には、分散安定化に寄与しない分子の分だけ、配合量が多くなって非効率となる。

(3) 高分子分散剤の分子設計

　アンカー部を構成する一つ一つの吸着基と、粒子表面の吸着サイトとは、吸

着と脱着を繰り返す吸着平衡にあると考えられる。

　両者の相互作用が強い場合には、吸着平衡が吸着側に偏るので、図3.33（a）のような分子中のアンカー部が1つの吸着基でも、実質的には分散安定化が図られる。有機溶剤系でのチタニアやアルミナなどの無機粒子の分散では、一般的に無機粒子表面に存在する酸性もしくは塩基性吸着サイトの量は多く、高強度であるので、アンカー部は1つの吸着基で十分である。すなわち、すべての分子が1つだけアンカー部をもっていれば良い。

　一方、有機顔料粒子や炭素材料系粒子など、表面の酸性もしくは塩基性サイトの量も強度も不十分な場合には、吸着平衡が脱着側に偏るので、十分な分散安定化効果が確保できない。このように、粒子表面の吸着サイトの強度や量が不十分な場合でも、図3.33（b）に示すように、分子中の一個所に多数の吸着基が集中して1つのアンカー部を構成している場合には、優れた分散安定化効果が得られることが知られている。これは、一つ一つの吸着基は吸着平衡にあるとしても、いずれかの吸着基が吸着状態にあり、実質的にアンカー部全体としての吸着状態が維持されるためである。また、吸着基が一個所に集中しているので、橋架け吸着も生じにくい。このような吸着形態を多点吸着と呼び、この様式で吸着する分散剤を多点吸着型分散剤と呼ぶ。

　図3.33（b）のように、一個所に吸着基が多数集合したアンカー部に、多数のテール状の溶媒和部が結合した形状の高分子は、くし型高分子と呼ばれ、分散剤として多数市販されている。くし型の「くし」は髪の毛をとかす「櫛」であり、アンカー部が櫛の背に、溶媒和部が櫛の歯に相当する。くし型高分子はブロック共重合体と呼ばれる高分子の一種で、種々の手法で合成・上市されている。

　また、図3.33（a）に示した、必ずすべての分子の片末端に1個のアンカー部が存在するように分子設計された高分子も分散剤として市販されており、直鎖型もしくはリニア型と呼ばれている。

　直鎖型、多点吸着型（くし型）のいずれにしても、分散剤と称されるものは、基本的にすべての分子がそのような形状をしていて分散安定化に寄与するので、配合量は少なくて済む。次項では直鎖型、くし型高分子分散剤の具体的な調製方法の例を紹介する。

3.5 分散剤

（2）高分子分散剤の調製例
①直鎖型高分子分散剤の例

　モノヒドロキシカルボン酸は、分子内に水酸基とカルボキシル基の両方を1個ずつ持つ化合物の総称で、12-ヒドロキシステアリン酸やリシノール酸などが含まれる。適当なエステル化反応触媒の存在下に脱水縮合させると、**図3.34（a）**のように1つの分子のカルボキシル基が必ずほかの分子の水酸基と反応して鎖延長するとともに、鎖末端に常に酸性アンカーとして作用するカルボキシル基が存在する[27]。

　環状エステル化合物類はラクトンと呼ばれ、γ-ブチロラクトン、δ-バレロラクトン、ε-カプロラクトンなどが存在する。**図3.34（b）**のように、ラクトンは活性水素含有化合物を開始剤として、開環重合により鎖延長して高分子を生成する。適当な開始剤を選択することにより、片末端に酸性や塩基性のアンカーを持つ高分子分散剤とすることができる[28]。図3.34（b）のジメチルアミノプロピルアミンを開始剤として用いた例では、アンカーが塩基性であるが、例えば、開始剤にグリコール酸（HO-CH$_2$-COOH）を用いれば、酸性の

（a）ヒドロキシカルボン酸の自己縮合～鎖延長

　　OH　　　COOH　→自己縮合→　　OH ……… COOH
　12-ヒドロキシステアリン酸　　　　ポリ-12-ヒドロキシステアリン酸
　　　　　　　　　　　　　　　　　　　　　　　　　酸性アンカー

（b）酸性もしくは塩基性活性水素含有化合物からのラクトン類の開環重合

　(CH$_3$)$_2$N(CH$_2$)$_3$NH$_2$ ＋ n（ε-カプロラクトン）　→　(CH$_3$)$_2$N(CH$_2$)$_3$NH-[CO-(CH$_2$)$_5$-O]$_n$H
　ジメチルアミノプロピルアミン　ε-カプロラクトン　　　　　　　　　　　　　塩基性アンカー

（c）酸性もしくは塩基性活性水素含有化合物からの酸化エチレンもしくは酸化プロピレンの開環重合

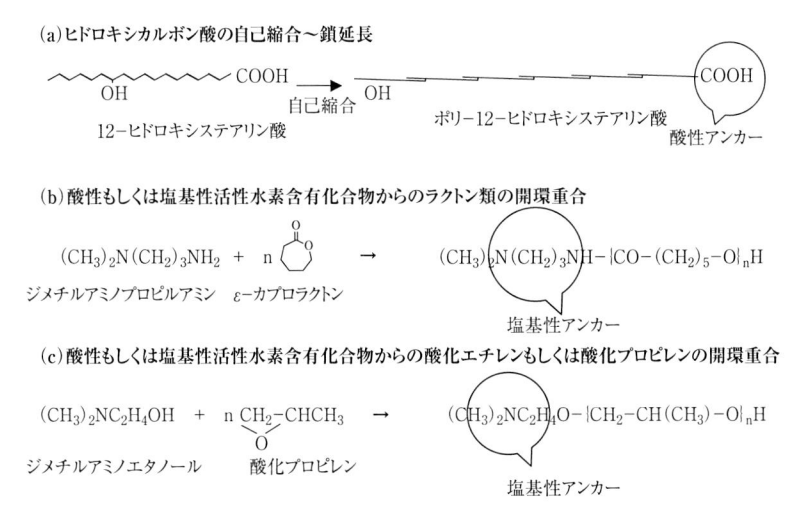

　(CH$_3$)$_2$NC$_2$H$_4$OH ＋ n CH$_2$-CHCH$_3$　→　(CH$_3$)$_2$NC$_2$H$_4$O-[CH$_2$-CH(CH$_3$)-O]$_n$H
　　　　　　　　　　　　　　＼O／
　ジメチルアミノエタノール　　酸化プロピレン　　　　　　　　　塩基性アンカー

図3.34　直鎖型高分子分散剤の調製例

アンカーとすることができる。

　環状エステル化合物と同様に、酸化アルキレン類も活性水素含有化合物を開始剤とする開環重合により高分子を生成する。よく使用される酸化アルキレンは酸化エチレンと酸化プロピレンである。ジメチルアミノエタノールを開始剤とし、酸化プロピレンを開環重合させた塩基性高分子分散剤の調製例を**図3.34 (c)** に示す。また、アルコール類を開始剤として高分子を合成しておき、末端の水酸基をリン酸エステル化することにより、強酸性のリン酸基をアンカーとすることも可能である[29]。

　エステル結合やエーテル結合に比べ、飽和炭化水素鎖の極性は低いので、図3.34 に示した高分子鎖の極性は、(a) ＜ (b) ＜ (c) の順に高くなる。酸化プロピレンの代わりに、(c) で酸化エチレンを用いると、生成するのはいわゆるポリエチレングリコール鎖（ポリオキシエチレン鎖）で、これは水溶性であるので、水性系用高分子分散剤として使用される。

　図3.34 で示したのは典型的な例であり、実際には鎖を途中までは (a) で延ばしておいてさらに (b) で延長するとか、(c) の方法において途中まで酸化プロピレンで延ばしておいてさらに酸化エチレンで延長するなど、種々の組み合わせが行われる。

②くし型高分子分散剤の例

　くし型高分子分散剤は図3.33 (b) に示すように、アンカー部（櫛の背）と、溶媒和部（櫛の歯）がそれぞれ重合体で構成されている。このような構造の高分子をブロック共重合体と呼ぶ。ブロック共重合体の調製にはグラフト（Graft）法という手法が用いられるが、グラフト法はさらに Grafting through 法と Grafting onto 法に大別される[30]。両者の概念の違いを**図3.35** に示す。

　Grafting through 法では、直鎖型高分子分散剤のような方法で合成した高分子の末端に、二重結合などの重合反応に関与する反応性官能基を付与する。生成する化合物は高分子でありながら、モノマーのような反応性があるので、マクロモノマー（Macro monomer）とか、マクロマー（Macromere）と呼ばれる。マクロモノマーに、開始剤の他、必要によりほかのモノマーも加えて重合反応を行い、くし型の高分子を得る。他のモノマーとして、アンカー部となる官能基を側鎖に持つ化合物を用いることが多い。

(a) Grafting through法

開始剤 + 他モノマー + マクロモノマー → [図]

(b) Grafting onto法

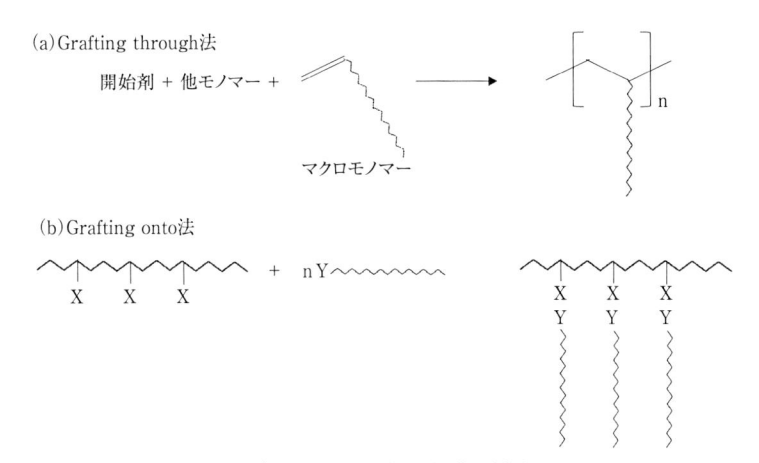

[図]

図 3.35　ブロック共重合体合成の基本スキーム

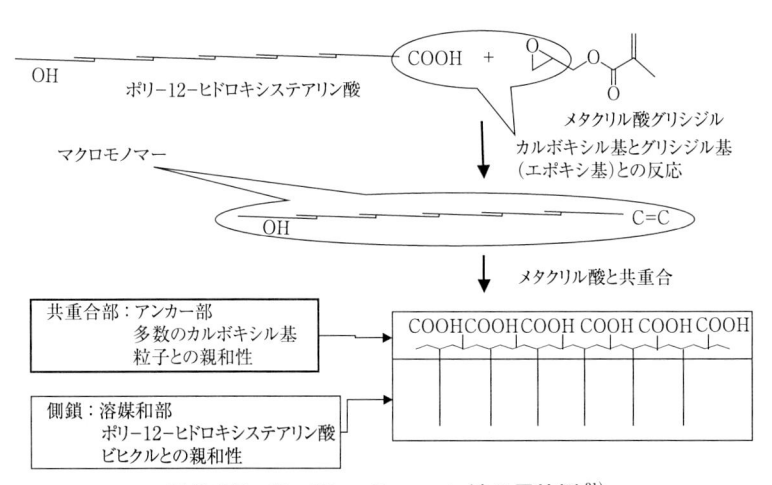

[図：ポリ-12-ヒドロキシステアリン酸、マクロモノマー、メタクリル酸グリシジル、カルボキシル基とグリシジル基（エポキシ基）との反応、メタクリル酸と共重合、共重合部：アンカー部 多数のカルボキシル基 粒子との親和性、側鎖：溶媒和部 ポリ-12-ヒドロキシステアリン酸 ビヒクルとの親和性]

図 3.36　Grafting through 法の具体例 [31]

Grafting through 法の具体例[31]を**図 3.36** に示す。この例では、まず図 3.34 (a) の方法で片末端にカルボキシル基を持つポリ-12-ヒドロキシステアリン酸を合成する。末端のカルボキシル基とメタクリル酸グリシジルのグリシジル基（エポキシ基）を反応させ、重合体末端に二重結合を導入してマクロモノマーとする。得られたマクロモノマーに、他のモノマーとしてメタクリル酸を

加えて、ラジカル重合を行えば、主鎖（櫛の背）が多数のメタクリル酸由来のカルボキシル基よりなるアンカー部で、側鎖（櫛の歯）がポリ-12-ヒドロキシステアリン酸残基の溶媒和部である、くし型高分子分散剤が調製できる。

　Grafting onto 法でも、直鎖型高分子分散剤のような重合体をまず調製するが、末端官能基は、エステル化反応、アミド化反応、ウレタン化反応、ウレア化反応などに関与する官能基であり、具体的には水酸基、カルボキシル基、アミノ基、イソシアネート基等である。これらの官能基を用いて、別途合成した別の高分子の官能基と直接反応させる。高分子と高分子の反応であるところが Grafting through 法と異なる。

　Grafting onto 法の具体例[32]を**図 3.37**に示す。この例でも、図 3.34（a）の方法で片末端にカルボキシル基を持つ重合体を合成し、次にポリエチレンイミンと反応させる。反応は条件により、アミド化反応もしくはアミノ基とカルボキシル基の塩形成反応となる。ポリエチレンイミンは分岐があって直鎖状ではないが、炭素原子 2 個置きに 2 級もしくは 3 級アミノ基が存在し、アミノ基が密集した塩基性のアンカー部を構成する。鎖中の 2 級アミノ基もしくは鎖端の 1 級アミノ基とカルボキシル基が反応して溶媒和部を構成する結果、くし型高分子分散剤となる。

③精密重合法による高分子分散剤

　上記の直鎖状やブロック共重合体の製造においては、モノマーの重合反応も

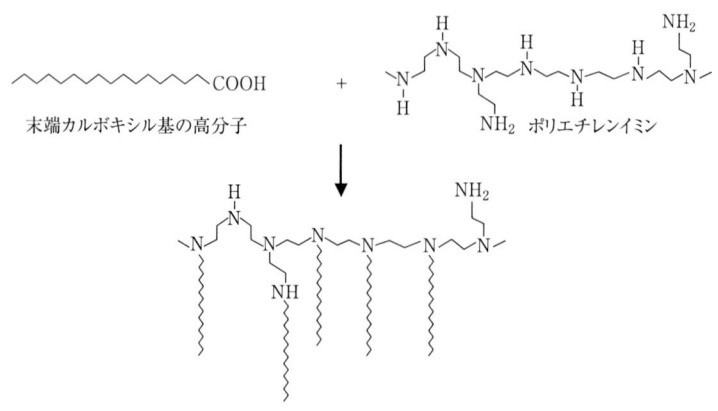

図 3.37　Grafting onto 法の具体例

高分子同士の反応も基本的にはランダムプロセスである。すなわち、「大多数は意図した分子組成・分子形状になっているはずだが、分子量やモノマー組成等、一定のバラつきがあるし、未反応のモノマーや高分子も含まれる」といった状態である。

近年になって、モノマーの種類や配列の順番を精密にコントロールして重合させることができる高分子合成技術が多数開発された。ここでは、それらを総称して精密重合法と呼ぶが、具体的にはGTP（Group Transfer Polymerization）[33]、NMP（Nitroxied-Mediated Polymerization）[34]、ATRP（Atom Transfer Radical Polymerization）[35]などが含まれ、それぞれの方法によって、使用できるモノマー種や反応条件が異なる。それぞれの詳細については文献を参照されたい。

精密重合法によって合成された高分子分散剤[36-38]が、近年になって多品種上市されている。「すべての分子が意図した分子量、分子組成、分子形状になっている」ので、少量の添加量で済んだり、高度な分散度、分散安定性を実現できたりする。

(5) 高分子分散剤の使い方

有機溶剤系での高分子分散剤の選定にあたっては、対象とする粒子の酸塩基性度がまず重要な因子である。当然、酸性粒子には塩基性の分散剤、塩基性粒子には酸性の分散剤を使用する。分散剤の酸性・塩基性の評価には、3.3.1項で示した非水電位差滴定法が便利である。

表3.8に、非水電位差滴定法により、市販顔料分散剤を評価した例を示す。A～Dは顔料分散剤の銘柄である。表には非水電位差滴定法で評価した各分

表3.8 非水電位差滴定法による高分子分散剤の酸塩基性評価例

分散剤	酸		塩基	
	量 (mM/g^{-1})	半当量電位 (mV)	量 (mM/g^{-1})	半当量電位 (mV)
A	0.00	—	1.19	32
B	0.00	—	0.69	79
C	0.53	−77	0.65	172
D	1.00	90	0.00	—

散剤の酸量と塩基量、さらに酸と塩基の強度を示す半当量電位（3.3.1 項参照）を示してある。AとBはどちらも塩基しか観測されなかったので塩基性分散剤であるが、塩基の量はAのほうが多く、Bの倍近く存在する。塩基の強度はほぼ同等か若干Aのほうが強い。どちらも、高級有機顔料（弱酸性で酸の量が少なく強度も低い）の分散に推奨される。Cは酸も塩基も観測されるので両性分散剤である。塩基の量はBと同等であるが、強度はCのほうが弱い。Cも高級有機顔料の分散に推奨されるが、塗料の硬化反応が共存する塩基性物質の影響を受けるような場合に使用される。Dは酸しか観測されないので酸性分散剤である。酸の量はCに比べて多く、酸の強度も高い。Cは主に二酸化チタンや酸化鉄など、両性〜塩基性の無機顔料の分散に推奨される。

多点吸着型（くし型）にするか直鎖型にするかの選択基準は、吸着基と粒子表面の吸着サイトとの相互作用の強さであり、強い場合には直鎖型（一般的に安価）、弱い場合には多点吸着型を用いる。基本的には金属や金属酸化物などの無機粒子は直鎖型、カーボンナノチューブやカーボンブラックなど炭素材料系粒子、有機顔料、高分子微粉体などは多点吸着型を使用する。表3.8ではA、B、Cが多点吸着型（くし型）で、Dが直鎖型である。

バインダー樹脂が使用される場合には、分散剤とバインダー樹脂との相溶性も重要な因子であり、3.5.2項（1）で述べたような方法で、個々の分散剤について試してみる必要がある。

水性系での分散剤の選定では、吸着のドライビングフォースが疎水性相互作用であるので、有機溶剤系の酸塩基性のように、選択を誤るとまったく効果がないという場合は少ない。水濡れ性が不良な炭素系や有機系の粒子に対しては、水性ビヒクルの表面張力を低下させる機能も併せもつ分散剤を選ぶか、界面活性剤を併用するような工夫が必要である。また、バインダー樹脂との相溶性に関しては、有機溶剤系と同様に配慮が必要である。

3.6 分散配合の決め方

　粒子、分散剤、溶剤、バインダー樹脂（必要により）の配合量は、最終的には小スケールでの分散実験により決定する必要があるが、高分子分散剤については、検討の起点となる処方量は粒子の単位面積あたり $1 \sim 2\,\mathrm{mg/m^2}$ といわれている。

　例えば、比表面積が $10\,\mathrm{m^2/g}$ の酸化チタンを $50\,\mathrm{g}$ 配合するのであれば、全表面積は $500\,\mathrm{m^2}$ である。これに $1 \sim 2\,\mathrm{mg/m^2}$ を掛ければ、まず分散剤量を $500\,\mathrm{mg} \sim 1\,\mathrm{g}$ として分散実験を行い、結果を見て増量なり減量をして再実験し、配合を詰めていくことになる。界面活性剤に比べて高分子分散剤の配合量は、分子量が大きい分、多い目になる。同じ吸着基に対して、生えている鎖が長いのであるから当然であろう。その分、分散安定化効果は遥かに大きい。溶剤の量は、用いる分散機に適した粘度になるよう適宜調整する。

　分散剤の配合量が少ないと、分散が上手くいかないのは当たり前であるが、多すぎても不具合現象が多発する。多すぎるということは、粒子表面に固定されていない分散剤分子が系中に存在するということである。このような分散剤分子は分子構造にもよるが、粒子分散液を基材に塗布した際に、液と基材の界面に移動して被膜の密着不良の原因となったり、被膜中に親水性の領域を形成して水を呼び込み、フクレなどの耐水性不良の原因となったりする。

　3.5.2節の冒頭で示したホモポリマーやバインダー樹脂、分散用樹脂などの配合量は、分散に寄与する分子の存在割合が不明であるなどの理由で、上記のように定量的に予測することができない。このような場合に有効な方法として、古くからフローポイント（Flow point）法という方法が知られている。具体的な手順は次の通りである。

①濃度が異なる一連の高分子溶液（ビヒクル）を作成する。
②ビーカーに一定量の粒子粉体をとり、ガラス棒でかきまぜながら各ビヒクルを加えていく。
③かきまぜるのにあまり抵抗を感じなくなるまでビヒクルを加える。

④薄いフィルム状のものが棒上に残り、最後の数滴が 1 〜 2 秒間隔で落ちる点を終点（フローポイント）とし、加えたビヒクルの量を記録する。
⑤ビヒクル中の高分子濃度を横軸に、それぞれのビヒクルを用いた際のフローポイントにおけるビヒクル量を縦軸にして、プロットする。

上記の手順により測定した一例が**図 3.38** である[39]。プロットは下に凸の曲線となり、変曲点における粒子、高分子、溶剤の比率が最適な分散配合となる。実際にはロールミルやメディアミルなど分散機の種類によって効率的な粘度が異なり、配合ごとに分散機を変更するのは現実的でないので、溶剤量により使用する分散機に適した粘度に調整することが必要である。図で最適点より左側では粒子がフロキュレートを形成する。

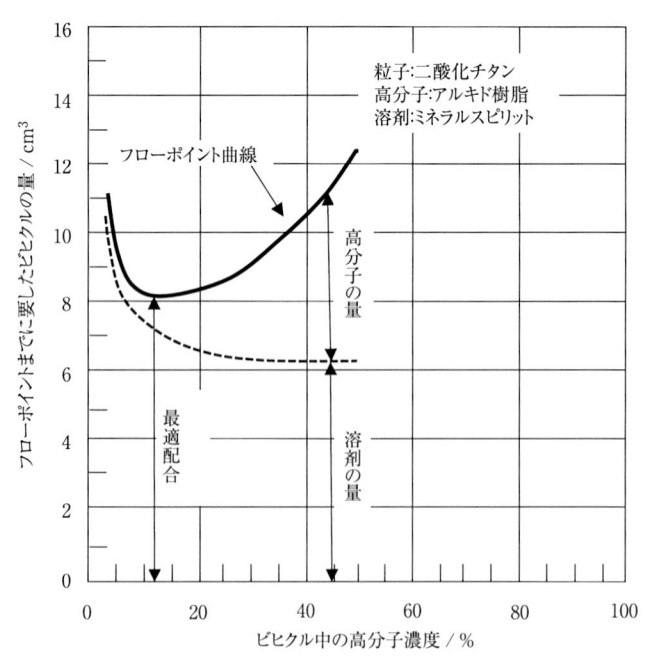

図 3.38　ダニエルのフローポイント法による分散配合の決定[39]

3.7 分散機と分散プロセス

これまでは、粒子、高分子、溶剤間の親和性に関して、基本的な考え方や評価、制御に関して述べてきたが、粒子分散では分散機を効率的に使用することも重要である。本節では、一般的な分散機や分散プロセスを概観し、さらに、最近話題のナノサイズ分散機について紹介する。なお、各項での説明では特定のメーカーの機種を示す場合があるが、あくまで代表例であり、その機種の推奨を意図したものではない。

3.7.1 分散に用いられる一般的な分散機

(1) 高速せん断撹拌機

ハイスピードディスパーサー（HSD）とも呼ばれる。これは、周速10～25 $m·s^{-1}$前後の高速で回転する撹拌機の一種で、回転羽根（インペラー；Impeller）の周囲にはノコギリの歯のような突起がある（図3.39[40, 41]）。比較的一次粒子径の大きな粒子を、多量に短時間で分散するのに適しているが、到達分散度はさほど高くない。また、分散の対象となる粒子懸濁液（ミルベース）の適用粘度は、1～30Pa·sと低～中粘度である。

他の分散機に掛ける前に、あらかじめビヒクルに粒子を混合し、粗大な凝集粒子を解しておく操作（プレミックス）に使用される場合も多い。

(2) ロールミル

ミルベースを2本もしくは3本のロールの微少な隙間を通過させ、ロール間のせん断力で粒子を解凝集させる分散機である。図3.40[42]は3本ロールミルの一例である。ロールの材質はチルド鋳鋼の他、アルミナやジルコニア、窒化珪素、炭化珪素などのセラミクス製のものもある。

対象ミルベースの粘度は数10～数100Pa·sと高粘度であり、到達分散度も

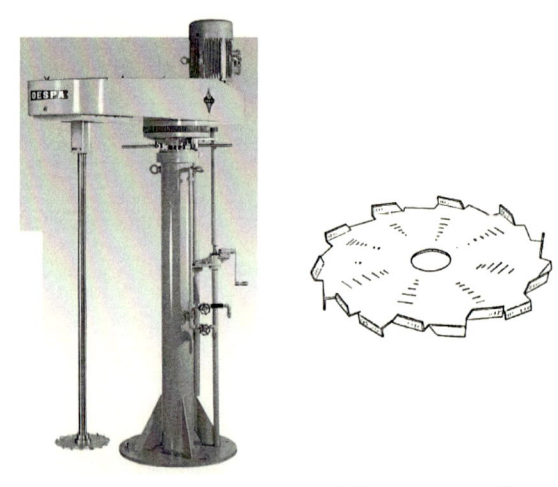

図 3.39　高速せん断撹拌機 [40] とその羽根 [41]

図 3.40　3本ロールミル [42]

比較的高い。製造品種変えが簡単で、少量生産も可能な反面、開放状態での分散作業のため、溶剤の種類や量によっては、溶剤の揮散による含有量の変化や作業環境の汚染の問題がある。また、ロールとロールの間の距離を、ミルベースの粘度に応じて適正に調整する必要があり、油圧等による自動調整機能を持つ機種もあるが、操作には一定の熟練が必要である。

(3) ボールミル

ボールミルは、円筒形の容器に金属やセラミクス製で大きさが数 10 mm のボールとミルベースを入れて容器を回転させ、ボールの運動に伴うせん断力や衝撃力で粒子を解凝集させる分散機である。容器内におけるボールとミルベース及び空間の体積比率はおおよそ 1：1：1 で、ミルベースの適用粘度は数 Pa·s ～数 100Pa·s と広範囲である（図 3.41）。

ボールミルはビヒクルと粒子の予備混合（プレミックス；次節参照）を必要とせず、溶剤の揮散や外部からの汚染が生じない、また装置・機構が簡単で維持が容易という長所がある。一方、製造品種替えに伴う洗浄が困難、タンク容量でバッチスケール（生産量）が決まってしまうなどの短所がある。

(4) アトライター

円筒形のタンク内に 3 ～ 10 mm の金属やセラミクス製ボールとミルベースを入れ、ピン状のアームでボールを撹拌することにより解砕・粉砕を行うメディア撹拌型分散機の 1 つである。図 3.42 に装置外観[43]およびタンク内側とアームの代表例を示す。

ボールミルと同様に、ミルベースの適用粘度範囲が広く、分散時間はボールミルに比べると格段に速い。また、底部にミルベース排出口を設け、ポンプを用いてタンク上部へ還流させる循環システムを併用することで、シャープな粒子径分布の分散液が得られる。

図 3.41　ボールミルとボール

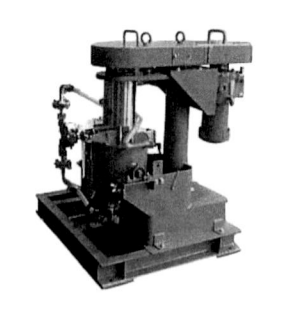

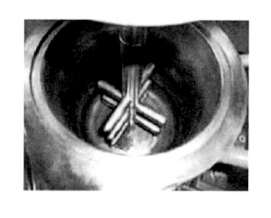

図 3.42　アトライターの外観[43]およびタンク内部の例

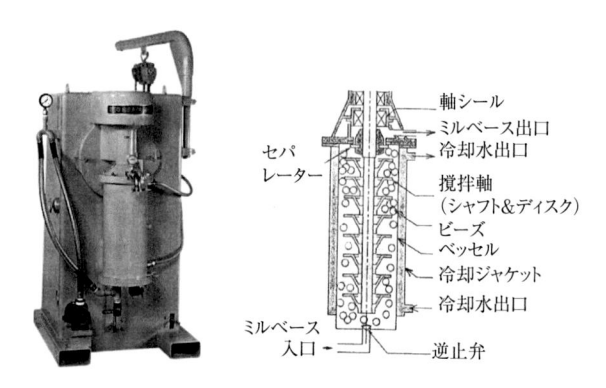

図 3.43　縦型密閉式メディアミル[40]とその構造[44]

(5) ビーズミル

図 3.43 に代表的なビーズミルの外観[40]と、機種は同一ではないが同じくビーズミルの主要部の構造[44]を示す。細長いベッセルにディスクを複数枚取りつけた回転軸を挿入し、ベッセル中の分散媒（ビーズ）を高速度でミルベースとともに回転撹拌し、分散させる機構である。ディスクの回転速度は、周速で $5 \sim 15\,\mathrm{m \cdot s^{-1}}$ 程度であり、適用粘度は数 $10\,\mathrm{mPa \cdot s} \sim$ 数 $\mathrm{Pa \cdot s}$ 程度である。

　分散媒が直径 $0.1 \sim 2\,\mathrm{mm}$ のビーズ状であることからビーズミルと呼ばれ、ビーズの材質にはガラスやスチール、ジルコニアやアルミナなどのセラミックスが使用される。古くは分散媒として砂（サンド）が用いられていたので、サンド（グラインディング）ミルと呼ばれることもある。

図3.43右の主要構造で、軸シールは駆動部へのミルベースや溶剤の進入を防止する。セパレーターはミルベースがベッセルの外へ流出する際に、ビーズだけを分離してベッセル内に留める役割がある。図3.43のセパレーターはギャップ式と呼ばれ、狭いスリット（一方の壁はベッセルに固定。他方の壁は軸とともに回転）がミルベースだけを通し、ビーズは通さない狭さになっている。一般的にスリットの幅は、使用するビーズの粒子径の1/3以下とされている。この他、セパレーターには各種の網を利用するスクリーン方式や遠心力を利用する方式がある。

ディスクはモーターの力をビーズに伝える働きをし、ディスク形状の他にもピン状などさまざまな形状のものがある。総称してアジテーターと呼ぶ。

初期のビーズミルでは軸シールやセパレーターの制限から、ベッセルが縦方向の縦型ミルが主流であり、起動時のモーター負荷の問題からビーズの充填率はベッセル容積の50〜70%程度であった。ビーズの充填率が高い方が分散効率は高くなるので、軸シールやセパレーターの改良により、ベッセルが横方向の横型ミルが出現した。横型ミルでは充填率は80〜95%が可能とされている。

ビーズミルの構造は複雑であるが、到達分散度や分散効率、生産量に関する自由度などの点で優れている。

(6) プラネタリーミキサー

2本の枠型ブレードで構成されており、ブレードが回転すると同時に、ブレードの取りつけ部も回転する。ブレードは自転と公転をし、惑星（プラネット）と同様の運動なので、この名がある（**図 3.44**[42]）。

ブレード相互間およびブレードとタンク内面の間隔によってせん断力が作用し、撹拌、混練と同時に分散が進行する。ブレードには写真のストレートタイプの他、捩れたタイプなど多数の種類が存在する。

高速せん断撹拌機（3.7.1項（1））と同様に、元来は混合・撹拌機であるので、到達分散度はさほど高くないが、高粘度ビヒクルに粒子を分散させるのに用いられることがある。

また、ロールミルなど高粘度用分散機に掛ける前のプレミックス工程で用いられることもある。

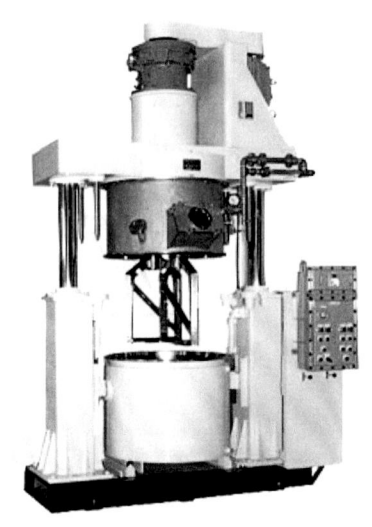

図 3.44 プラネタリーミキサー [42]

（7）エクストルーダー

　エクストルーダーの外観を図 3.45 [45] に示す。エクストルーダーは、図 3.46 に示すように、スクリュー、バレル、ダイから構成され [46]、スクリューの本数により 1 軸、2 軸に分類される。図 3.45 は 2 軸エクストルーダーである。粉体塗料での顔料分散や高分子成形におけるフィラーの分散など、溶融させた高分子に粒子を分散させるのに用いられる。

　一般的な使用法としては、ヘンシェルミキサーなどの乾式混合機で粒子、高分子粉体をあらかじめ混合しておき、エクストルーダーに付随するホッパーからバレルに供給・加熱溶融され、スクリューで混練されながら前方へ移送される。最終的にはダイから吐出され、冷却機へ送られる。

　スクリューには目的によってさまざまな形のものがある。また、1本のスクリューが複数の異なる形状のパーツから構成されることも多い。粒子の分散はスクリューとバレルに設けられたシリンダー壁面、もしくは2軸の場合のスクリューのかみ合い部分におけるせん断力によって進行する。

　本来は混練を主眼として用いられるので、到達分散度はさほど高くない。

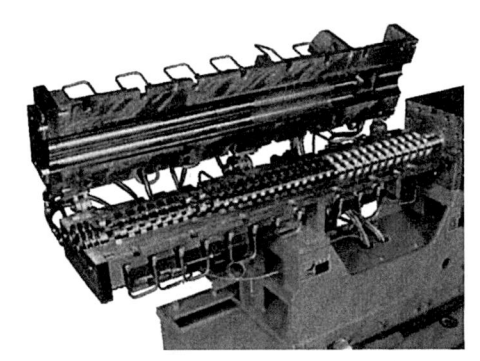

図 3.45　2軸エクストルーダーのバレルを開放した状態スクリューがセットされている [45]

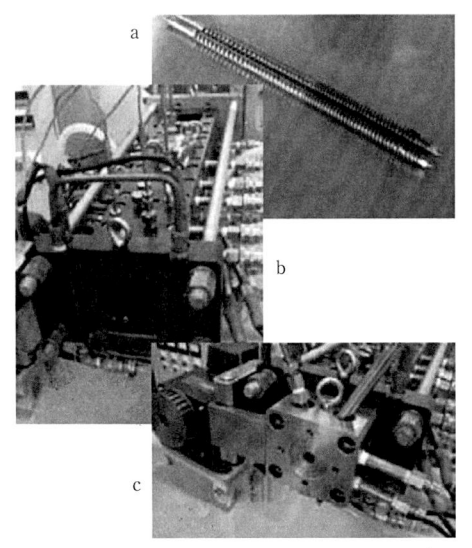

図 3.46　エクストルーダーの構成部品 [46]
　　　　a；スクリュー　b；バレル　c；ダイ

3.7.2　分散プロセス

(1) プレミックス

　一般的に粒子分散工程では、分散機にかける前に、専用のタンクに所定量の

溶剤を入れ、次に樹脂や分散剤を溶解させてビヒクルを作成する。さらに、ビヒクルを撹拌しながら、粒子粉体を徐々に加えて全体が一様な状態にすると同時に、粗大な粒子を解しておく。このプロセスを予備混合（プレミックス；Pre mixing）といい、作成された混合物はミルベースと呼ばれる。

　プレミックスが不十分であると、粒子粉体がダマとなって、次の分散工程でセパレーターやロール間ギャップに詰まったり、多量の粗粒が発生したりする。特に水性ビヒクルで炭素系粒子や有機顔料など疎水性度の高い粒子をプレミックスする際には要注意である。

（2）分散方式

　プレミックスが終了したミルベースは次に分散機にかけられるが、分散機のかけ方にはいくつかの方式がある。

　ミルベースの全量を分散機に投入し、所望の分散度になるまで分散する方式がバッチ分散方式である。高速せん断撹拌機やロールミル、ボールミル（プレミックスは不要であるが）などは基本的にバッチ分散方式である。ポンプや配管などの付帯設備が不要で、少量生産に向いている。

　ビーズミルなどを用いた分散で、プレミックタンクからポンプでミルベースを分散機に送り込み、分散されて出てきたミルベースを別のタンクで受ける方式をパス分散方式と呼ぶ。1パスして分散度が不足であれば、2パス、3パスとパス回数を増やすことになる（**図 3.47** 上）。図 3.47 では分散機を1台だけ示しているが、複数の分散機を直列に連結する方式や、2台連結した分散機の前方を粗分散、後方を仕上げ分散に適した運転条件にするなどの方式もある。

　一般に、ミルベースの分散機内の滞留時間が長いほど、分散度は高くなるが、分散機内で場所によって分散エネルギーの偏りがあり、粒子を解凝集する力の乏しい部分が存在する場合がある。パス分散で滞留時間をいくら長くとっても、このような部分を伝わってくる粒子が一定の割合で存在するので、平均粒子径は目標に到達していても、粗粒が残存して、分散工程が終了しない場合がある。このような現象に対応するために、図 3.47 下に示す循環分散方式が考案された。循環分散方式では、プレミックスタンクから分散機を通って出てきたミルベースは、再度、元のタンク（ホールディングタンクと呼ばれる。）

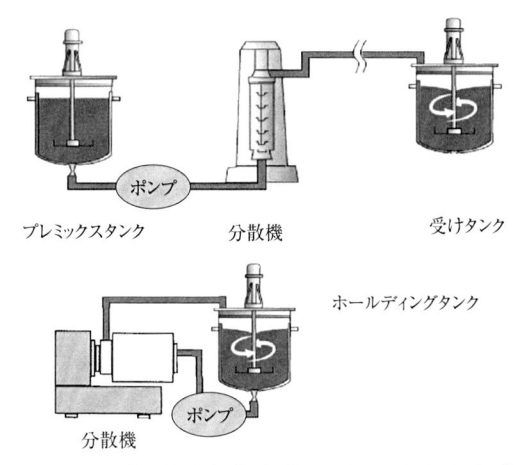

図 3.47 パス分散方式（上）と循環分散方式（下）

に戻される。タンクは常に撹拌されており、ミルベースは何回もタンクと分散機を循環する。ポンプの吐出量はパス分散方式に比べるとかなり多量であるため、大流量循環分散方式と呼ばれることもある。

ミルベースの計算上の分散機内滞留時間が、パス分散方式と同一であっても、大流量で何回も通過するために、粗粒が早く減少するとともに、出来上がりのミルベースの粒度分布がシャープになるという特徴がある。

ビーズミルでは、循環分散方式に使用される分散機は、ベッセルの径（D）に対するベッセルの長さ（L）の比（L/D）を、パス分散方式のものよりも小さくする。これはミルベースを大流量で循環させると、ビーズが出口近くに偏在して、分散効率が低下するためである。

パス分散方式は水性系での無機粒子の分散のように、分散が容易で短時間に分散が可能な場合に適しており、循環分散方式は比較的分散が難しく、長時間の分散が必要な場合に適している。

3.7.3　ナノサイズ分散機とその特徴

近年、種々の分野で分散粒子径を数 10 nm 以下とする超微分散が要求され

るようになり、3.7.1項で説明した従来の分散機より、到達分散粒子径が1桁以上小さい分散機（以下ではナノサイズ分散機とする）が出現した。

分散機メーカー各社から、さまざまなナノサイズ分散機が上市されているが、いずれもビーズミルの一種であり、以下に示すような共通した特徴がある。

(1) 微小粒子径ビーズの使用

1つのビーズの運動エネルギーは、材質が同じであればビーズの粒子径が大きいほど大きくなる。一方、単位体積あたりのビーズの個数は、例えば粒子径が2mmであれば140個/cm^3程度であるが、0.5mmだと9200個/cm^3にもなる。ビーズが粒子凝集体を解凝集させるためには、ビーズが凝集体と衝突や接触をしなければならないので、目標とする分散粒子径がナノサイズであれば、ベッセル内に微小粒子径のビーズを多数充填する方が、ビーズによる粒子の捕捉確立が高くなり、分散速度や到達分散度が高くなる。

石井らは一次粒子径が15nmの酸化チタン微粒子の分散において、分散媒体としてジルコニア製で粒子径が0.3mm、0.1mm、0.05mmの3種類のビーズを用いて比較したところ、**図3.48**に示すように、粒子径の小さなビーズを用いるほど分散粒子径が小さくなることを示している[47]。

(2) 精緻なビーズ分離機構（セパレーター）

図3.43にも示したが、ビーズミルのベッセル出口には、ミルベースは通すがビーズは通さないセパレーターと呼ばれる部分がある。ビーズの粒子径が小さくなるほど、また、ベッセルの容量が大きくなるほど、粒子凝集体や磨耗したビーズによる目詰まりを起こしやすく、かつ、ビーズを確実にベッセル内に留めることは、従来のギャップ式やスクリーン式のセパレーターでは難しくなる。

多くのナノサイズ分散機では、ビーズ分離に遠心力を利用している。**図3.49**に、遠心分離方式の基本的な原理を示す[48]。図は縦型ミルのベッセルの上部で、ミルベースは下方からベッセル内に送り込まれ、ビーズもミルベースの流れに乗って上方へ移動してくる。セパレーター部分で、ミルベースは中央

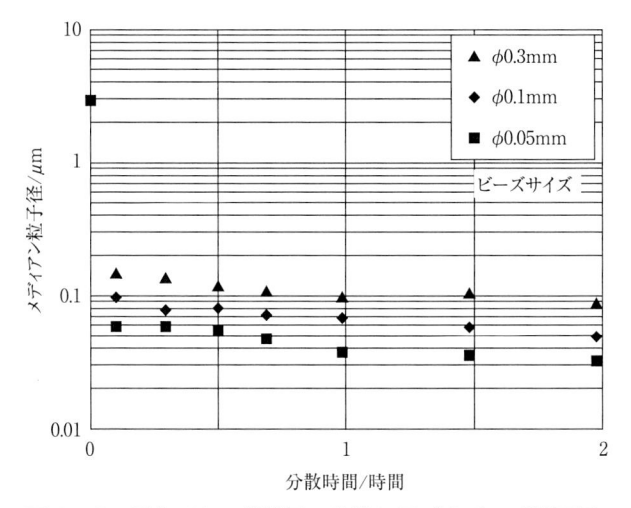

図3.48 酸化チタン微粒子の分散に及ぼすビーズ粒子径の影響[47]

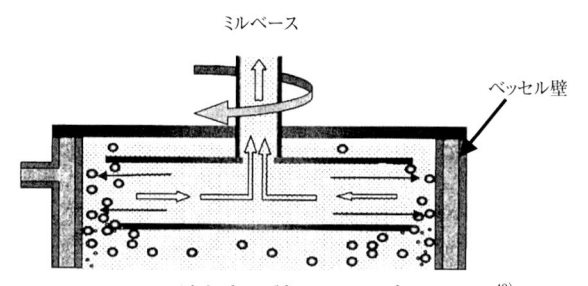

図3.49 遠心力を利用したセパレーター[48]

部からベッセル外へ流出するが、ビーズは比重が大きいので、遠心力が働き外周方向へはじき飛ばされ、再びセパレーター下部に移動して分散に関与する。実際には遠心力だけでは不十分なので、スクリーン式セパレーターの併用や[47]、ガイド壁の設置などが行なわれている[48]。

(3) 特殊な形状のアクセラレーター

ナノサイズ分散機のアクセラレーター形状の一例を図3.50に示す[40,42,49]。ビーズに効率良くエネルギーを伝え、運動方向がランダムで速度変動量が大き

図 3.50　ナノサイズ分散機の アクセラレーター [40, 42, 49]

くなるように、また、ミルベースの流れでビーズが出口方向に偏らないように、各社各様に形状が工夫されている。

(4) アニュラー型

アニュラー（Annular）というのは「環状の」という意味である。図 3.50 に示したように、ナノサイズ分散機ではシャフトが太くて、ベッセル壁とシャフトとの隙間が狭くなっている。ベッセル内の断面は、ミルベースが通る部分がドーナツのような環状の狭い空間になっているのでアニュラー型と呼ばれる。アニュラー型とすることで、ベッセル内の場所によらずビーズの運動エネルギーを均等とし、さらに冷却効率を高くすることができる。

3.7.4　過分散

ビーズミルで、ジルコニアのような高比重・高硬度の材質のビーズを用いて、高周速で分散を行なうと、粒子の材質によっては、粒子凝集体の解凝集だけでなく、一次粒子の破砕による粒子表面での活性部位の生成や結晶格子の歪みが生じ、異常な粘度増加や凝集、物性の変化が生じることがある。このような現象は過分散と呼ばれる。

図 3.51 に、アナターゼ型二酸化チタン粒子を、0.1 mm のジルコニアビーズを用いて分散した際の、ビーズミルの周速と分散後の二酸化チタンの X 線回折パターンとの関係を示す。周速が $4\,\mathrm{m\cdot s^{-1}}$ では、X 線回折パターンは原料粉と同等で結晶性が維持されているが、周速が $13\,\mathrm{m\cdot s^{-1}}$ では回折強度が著し

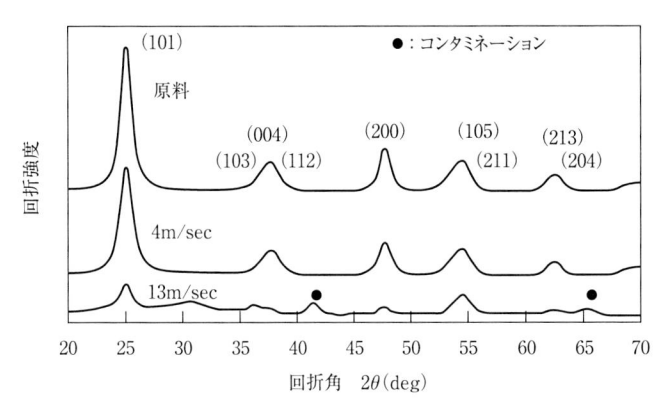

図 3.51　二酸化チタン粒子のX線回折パターンに対するビーズミル分散時の周速の影響[50]

く低下しており、結晶性が失われてアモルファス化したと考えられる。また、同時に粒子凝集が生じたことも報告されている[50]。

　石井らは、ビーズミルの分散効率を示す指標として、投入動力量という概念を提唱した[51]。投入動力量とは、目標とする粒子径まで分散するのに要する消費電力量と、ビーズとミルベースをベッセル内に入れない状態で測定した無負荷消費電力量の差を、ミルベースの固形分重量で除した値である。すなわち、目標とする粒子径まで分散するのに要する、ミルベース単位固形分重量あたりの消費電力量である。

　石井らは二酸化チタンの分散において、ミルベースの配合やプレミックス後の初期粒子径が同じであり、過分散が生じない範囲内では、周速やビーズ充填率、装置スケールやアジテーター形状が異なっても、ビーズの粒子径が同一であれば、投入動力量で分散粒子径（メジアン径）は決定されるとしている[47]。

　すなわち、微小粒子径のビーズを用いる場合には、むやみに大きな周速で分散すると過分散を生じやすいので、時間はかかるが小さい周速で分散する方が過分散の防止には良いことになる。

3.7.5 さらなる高分散度を目指して

　微分散化のためには、微小な粒子径のビーズを用いて分散するのが良いことを示した。しかしながら、現在使用できるビーズの最小粒子径でさえ、0.015 mm（＝15 μm）であり、例えば図 3.51 の二酸化チタンの一次粒子径 15 nm と比べると、まだ 1000 倍の大きさである。また、このような微小なビーズが使用できる分散機は一般的に非常に高価である。

　使用するビーズの粒子径を小さくして粒子分散度を高くし、高付加価値化を図ろうとする試みは、技術的にも経済的にも限界があることが予想される。

　粒子懸濁液に超音波を照射すると粒子が分散されるが、この場合の粒子凝集体の破壊（分割）のメカニズムは侵食破壊と呼ばれ、ビーズミルなどによる破壊のメカニズムである分裂破壊と異なるとされている。**図 3.52** に両メカニズムを模式的に示す。侵食破壊では、凝集体の外側からパラパラと凝集体が解れていくのに対し、分裂破壊では凝集体がパカパカと割れていくイメージであ

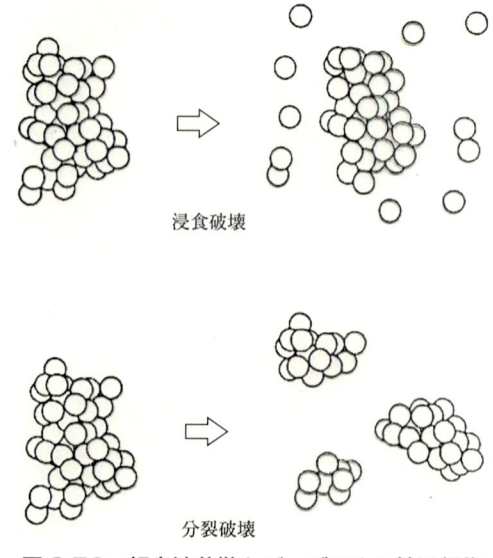

浸食破壊

分裂破壊

図 3.52 超音波分散とビーズミルの粒子凝集体破壊メカニズム

る。

　したがって、粒子凝集体にいきなり超音波分散をかけても、大きな芯の部分が残って粗大粒子がいつまでも無くならないが、ビーズミルなどで限界まで分散してから超音波分散にかけると、微小な凝集体がさらに解凝集されることが期待できる。このように違う分散方式を組み合わせることが、さらに微分散化を図るためには必要と考えられる。

＜参考文献＞
1)　楠本化成（株）、「DISPALON カタログ」
2)　小林敏勝、塗装技術、51（3), p.100（2012）
3)　阿部淑人、白川正登、井関陽一郎、小林豊、木嶋祐太、原司、浅田友之、新潟県工業技術総合研究所工業技術研究報告書、No.36（2007）
4)　D.J. Rutherford, L.A. Simpson, J. Coatings Tech., 57（724), 75（1985）
5)　浦辰徳、井上邦弘、磯田正二、吉田要、村山浩一、平成 19 年度京都大学ナノテク支援事業成果報告書、M 京大 H19-002
6)　矢野省三、竹内和、塗装工学、20, 197（1985）
7)　矢田絹恵、細井和幸、武田真一、J. Jpn. Soc. Colour Mater.（色材）、82、437（2009）
8)　小林敏勝、塗装技術、51（5), 124（2012）
9)　J.M. Fetsco, J.A. Lavelle, Am. Ink Maker, 55, 56（1977）
10)　日本レオロジー学会　編、「講座・レオロジー」、高分子刊行会（1992）
11)　T. Gillespie, J. Colloid Sci., 15, 219（1960）
12)　T. Gillespie, J. Colloid Interface Sci., 22, 563（1966）
13)　小林敏勝、筒井晃一、池田承治、J. Jpn. Soc. Colour Mater.（色材）、61, 692（1988）
14)　小林敏勝、池田承治、日化、1993, p.145
15)　国吉隆、小林敏勝、J. Jpn. Soc. Colour Mater.（色材), 67, 547（1994）
16)　トヨタ自動車（株）、特開 2013-89485
17)　東洋インキ製造（株）、特開 2005-1652578
18)　小林敏勝、寺田剛、池田承治、J. Jpn. Soc. Colour Mater.（色材）、62,

524 (1989)
19) T. Kobayashi, Prog. Org. Coatings, 28, 79 (1996)
20) 小林敏勝、塗装技術、33 (9), 65 (1994)
21) 国吉隆、小林敏勝、J. Jpn. Soc. Colour Mater.(色材)、69, 150 (1996)
22) 小林敏勝、景山洋行、池田承治、J. Jpn. Soc. Colour Mater.(色材)、63、744 (1990)
23) T. Kobayashi, H. Kageyama, K. Kouguchi, S. Ikeda, J. Coatings Tech., 64 (809), 41 (1992)
24) 伊原辰彦、伊藤征司郎、桑原利秀、木ト光夫、J. Jpn. Soc. Colour Mater.(色材)、54、531 (1981)
25) 寺田剛、小林敏勝、J. Jpn. Soc. Colour Mater.(色材)、74、472 (2001)
26) R.H. Pascal, F. L. Reig, Official Digest, 36, 839 (1964)
27) インペリヤル・ケミカル・インダストリーズ、特開昭57-74330
28) インペリヤル・ケミカル・インダストリーズ、特開昭53-103988
29) Zeneca Limited, 米国特許 US6051627
30) K. Matyjaszewski, K.A. Davis, "Advances in Polymer Science", p.107, Springer-Verlag (2002)
31) F.A.Waite, J. Oil Colour Chem. Assoc., 54, 342 (1971)
32) インペリヤル・ケミカル・インダストリーズ、英国特許 GB2001083B
33) D.Y. Sogah, W.R. Hertler, O.W. Webster, G.W. Cohen, Macromolecules, 20, 1473 (1987)
34) M.O. Zink, A. Kramer, P. Nesvadba, Macromolecules, 33, 8106 (2000)
35) K. Matyaszewski, J.S. Wang, US 5763548 (1998)
36) C. Auschra, E. Eckstein, A. Mühlebach, M.-O. Zink, F. Rime, Prog. Org. Coatings, 45, 83 (2002)
37) S. Onclin, H. Frommelius, P.G. Perea, E. Martinez, S. Shah, Euro. Coatings J., 9, 16 (2013)
38) 若原章博、塗装技術、49 (6), 85 (2010)
39) T.C. Patton、植木憲二 監訳、「塗料の流動と顔料分散」共立出版、218 (1971)

40) 浅田鉄工（株）、パンフレット
41) T.C. Patton 著、植木憲二　監訳、「塗料の流動と顔料分散」、共立出版、253 (1971)
42) （株）井上製作所、パンフレット
43) 日本コークス工業（株）、パンフレット
44) 野口典久、「平成 13 年分散入門講座予稿集」、色材協会、21 (2001)
45) （株）栗本鐵工所、パンフレット
46) 鹿児島県水産技術開発センター報「うしお」、313, 1 (2007)
47) 石井利博、橋本和明、J. Jpn. Soc. Colour Mater.（色材）、85, 144 (2012)
48) 院去貢、「分散技術大全集」、情報機構、73 (2005)
49) Willy A. Bachofen AG Maschinenfabrik 社、カタログ
50) 針谷香、石井利博、山際愛、飯岡正勝、橋本和明、2005 年度色材研究発表会講演予行集 20B20 (2005)
51) 石井利博、橋本和明、J. Jpn. Soc. Colour Mater.（色材）、84, 163 (2011)

第4章

効果的な分散のための表面処理技術

溶媒や樹脂に粒子を分散させるためには粒子の表面を最適な表面に変える必要がある。例えば粘土は水によく分散し、有機溶媒中では分散しないが、有機アミンなどで粘土表面を置換すると溶媒に分散しやすくなる。また、親水性粒子は水には分散しやすいが、油のなかでは凝集するので、油に分散させるためには粒子を表面処理して親油化する。

このように分散のコントロールに表面処理は使われるが、表面処理によって得られる特性は**表4.1**に示すように、表面性状、物理的特性、電気磁気的特性、光学的特性、熱的特性、化学的特性および生物学的特性などでいずれも重要な特性である。これらは分野によって異なる。例えば化粧品顔料の表面処理を**表4.2**に示す。化粧品においても油分散性や水分散性は重要で、顔料の表面処理に負うところが多い。化粧くずれも一度肌に塗られた顔料が皮脂や汗で再分散されると考えると分散の問題であり、つき・のびなどの向上は顔料分散系のレオロジーと考えれば分散に関係している。

表面処理方法には大きく材料の表面を変化させて目的の表面を作る方法と、表面を変化させないで他物質を被覆する方法に分かれるが、ここでは固相による方法、液相による方法、気相による方法で整理した。粒子の表面処理の代表的なものを以下に紹介する。

表4.1 粒子の表面処理によって得られる特性

特性	目的とする具体的特性
表面性状	比表面積、細孔分布、表面張力と表面エネルギー、表面の清浄度、表面層の結晶構造、表面粗さ、応力分布など
物理的特性	親水・疎水性、表面電荷、分散性、吸湿性、結露性、接着性、摩擦係数、潤滑性、硬度、密着性、耐摩擦性、使用性など
電気磁気的特性	電導性、絶縁性、導波性(高周波、マイクロ波、ミリ波)、抵抗特性、磁性、電磁波遮蔽効果、光電効果、エレクトロクロミズム、静電特性など
光学的特性	色(光の吸収・反射・透過率、光の干渉)、光散乱、光沢度、光半導体的性質(光触媒性、光電効果)、蛍光性、光耐候性など
熱的特性	熱伝導性、熱吸収性、熱反射性、熱放射性、断熱性、耐熱性、熱電効果、熱変質性など
化学的特性	化学吸着性、触媒活性(酸・塩基・酸化・還元、光触媒)、化学反応性、難燃性、耐薬品性、耐食性など
生物学的特性	抗菌性、生体適合性、徐放性、スキンケア性など

表 4.2　化粧品顔料の表面処理

化粧品特性	顔料特性	表面処理の種類
油分散性向上	親油性	金属石鹸処理、ポリシロキサン処理、アルキル付加ポリシロキサン処理
水分散性向上	親水性	シリカ処理、セルロース処理、PEGシラン処理
化粧くずれ防止	撥水性	金属石鹸処理、ポリシロキサン処理、アルキル付加ポリシロキサン処理、アルキルシラン処理、アクリルシリコン共重合体処理、パーフルオロアルキルリン酸エステル処理、アルキルチタネート処理
	撥油性	パーフルオロアルキルリン酸エステル処理
つき向上	付着性	金属石鹸処理、ラウロイルリジン処理、アクリルシリコン共重合体処理
のび向上	潤滑性 展延性	金属石鹸処理、ラウロイルリジン処理、アルキルポリシロキサン処理、アルキルシラン処理、アルキルチタネート処理
	流動性	ポリシロキサン処理
乾燥防止	保湿性	アミノ酸処理、グリセリン付加ポリシロキサン処理

4.1　固相による方法

固相による表面処理は図 4.1 に示すようにメカノケミカル反応とナノ・ミクロン粒子複合化などによって表面を変える方法である。

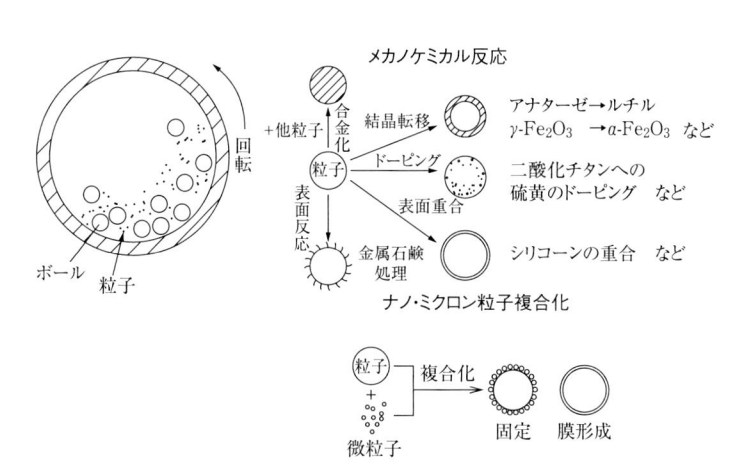

図 4.1　固相による表面処理

4.1.1 メカノケミカル反応

　メカノケミカル反応は固体同士の粉砕、摩砕、摩擦によって生じる粒子の表面活性や表面電荷を利用するもので粒子に特有の処理方法である。固体が粉砕される際に衝撃力、せん断力などのエネルギーが加えられるが、この物理的なエネルギーが熱エネルギーや化学エネルギーに変化することによって表面処理を行う。メカノケミカル処理によって二酸化チタンの表面の anatase（正方晶）から rutile（斜方晶）に、$CaCO_3$ の calcite（六方晶）から aragonite（斜方晶）に、$\gamma\text{-}Fe_2O_3$（cubic）から $\alpha\text{-}Fe_2O_3$（hexagonal）に変化することが知られている。一般にはメカノケミカル処理のエネルギーで表面が相転移や非晶化するが、結晶の異方性が高ければへき開し、等方的であれば非晶化する傾向がある。メカノケミカルの相転移は準安定相の調製、薬物の溶解度の改善などにも用いられるが、発現する相は加熱・溶解などとは異なる経路を通る。二酸化チタンや酸化亜鉛はバンドギャップが 3.0～3.2 eV の比較的大きな値をもつため、紫外線によって強力な酸化・還元反応作用を得ることができる。いわゆる光触媒として環境浄化などにも有用であるが紫外線にしか応答せず、太陽光のより広い波長域である可視光を利用するにはバンドギャップを低下させなくてはならない。これを実現するために、二酸化チタンへの元素ドーピングが注目されている。二酸化チタンの酸素サイトを窒素や硫黄で置換すると黄色を呈する二酸化チタンが得られ、可視光照射によって光触媒活性を示すことが判明した。この硫黄ドーピングをメカノケミカル処理で行うこともできる[1]が、その時には単独の二酸化チタンの粉砕で見られる anatase から rutile への相転移が起こる。また、メカノケミカル反応はメカニカルアロイングといわれる固相での合金化などにも利用できる。

　機械的エネルギーによって無機物表面が活性化し、そこに有機物を共有結合やイオン結合することができるので、有機物を加え化学反応を起こして表面被覆することもできる。また、メカノケミカル処理で無機表面に生成した官能基に有機物の官能基を吸着させ化学反応させることもできる。例えば金属酸化物粒子に脂肪酸を加えてメカノケミカル処理することによって一段階で金属石鹸

処理粒子を作る。

　メカノケミカル処理では粒子の表面エネルギー、表面官能基、表面電子状態などの表面物性と帯電が関与し、また、熱が発生するので熱に安定なものが対象となる。しかし、樹脂などではある程度熱で溶融するほうが表面処理しやすい場合もある。

　機械力以外に超音波を利用するソノメカノケミカル法もある。超音波は均一系ではキャビテーション効果による気泡の発生と圧縮で発生する高温・高圧のホットスポットによる熱分解反応などが利用される。固体粒子が共存するとマイクロジェット発生による結晶表面の浸食、粒子同士の衝突などが起こりメカノケミカル処理が進行する。超音波を用いると機械力を使うより不純物が混入し難い利点がある。

4.1.2　ナノ・ミクロン粒子複合化

　粒子径の異なる2種類の粒子をドライプロセスで混合すると大きな粒子を核として小さな粒子が数個あるいは数十個集まり、核粒子の表面に付着・固定化される。この混合をさらに続けると、被覆粒子は核粒子表面全体に規則的にコーティングされる。この時、被覆する粒子が溶融する性質であればカプセル連続膜になり、非溶融であれば複合粒子膜になる。この時、10 μm 以下の粒子径では簡単に粒子間で相互付着する。例えば、5 μm のナイロン12球状粒子にサブミクロンの酸化亜鉛を被覆・複合化すると、球状であるためすべりが良く、適度に隠ぺい性があって、しかも足臭の原因であるイソ吉草酸を吸着する球状粒子が得られる。コアがナイロンなので（ⅰ）比重が小さく沈降し難い、（ⅱ）球状なのでスプレーの口で目詰まりが起こり難いなどの特徴からデオドラントスプレーに使われた。この方法における被覆粒子径の効果はナノ粒子、ミクロン粒子によって埋設、反応、固定、膜形成などがある[2]。

　また、トナーの分野ではワックスが高分散したポリエステル樹脂に微細シリカを添加し、メカノケミカル処理を行うことによって、微細シリカをトナー表面に強く固着させている。こうしてできたトナーはトナー同士の凝集が防止さ

れ、シャープな粒度分布をもつため、高速印刷に加え、印刷時のドット再現性や線画のクリア度が向上し、画質が向上する。

4.2 液相での反応

　液相法で粒子に被覆する場合は、分子レベルで十分に混合された原料溶液を用いるため、化学量論的に制御された層を連続的に得ることができる。粒子表面に直接反応させるか、原料を溶かした溶液の過飽和状態による沈殿を利用して粒子に被覆するが、過飽和状態は化学反応あるいは化学平衡を利用するか溶媒を蒸発させる方法が主である。それ以外では温度変化により過飽和状態を作る方法、貧溶媒（溶質を溶解しにくい溶媒）を加えて溶解度を下げる方法などがある。

4.2.1　粒子への金属の被覆

(1) めっき法

　電気めっきおよび無電解めっきによって粒子に金属を被覆することができる。電気めっきの場合は導電性粒子の必要があり、また小さな粒子は処理には適さない。非導電性粒子の場合はあらかじめ無電解めっきによって導電性の付与が必要である。めっきのための金属イオンの還元反応にパラジウムが触媒として作用するため活性化処理時にパラジウムを均一に付着させなくてはならない。

(2) 化学還元法

　アルコールを含んだ溶媒中に貴金属塩を導入し、加熱還流して微細な金属ナノ粒子を合成できる。この時、一級アルコールはアルデヒドに、二級アルコールはケトンになるが、三級アルコールは還元力がない。還元を行うにはα位

に水素が必要である。反応促進のために水やアルカリを添加する場合も多い。複数の金属塩を用いて被覆する場合は構造制御が必要となり、金属塩の酸化還元電位と保護材との相互作用が重要となる。核物質がなくてもコア・シェル型の金属粒子を作ることができる。例えば、水／エタノール（1：1）の系で白金をコア、パラジウムをシェルとした水素化触媒に適した触媒が作られている[3]。

化学還元法においてより原子量の小さな金属、例えば銅やニッケルなどの還元には沸点の高いポリオール法[4]が適している。ポリオールとしてはエチレングリコール、トリエチレングリコールなどが用いられる。これらは金属表面に強く吸着しているので除去が困難であるが、ポリオール被覆金属を得る目的であればそのまま簡単に調製できる。チオールが金などの金属の上に単分子膜を作ることが知られており、この効果を利用して金属粒子を形成する方法がある[5]。還元剤として水素化ホウ素アルカリ金属塩が用いられる。チオール保護剤と金属塩の仕込み比で粒子径がコントロールされる。保護剤分子の末端を修飾することで機能性付与できる。センシングに金ナノ粒子が使われる理由としては可視光領域にプラズモン吸収があり、粒子径や凝集状態を知ることができるためである。

(3) 光析出法

二酸化チタンなどの半導体光触媒上に白金などの助触媒を担持する方法の1つに光析出法がある。白金などの錯体や塩を二酸化チタンなどの懸濁液に加え、そのバンドギャップ以上のエネルギーをもつ光を照射する。生成した励起電子により金属錯体やイオンが還元されて、金属の微粒子が二酸化チタン上に高分散状態で析出する。熱処理が不要なため金属のシンタリングが起こり難く、最適担持量が少なくなる。貴金属を担持させる場合には有効な方法である。

4.2.2 粒子への金属酸化物の被覆

粒子の存在する系で金属酸化物の微粒子を生成させると、金属酸化物で粒子を被覆できる場合が多い。この時に生成する金属酸化物と粒子表面のなじみが良くなくてはならない。

(1) 沈殿法

易溶性塩の溶液に難溶性塩を生成する酸などを加えて難溶性塩として沈殿させる。また、溶解度積をもとにpH調整によって水酸化物として沈殿させることもある。pH調整は金属元素を含まないもののほうが良い。複数の金属イオンを持つ水溶液を用いれば、複数の金属水酸化物の同時沈殿を行うことができる。この時、溶解度積に達しない金属も別な沈殿と一緒に沈殿することがある。

無機粒子表面を親水性のシリカ、疎水性のアルミナなどの金属酸化物で被覆することは昔から行われている。その調製法を表4.3に示す。

溶液を混合して沈殿を生成させる場合、局部的で不均一な沈殿が生成しやすい。適当な化学反応で溶液全体に均一に沈殿を生成させるのが均一沈殿法である。例えば水溶液中で尿素は60℃付近から

$$(NH_2)_2CO + 3H_2O \rightarrow 2NH_4OH + CO_2$$

のように加水分解し、沈殿剤 NH_4OH が内部で生成する。この沈殿剤は速やか

表4.3 金属酸化物の生成反応

表面処理	反応式
TiO_2	$TiSO_3 + Na_2CO_3 \rightarrow TiO_2 \cdot nH_2O + Na_2SO_4 + CO_2$ $Ti(O-i-C_3H_7)_4 + nH_2O \rightarrow TiO_2 \cdot mH_2O + 4i-C_3H_7OH$
SiO_2	$Na_2SiO_3 + H_2SO_4 \rightarrow SiO_2 \cdot nH_2O + Na_2SO_4$ $Si(O-C_2H_5)_4 + nH_2O \rightarrow SiO_2 \cdot mH_2O + 4C_2H_5OH$
Al_2O_3	$NaAlO_3 + H_2SO_4 \rightarrow Al_2O_3 \cdot nH_2O + Na_2SO_4$

に反応に使われるので濃度が低く保たれ、均一に反応が進行する。尿素濃度で被覆層の成長速度をコントロールできる。この方法で粒子に金属酸化物を均一に被覆することができる[6]。

このような尿素加水分解法、アミド加水分解法、エステル加水分解法などの陰イオン放出法と逆に陽イオンを放出する陽イオン放出法（錯体分解法など）がある。

金属酸化物被覆の具体的な例として真珠光沢顔料がある。板状粒子に屈折率の異なる金属酸化物を被覆して調製するが、雲母の上に二酸化チタンを被覆した雲母チタンが一般に用いられる。また、二酸化チタン被覆雲母の表面を還元することによって、黒から黒青色の低次酸化チタンを生成させ粒子の反射特性を変え、正反射からはずれるほど反射率が通常の真珠光沢顔料よりも小さくなるという真珠光沢顔料がある。この粒子を曲面に並べると正面部分は明るく、周辺部分はより暗くなる。顔に立体感をもたせ、顔を小さく見せる化粧品に用いられた[7]。雲母表面に酸化チタンと酸化鉄を被覆したホトクロミック特性をもつ粒子も開発されている[8]。また、三層構造の球状粒子も開発されている[9]。これは中心部と最外層は屈折率が低いシリカで、中間層は屈折率の高い酸化チタンで構成されている。積層構造となっているため、粒子内部に多くの屈折点を生じさせ入り込んだ光を強く拡散することができる。この拡散光は肌の角層の光学特性に近似していると報告されている。

群青はその構造に硫黄を持っているため、熱や機械的粉砕あるいは酸性条件下で容易に硫化水素を発生し退色する。群青の耐酸性、耐熱性を改善するためにシリカ－酸化亜鉛および酸化亜鉛処理を行い、著しい改善効果が認められた[10]。

(2) ゾル-ゲル法

ゾル－ゲル法は半世紀前から研究され、最初の実用化は低反射ガラスであった。その後、薄膜だけではなく、ゾル－ゲル法でできたファイバーや粒子も実用化されている。原料は金属アルコキシド、アセチルアセトナト醋体、酢酸塩、塩酸塩などであるが、金属アルコキシドを用いることが多い。

金属アルコキシドは以下の構造で示され、**図4.2**に示すように周期表の多

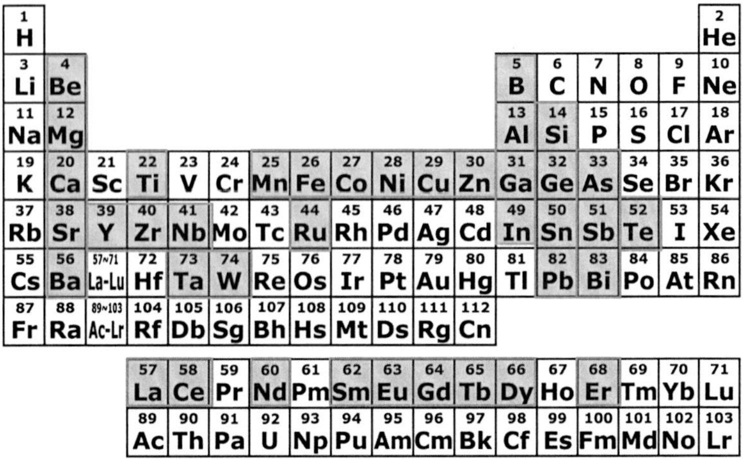

図4.2 アルコキシド合成が行われた主な元素

くの金属のアルコキシドが作られている。

$$M(OR)n \quad (M：金属元素、R：アルキル基)$$

金属アルコキシドはアルコール可溶でケイ素の場合水の存在下で以下のように加水分解する。

$$nSi(OR)_4 + 2nH_2O \rightarrow nSiO_2 + 4nROH$$
$$Al(OR)_3 + 3H_2O \rightarrow Al(OH)_3 + 3ROH$$

金属アルキシドを用いて調製するゾル-ゲル法は以下の特長をもっている。
（i）原料が液体なので高純度化が容易で不純物の少ない金属酸化物を作ることができる。また分子レベルで原料を混合でき高均質の製品が得られる。
（ii）低温合成が可能である。溶融工程がないので結晶化、相分離がない。
（iii）薄膜の合成では真空系が必要なく、大型の設備が不要である。
（iv）有機-無機ハイブリッドが創製しやすい。

金属アルコキシドの加水分解によって微粒子が生成し、微粒子同士の凝集や微粒子が成長していく過程で、ゾルを経てゲルとなっていく。粒子が分散していてコロイド溶液となっている状態がゾルで、液が少なくなって流動性を失った状態がゲルである。アルコキシドの加水分解速度は、アルコキシドの種類と濃度、水の濃度、反応温度、溶媒のアルコールの種類、酸・塩基触媒によって影響される。**図4.3**のようにテトラエトキシシラン（TEOS）は酸触媒では第一のアルコキシ基が加水分解を受けやすく、続いて残りが順番に反応する。したがって、1つまたは2つのヒドロキシル基を持つシラノールが反応初期には多く生成する。一方、アルカリ触媒の場合は第一のアルコキシ基が加水分解を受けるとその分子の残りのアルコキシ基の加水分解が促進される。そのため反応途中において4つのヒドロキシル基をもつシラノールと4つのアルコキシ基をもつシランが共存する[11]。このためアルカリ触媒を使うと反応の初期から3次元構造を作りやすく、一方の酸触媒を使う場合は最初は直鎖状または2次元構造を作りやすいといわれている。速度は一般的にアルコキシル基が大きいほど小さい。

1968年Stober教授がTEOSと水とアンモニアを含む溶液中で加水分解によって球形の単分散SiO_2粒子を調製したのが金属アルコキシドを用いたゾル-ゲル法の始まりである（Stober法）。アルミニウムおよびシリコンのアルコキ

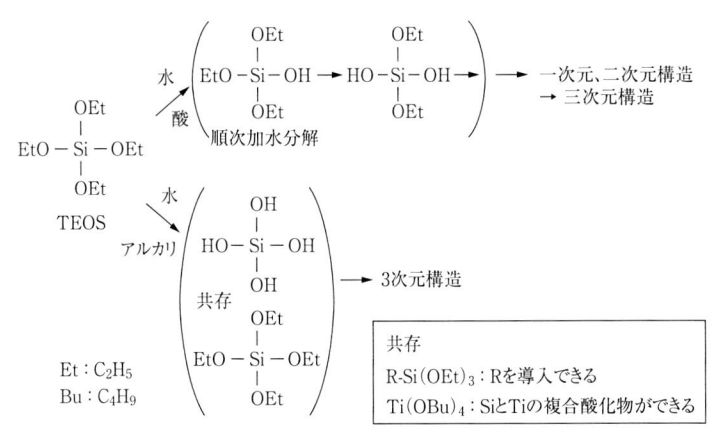

図4.3 金属アルコキシドの反応

シドを用いて均一縮合反応を行い、分子レベルに近い単位まで均質なムライトの前駆体となる微粒子も合成されている[12]。加水分解速度で粒子成長過程を制御することができるが、その結果、表面積、細孔径、細孔分布、細孔容積などを制御できる。また、2種類以上のアルコキシドを用いれば加水分解速度をコントロールすることで複合酸化物やコア・シェル型の粒子を調整することができる。

　粒子が存在しているところで金属アルコキシドの加水分解を行えば金属水酸化物または金属酸化物の被覆ができる。Sacksらは0.1 μmのアルミナ粒子にTEOSを使ってほぼ均一にシリカをコーティングした[13]。また、金属アルコキシドを複数用いて複合酸化物を被覆することもできる。このようにゾル-ゲル法は表面処理にも多く使われている。

　酸化亜鉛の微粒子にTEOSを用いて2-3 nmのシリカを被覆した粒子は肌荒れの原因となるウロキナーゼを吸着・失活させるため、肌荒れを防ぐ「スキンケア粒子」として用いられている[14]。酸化亜鉛はウロキナーゼの失活能力は高いが吸着能力が低い。一方、シリカはウロキナーゼの吸着量は多いが失活能力はない。酸化亜鉛にシリカを被覆して、表面電位をマイナスにし、中性付近でζ電位がプラスのウロキナーゼを静電的に吸着させる。酸化亜鉛にシリカが1-2 nmで被覆されているが、この膜厚が厚いと効果がない。これは亜鉛イオンの放出と関係があると思われる。

　さらに、カチオン界面活性剤であるセチルトリメチルアンモニウムブロミド溶液に雲母を入れてTEOSの加水分解・重縮合反応を進行させて雲母上に内径2-3 nm、外径6-10 nmのシリカナノチューブを配向成長できることも報告されている[15]。

　金属アルコキシドを用いた薄膜の特性を表4.4に示した。光機能、電子機能、保護機能などを有しており、このような機能を付与することができる。また有機基を導入することが容易で、有機・無機複合膜を表面に形成することができる。

(3) 水熱合成法

　金属塩水溶液を熱すると平衡は水酸化物、酸化物側にシフトする。閉鎖容器

表 4.4　ゾル‐ゲル法による機能性薄膜

コーティング膜	効果	組成例
光機能	光導波路	$PbTi_4O_9$, SiO_2-TiO_2
	着色膜	FeO, NiO, Cr_2O_3, SiO-RmOn(R=Cr, Mn, Fe, Co, Ni, Cu)
	反射膜	In_2O_3-SnO_2, Pb-TiO_2, Bi_2O_3-TiO_2
	反射防止膜	TiO_2-SiO_2 多層膜
	レーザー膜	SiO_2-Al_2O_3 中の Nd、Al_2O_3 中のローダミン 6G
	二次非線形光学膜	$LiNbO_3$, $PbTiO_3$, $KTiOPO_4$
	光起電力	色素増感 TiO_2
	光触媒	TiO_2
電子機能	強誘電体膜	$BaTiO_3$, $Pb(Ze,Ti)O_3$, $LiNbO_3$
	透明誘電体膜	SnO_2 系（Sb 比）、In_2O_3 系（Sn 比）
	超イオン伝導体膜	β-アルミナ、Li_2O-SiO_2
保護	金属の酸化防止	SiO_2, B_2O_3-SiO_2, $2SiO_2$-$3Al_2O_3$
	耐アルカリ性	ZrO_2, ZrO_2-SiO_2
	力学的改善	$SiO_2(Al_2O_3, ZrO_2)$, SiO_2
	機能性付与	有機‐無機ハイブリッド、CH_3 含有 SiO_2

出典：作花済夫「ゾル‐ゲル法の応用」アグネ承風社（1997）

中に100℃以上に加圧、加熱されている水は熱水と呼ばれる。熱水は100℃以下の水に溶けにくい化合物の溶解度を高め、また化合物の反応速度を増加させる。目的とする化合物を構成する原子を含む原料混合物に熱水を作用させて新しい化合物を生成させる。

　この平衡のシフトを利用して酸化物を合成するのが水熱合成である。焼成せずに酸化物が得られるという特長がある。水熱反応によって金属酸化物粒子を生成することは一般に行われているが、核になる粒子を共存させておけば金属酸化物の被覆ができる。

　この水熱反応を超臨界状態（水：374℃、22.1 MPa）で行うと水熱合成反応

が急激に起こり、しかも生成物の金属酸化物の溶解度が低いので一気に高い過飽和度が得られナノ粒子が生成する[16]。水熱合成によって単成分系のみならず複合酸化物の合成も可能である。

さらに超臨界状態を利用すると図4.4のように無機粒子の合成と有機分子の修飾が同時にできる。油相に有機分子を、水相に無機粒子の原料の金属イオンを溶解しておく。常温・常圧では二相に分離しているが、超臨界状態になると油相と水相が完全混合状態になる。この状態では金属イオンから粒子が生成する過程で有機分子が表面を修飾する。超臨界状態から常温・常圧に戻ると油相と水相が分離し、有機分子で修飾された粒子が油相に分散される。このプロセスを連続することで大量合成が可能となった[17]。

水熱合成法の溶媒である水を、さまざまな溶媒に拡張させたのがソルボサーマル法である。水以外の溶媒として、各種有機溶媒（アルコール、グリコール、炭化水素）やこれらと水の混合物などが用いられる。有機溶媒は多様な物性や反応性をもち、この多様性を活用することで優れた物性を有する化合物や、水系では得られない化合物が合成されている。グリコールを用いるソルボサーマル法をグリコサーマル法と呼び、シリカ修飾アルミナおよびチタニアが合成されている。

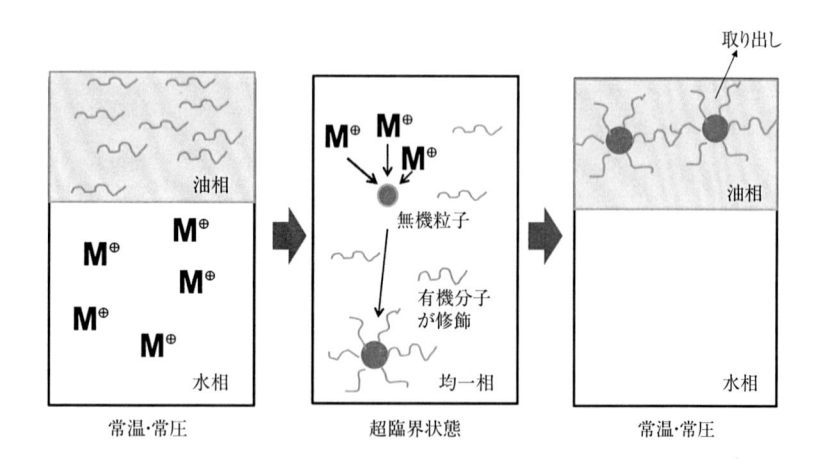

図4.4　超臨界状態を利用した有機分子修飾粒子の生成

通称ホットソープ法と呼ばれる CdSe などの半導体粒子の合成と表面処理を同時に行う方法がある。これは高温の tri-n-octylphosphine oxide（TOPO）や tri-n-octylphosphine（TOP）などの界面活性剤を 200～300℃ の反応場として用い、ここに原料を入れると熱分解、粒子形成とともに表面配位や吸着が起こり、反応を停止させて大きさの揃った粒子が得られる[18]。この粒子は配位子に覆われているため、酸化などの粒子劣化が少なく、また後処理なしでも有機溶媒や樹脂に分散する（図 4.5）。

(4) バイオミメティックプロセス

　バイオミメティックプロセスを利用して固体粒子にアパタイトを被覆できる。これは人間の体液と無機成分を同じにした疑似体液に固体粒子を浸漬することによってアパタイトの合成と被覆を同時に起こすものである。光触媒の二酸化チタンにアパタイトを被覆した粒子は最近やウィルスを吸着し、また、有機系の媒体に光触媒を練り込むことができ、光触媒の応用範囲を拡大させた[19]。

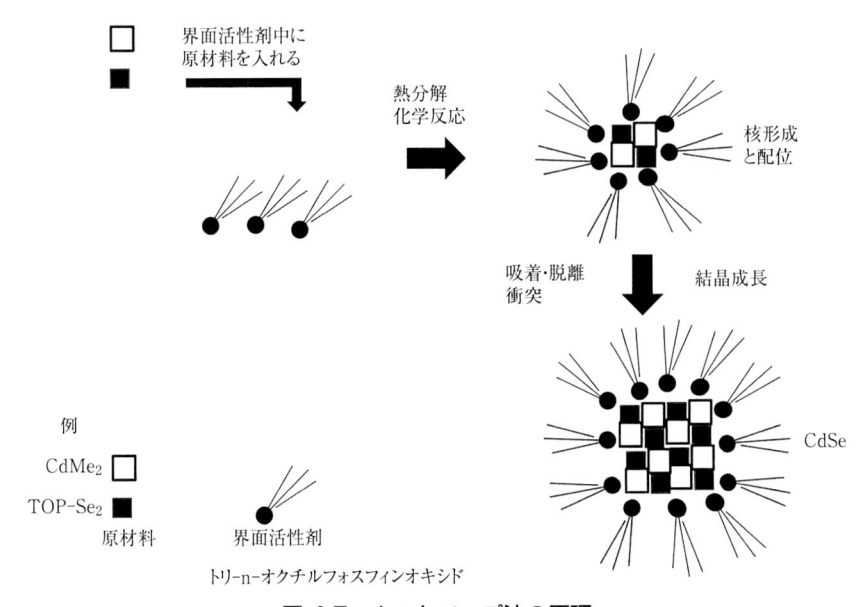

図 4.5　ホットソープ法の原理

4.2.3 粒子への有機物の被覆

　粒子への有機物の被覆は、直接粒子表面の官能基と反応させる方法、粒子表面でモノマーを重合して被覆する方法、有機物処理剤を溶解させた溶液に粒子を分散させ不溶化して被覆する方法などがある。これらが複雑に混ざり合って被覆するものもあるため、ここでは被覆するものを中心に説明する。また、有機顔料、カーボン、粘土鉱物などは別に説明した。

(1) アルコールや酸などによる処理

　金属酸化物をアルコールで処理すると脱水縮合（エステル化）反応が起こり、表面水酸基がアルコキシ基に転換され親油性に変化する[20]。微粒子二酸化チタンは紫外線防御能があることから多くの化粧品に配合されているが、表面は親水性であるので油性製品への配合が困難な場合が多い。そこで油脂を用いて親油化し、紫外線防御用化粧品などの油性製品への配合を可能とするとともに、製品の耐水性を高める試みがなされている。例えば炭化水素系溶媒中で脂肪酸エステルを二酸化チタン表面で加水分解させ、この時、高級アルコール残基は二酸化チタン表面の水酸基とエステル反応を行い、残りの脂肪酸残基は表面の金属イオンと金属石鹸を作り、その両方によって親油化する。この方法では二酸化チタンの酸点を利用するため比較的低温で行うことができる。

　同様にシリカに芳香族アルコールを導入して、その後にアゾ染料などを合成した染料処理シリカの報告がある[21]。エステル化以外に塩化チオニルを用いた塩素化やフェニルリチウムを用いたフェニル化を行い、それを利用して機能性化合物を結合させることができる。

　pHによる溶解度変化を利用して被覆するものとして、N-ラウロイル-L-リジンを酸性またはアルカリ性水溶液中に溶解させ、粒子を分散させた後に中和して感触の良い処理粒子を調製した例がある[22]。

(2) 不飽和化合物の付加

　シリコンの表面Si-H基との反応も検討されている。$SiCl_4$を逆ミセル内で

還元してシリコン（Si）ナノ粒子を合成し、その後白金の触媒作用を利用して1-ヘプタンを付加した例がある[23]。この方法で平均粒径1.8 nm、標準偏差0.2 nmというサイズ分布の狭いSiナノ粒子を得ている。フォトルミネッセンスのピークは紫外（335 nm）であった。また、内部に10 nm以上のSi微結晶を含むSiOx（x<2）粒子をメタノールに分散し、フッ酸と硝酸を加えエッチングさせた後、粒子を取り出して洗浄して365 nmまたは254 nmの光でヒドロシリル化を行った例がある。この処理で有機溶媒への分散が良くなった[24]。

（3）カップリング剤による処理

カップリング剤とは、「無機材料と有機材料、もしくは異種の有機材料複合系において、化学的に両者を結び付ける、あるいは化学的反応を伴って親和性を改善し、複合材料の機能を高める薬剤」である。カップリング剤は異種物質間の機械的強度、接着性、耐水性、電気特性、分散性などの界面制御の目的でさまざまな分野で使われている。これらにはシラン系、チタネート系、アルミナート系、ジルコニア系などがある。

例えば、シランカップリング剤は図4.6のようにアミノ、エポキシ、ビニルなどに代表される反応性有機官能基とメトキシ、エトキシなどに代表される加水分解基をそれぞれもっている。その作用機構は図4.7に示すように加水分解生成物であるシラノールと無機表面の水酸基との間に脱水縮合が起こり、反応性有機官能基を表面側に向けた処理面が形成される。また、カップリングを目的とした反応性官能基以外の機能性官能基を有するファンクショナルシランも開発されており、表面処理剤として応用されている。例えばフッ素系シランで撥水・撥油効果のある表面を作ることもできる。細胞膜の主成分である

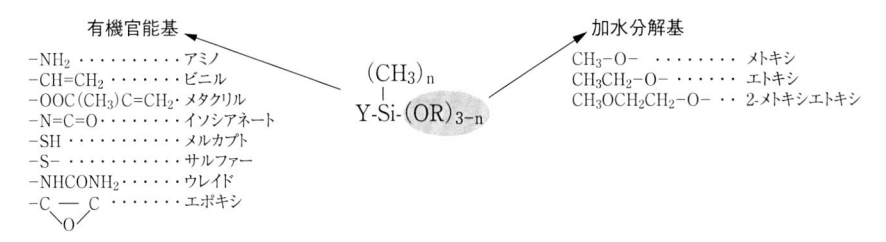

有機官能基		加水分解基	
$-NH_2$	アミノ	CH_3-O-	メトキシ
$-CH=CH_2$	ビニル	CH_3CH_2-O-	エトキシ
$-OOC(CH_3)C=CH_2$	メタクリル	$CH_3OCH_2CH_2-O-$	2-メトキシエトキシ
$-N=C=O$	イソシアネート		
$-SH$	メルカプト		
$-S-$	サルファー		
$-NHCONH_2$	ウレイド		
$-C-C-$ (O)	エポキシ		

中央： $Y-Si-(OR)_{3-n}$ $(CH_3)_n$

図4.6　シランカップリング剤の構造

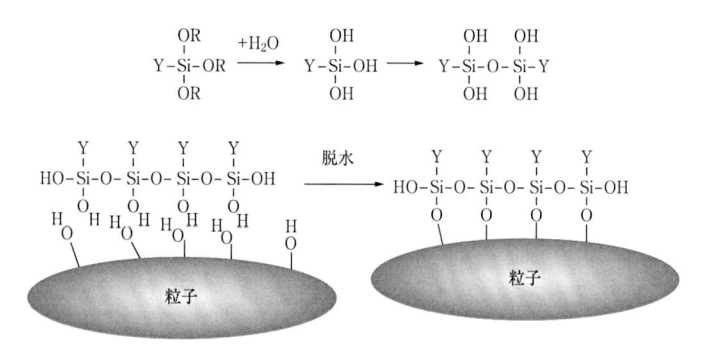

$$Y-\underset{\underset{OR}{|}}{\overset{\overset{OR}{|}}{Si}}-OR \xrightarrow{+H_2O} Y-\underset{\underset{OH}{|}}{\overset{\overset{OH}{|}}{Si}}-OH \longrightarrow Y-\underset{\underset{OH}{|}}{\overset{\overset{OH}{|}}{Si}}-O-\underset{\underset{OH}{|}}{\overset{\overset{OH}{|}}{Si}}-Y$$

図 4.7　シランカップリング剤と粒子表面との反応

フォスホリルコリンは乳化能、可溶化能、保湿効果などがあるがこれに反応部位をもたせて表面処理すると蛋白質吸着抑制効果があらわれ生体適合性が良くなる[25]。チタネートカップリング剤も同様の構造をしており、Siの代わりにTiが加水分解性基と反応性基を有している。シランカップリング剤より反応する無機表面が多いとも報告されており、長鎖カルボン酸型、ピロリン酸型、亜リン酸型、アミノ酸型などがある。チタネートカップリング剤は水に不溶でアセトンやアルコールなどに溶かして用いる。磁性粉や導電性粉の分散に多く用いられる。

金や白金などの表面にはチオールやジスルフィドを有する化合物が単分子膜を形成する。この反応は乾式でも行うことが可能である（図4.8）。

（4）界面活性剤処理

非水系に親水性粒子を分散させる場合には界面活性剤を用いる。界面活性剤が適量であれば粒子表面に親水基を向け、外側に親油基を向けて安定に分散する。

界面活性剤を用いたエマルションを利用する方法もある。これは炭化水素、

図 4.8　金属粒子へのチオールの反応

高級脂肪酸、高級アルコール、エステル油などと界面活性剤を用いてエマルションを作り、粒子を分散させた後、エタノールなどを加えてエマルションを破壊することにより粒子表面を親油化するものである。

(5) 金属石鹸処理

　金属石鹸は化粧品に配合された場合、粒子の皮膚への付着性と伸びを向上させ、また耐水性によって化粧くずれを防ぐ効果があるため、古くから用いられてきた。しかし、金属石鹸を単独で多く配合した場合、使用感触が悪くなり、隠ぺい性も低くなるという欠点があった。そこで粒子を金属石鹸で処理する方法が開発された。処理方法としては粒子を脂肪酸のナトリウムやカリウム塩水溶液に分散させておき、そこにアルミニウム、マグネシウム、カルシウム、亜鉛などの塩を添加し、粒子表面で不溶性の金属石鹸を生じさせるのが一般的である。このような金属石鹸処理粒子は単純に金属石鹸を配合した場合と比べて使用感触に優れ皮膚へのなじみも良い。

(6) ポリマー処理

　ポリマー処理は単純な物理的被覆から粒子表面からのグラフトまで種々の方法がある。

　無機コロイド水分散液は弱アルカリに設定して負の表面電荷を高くして安定な状態を保っている場合が多い。そのため表面にポリマーグラフト化する場合は分散液中のイオン種をイオン交換樹脂などで除去し、アルコールなどの親水性溶媒へ交換する必要がある。コロイダルシリカへスチレンなどをグラフトする場合、溶媒に1.2ジメトキシエタン、テトラヒドロフランおよびアセトンなどが用いられる。固体表面の官能基とモノマーの化学反応によってポリマーを固体表面で成長させるグラフト法において、固体表面が親水性の場合はカップリング剤によって導入された官能基を利用してグラフトすることもなされている。

①物理的なポリマーの被覆
　粒子の凝集を防ぐために「保護コロイド」が用いられる。これにはゼラチンなどの天然高分子やポリビニルアルコールなどの合成高分子が用いられる。こ

のような高分子が粒子に吸着すると1分子が多点で粒子に吸着するため脱着が非常に起こり難く粒子を安定に保護し分散を安定させることができる。

　粒子へのポリマー被覆はポリマーを溶解させた溶液に粒子を分散させ、溶媒を除去することによってポリマー被覆する簡単な方法や、粒子にスプレードライなどを利用してポリマーを被覆するカプセル化法があるが、この場合、必ずしも粒子表面とポリマーが化学結合をしている必要はない。ビニル重合体、セルロース誘導体などの親水性高分子、ポリエチレン、ポリアミドなどの親油性高分子で処理する方法もある[26]。

　不溶化を利用したものとしては溶媒に溶解させたポリマーと粒子を共存させ、貧溶媒や塩を加えたりPHを調整したりして不溶化や相分離させ被覆する方法などがある。

　また、粒子の電荷と逆のイオン性ポリマーを吸着させ、さらにその上に逆のイオン性ポリマーを順次被覆していくレイヤーバイレイヤー法がある。

②ポリマーの末端基と粒子表面との反応による方法

　無機粒子表面の官能基とポリマー末端基との反応による表面修飾もなされている。この方法はリビング重合によって合成したポリマーを用いてグラフトできるという利点がある。この反応は粒子表面と溶液中の分子間の反応であるため、反応速度が非常に遅くなるという欠点がある。表面の水酸基とポリマー末端のクロロシリル、アルコキシシリル、イソシアナート基などの反応を利用できる。簡便な方法としては（3-メルカプトプロピル）トリメトキシシランを連鎖移動剤としてビニルモノマーのラジカル重合によってトリメトキシシリル基を持つポリマーシランを作り、表面の水酸基と反応させることができる。シラン類との反応によって不安定な結合が生成する炭酸カルシウム、酸化ホウ素などの表面処理には利用できない。

③ラジカル重合

　ビニル化合物のラジカル重合による無機粒子表面のポリマーグラフトは比較的簡便な方法である。ラジカル重合によって表面に重合性ビニルモノマー系のポリマーをグラフト化する場合は、i）表面へラジカルを生成する開始基を導入して、モノマー存在下で加熱重合する方法と、ii）重合性ビニル基を表面に導入し、開始剤とモノマーを加熱重合する方法がある。前者はペルオキシド基

やアゾ基を表面に導入する段階での反応に制約がある場合があるが、確実に導入すればグラフト化の効率が高い。リビングラジカル重合法によって表面からポリマー鎖を伸長する方法もあり、ポリマー鎖の分子量の制御と高密度グラフト化が可能である[27]。

④ **イオン重合**

　無機粒子表面でのイオン重合によるポリマーグラフトは成長イオン種が不活性にならない条件を必要とするので、溶媒や温度などの重合条件がラジカル重合に比べて制限される。カチオン重合では開始剤となるアシリウム過塩素酸塩、スルホニウム塩などを導入し、スチレン、環状エーテル、環状アセタールやラクトンなどのカチオン重合によるグラフトが行われている。粒子表面上でのカチオン重合はラジカル重合より分子量が低くなるという報告がある[28]。

　一方、無機粒子へのアニオン重合によるポリマーグラフトは、成長アニオン種が高活性であるため、カチオン重合より反応条件は限定される。シリカ表面をブチルリチウムで処理してブチルシラノレート基を導入し、ヘキサメチルシロキサンのアニオン重合によるポリマーグラフトが報告されている。また、シリカ微粒子表面にアミノ基を導入し、N-カルボキシ-α-アミノ酸無水物のアニオン開環重合によってポリアミノ酸がグラフトされている[29]。

⑤ **重合性界面活性剤を用いる方法**

　重合性界面活性剤を用いてポリマーを被覆することができる。水系で有機または無機の固体粒子存在下で、重合性界面活性剤の重合あるいは共重合を行うことによって、これらの固体粒子表面に重合性界面活性剤を固定することができ、界面活性剤のもつ親水基の導入やポリマーカプセル化が可能となる[30]。

　有機固体粒子の場合は有機固体にモノマーが吸収できるものは共重合によって重合性界面活性剤を被覆することができる。無機系固体粒子に対しては、**図4.9**に示すように固体の表面電荷と反対の電荷をもつ界面活性剤は飽和吸着では二分子層を形成する。この系では単独重合によっても固定化が可能である。また、吸着ミセル層がビニルモノマーの可溶化能をもっているため、粒子表面での共重合も可能である。単独重合の場合はシリカ粒子やアルミナ粒子をシード粒子とする、それぞれカチオン性およびアニオン性界面活性剤を用いた系がある[31, 32]。

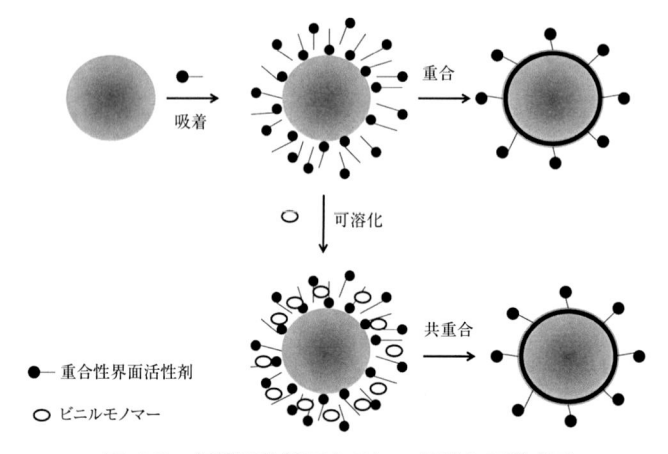

図4.9 無機固体粒子上のシード重合の模式図

● — 重合性界面活性剤
○ — ビニルモノマー

　無機系固体粒子では二分子吸着層で単独重合が可能なのは、密な吸着分子の配向によるものと考えられている。吸着二分子層へのビニルモノマーの可溶化による共重合は乳化重合と類似しているが、固体粒子表面では特に開始剤の選択は重要で、重合性界面活性剤の電荷と反対の電荷を持つ水溶性開始剤を用いると、重合性界面活性剤の吸着層への開始剤の沈着が起こり、固体粒子表面での共重合を選択的に進行させることができる。この方法でアクリロニトリルやヒドロキシエチルメタクレートなどの親水性の高いモノマーでも固体粒子表面で重合する。反応性モノマーを用いることによって反応性基の導入も可能である。

(7) シリコーン処理

　シリコーン処理の多くはジメチルシロキサン、メチル水素シロキサンを用いている。特に後者の化合物はSi-H基という反応性の高い部分を持っており、この基同士が架橋して重合することによって網目状のポリシロキサンを粒子表面に形成することができる。

　化粧品の分野ではこれらのシロキサンをタルクなどと混合し焼き付けし撥水性の高いタルカムパウダーを得たり、有機溶媒に溶解した後、架橋用触媒としてオクチル酸亜鉛などを添加し混合して焼き付けする方法などが古くから報告

されている。また、このような反応を金属水酸化物を被覆した後にメカノケミカル反応で行うという試みもなされている。複合処理の報告も多く、二酸化チタンにシリカおよびアルミナを水和物の形で被覆し、さらにシリコーンで処理する特許[33]がある。水分子をとらえるアクリルを主鎖とし疎水性のポリジメチルシロキサンを側鎖とするアクリルシリコーン共重合体で粒子を処理し、よりしなやかな感触のあるO／Wタイプのエマルジョンが開発されている[34]。また、Si-Hを有する環状シリコーンのCVDを用いた表面処理法が実用化されている。この方法は表面のキャラクタリゼーションの紹介例として付録で述べる。

(8) フッ素系化合物処理

　フッ素系化合物で表面処理すると、撥水・撥油性となる。皮脂による化粧くずれや皮脂が化粧の上に浮き上がってテカリやベトツキの原因となる場合があるが、フッ素系化合物で処理した粒子は耐水性以外に耐油性が期待できるため、皮脂に強い化粧品ができる。パーフルオロアルキル基を有する高分子やそのリン酸およびリン酸エステルでの処理が報告されている[35]。しかし、フッ素化合物で表面処理された粒子は化粧品用の油などとの相溶性が悪く、パーフルオロアルキルポリエーテルなど特別な活性剤を必要とする。この問題を解決するために、シリコーンとフッ素系のドッキングも検討されている。すなわち、パーフルオロアルキルリン酸エステルとポリシロキサンを同時に表面処理する方法である。この表面処理により粒子表面にはパーフルオロアルキルリン酸エステルとポリシロキサンが共存するため撥水撥油性を示し、しかもシリコーン粒子と同じ分散剤を用いることができる。その他、フッ素変性シリコーン、フッ素・ポリエーテル共変性シリコーン、フッ素化アルキル・グリセリン共変性シリコーン処理粒子の報告がある。

(9) 生体関連物質による処理

　生体関連物質によるコーティングも試みられている。例えば、水添レシチンで処理した粒子を用いた場合、使用性は滑らかであるが肌に対する密着性があり、しかも保湿性がある。保湿粒子として、ヒアルロン酸、コラーゲン、コン

ドロイチン硫酸を被覆または内包した粒子が開発されている。

生体に学ぶという点で Messersmith らは貝の一種であるムール貝が濡れた面や PTFE 表面などの張り付き難い面に着くことに着目し、ムール貝の足糸を模倣したポリドーパミン（PDA）による表面処理を試みた[36]。その結果、貴金属、金属酸化物、セラミックス、合成ポリマーなどの表面をポリドーパミンで修飾できることがわかった。このポリドーパミンはさまざまな材料表面にコーティングでき、2次修飾も可能である[37]。**図 4.10** に示すようにドーパミン（DA）の塩基性水溶液に粒子を室温で浸漬して一定時間撹拌して表面にPDAを被覆する。PDA は水素結合、π-π 相互作用、静電相互作用や疎水性相互作用により、形状や大きさを問わずさまざまな材料表面上で薄膜を形成する。テフロンやシリコーンなどの表面にも被覆可能である。PDA のカテコール基はチオール基やアミノ基とマイケル付加やシッフ塩基形成を起こすことからこれらの官能基を介してさまざまな機能性基を導入することができる。また、PDA は還元剤としても働き、Pd などの析出が可能なことからむ電解メッキを行うこともできる。

(10) 有機顔料への表面処理

昔から有機顔料の分野では松ヤニを使ったロジン処理が使われている。ロジンはアビエチン酸を主成分とする樹脂酸で Na や K 塩の形で溶解し、Ca, Sr, Al などの不溶性の塩として、また、酸析されて被覆される。具体的には粒子

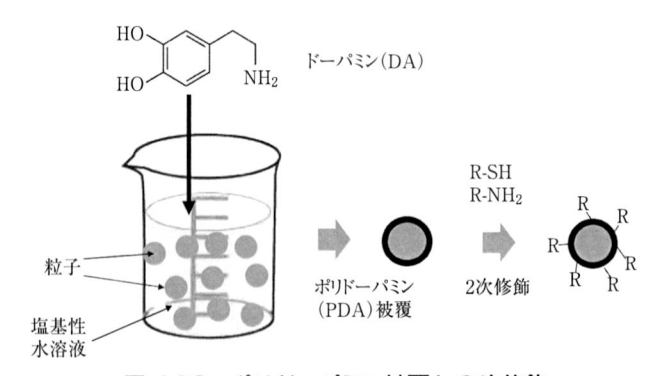

図 4.10　ポリドーパミン被覆と2次修飾

とロジンを機械的に混練し粒子表面にロジンを処理する方法や、粒子のスラリーにロジンのアルカリ水溶液を加えた後にアルカリ土類塩や酸などを加えてロジンの難溶性塩や遊離酸を表面に析出させる方法などがある。ロジンの不溶化にはアルカリ土類が用いられることが多いが、亜鉛やアルミニウムなどの他の金属や長鎖脂肪族アミンを用いることもある。ロジン処理は、i) 顔料の結晶成長防止効果により微細で透明性の大きな顔料が得られる、ii) 粒子の凝集が弱くなり機械的分散が容易、iii) 粒子表面の親油性を高め油に対する濡れが改善される、などの効果がある。

有機顔料ではその表面に誘導体をつけるという方法がある。アゾ顔料でよく用いられる方法で顔料の骨格に種々の官能基を結合したもので、**図4.11**のような官能基がある。このような顔料誘導体を顔料化時に添加することで部分的にこの誘導体が組み込まれ結晶粒子のサイズを抑制したり表面物性を変化させたりする。官能基としては長鎖ポリマーや極性基を持ったものであり、分子構造が母体の顔料と似ているため吸着しやすい。

(11) カーボンへの表面処理

カーボンナノチューブ（CNT）は高い電気伝導性を有することから機能性インクなどの材料として注目されているが凝集しやすい。CNTはファンデル

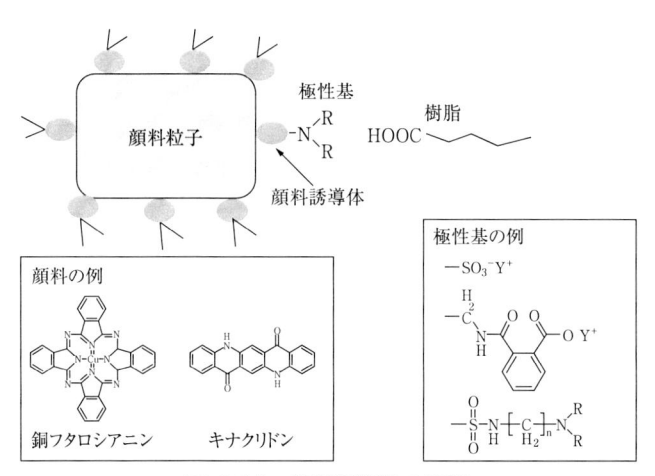

図4.11 顔料誘導体の吸着

ワールス力などにより束構造体を形成し、水などの溶媒には極めて分散困難である。このためCNTの溶媒和をもたらす「可溶化処理」が必要となる。図4.12に示すように1つは界面活性剤などを分散剤として利用する方法であり、簡単でCNTへのダメージは少ないが分散剤の除去が困難で収率も悪い。

もう1つは化学修飾法である。最も一般的な方法は強酸による表面酸化でCNTに硫酸/硝酸を添加して超音波照射することでCNT表面にカルボン酸を導入できる。末端は6員環より反応性に富む5員環を含むため、優先的に酸化されると考えられる。こうしてできたカルボン酸は水への分散を可能にするばかりではなく、そこを足場としてカップリングでさらなる化学修飾を行うことができる。また、カチオンとのイオンコンプレックスを作ることができる。酸化CNTを経由しない置換基導入も検討されている。化学修飾法は分散剤不要であるがCNT構造にダメージを与え、短尺化を生じるという短所がある。

CNTの選択可溶化は分子認識を利用したもので、金属性SWNTはアミノ基との相互作用が強く、半導体性SWNTはフェニル基との相互作用が強いことから可溶化と同時に分離も実現している。

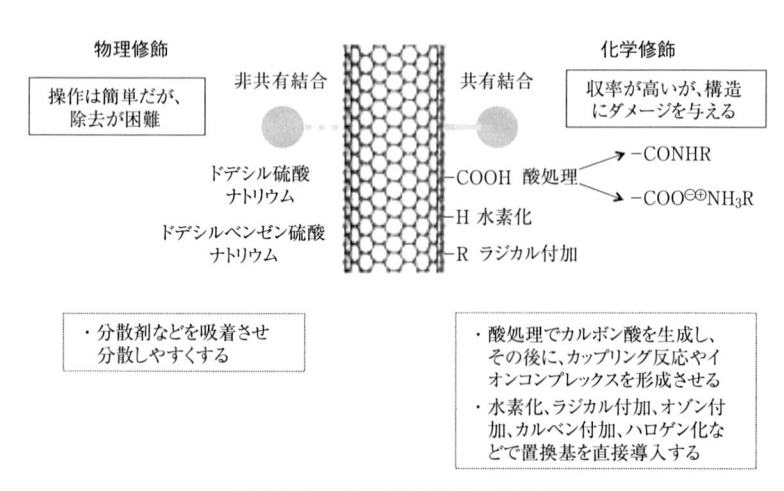

図4.12 カーボン系の表面修飾

4.2 液相での反応

(12) 粘土鉱物への表面処理

古くから農業、土木、陶磁器などに用いられてきた粘土鉱物の層間に有機物を導入すると有機溶媒によく分散しゲル化させることができる。粘土鉱物の多くは層状ケイ酸塩で特にスメクタイト族粘土鉱物は水中でその層状結晶構造の層間に水が浸入して膨潤し、イオン交換や各種化合物を吸着してさまざまな機能を発現する。その中のモンモリロナイトは1層の結晶が$Si_4O_6(OH)_4$の四面体構造からなる四面体シート中に$Al_2(OH)_6$または$Mg_3(OH)_6$の八面体構造からなる八面体シートが鋏まれた三層からなるアルミノシリケート層である。八面体構造中の3価のAlが部分的に2価のMg、Feに置き換わっているため、$-2/3$だけ電荷が不足し、その結果結晶層表面はマイナスの電荷を帯びる。**図4.13**に示すようにその電荷を補償するために結晶層間には交換性のNa^+、K^+のようなアルカリ金属やCa^{2+}のようなアルカリ土類金属イオンが水分子を水和した状態で存在している。モンモリロナイトの面間隔は0.98 nmであるが、水和または有機陽イオンのインターカレーションによって面間隔は拡大する。

結晶端面には水酸基があり酸性でプラス、アルカリ性でマイナスの電荷を帯びる。ヘキサメタリン酸ソーダなどはこの結晶端面に吸着して水中の分散を向

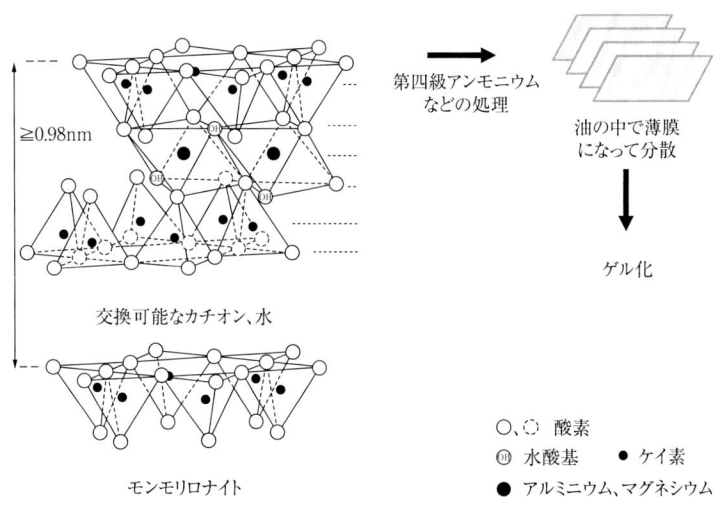

図 4.13　モンモリロナイトの結晶構造と表面処理

上させる。この水酸基はシリル化剤と反応することができる。

このNaモンモリロナイトを水中で膨潤分散させ、さらにカチオン界面活性剤（長鎖アルキル基を有する第四級アンモニウム）を添加して、Na^+イオンと第四級アンモニウムとのイオン交換によって生成するのが有機ベントナイトで、強い親油性を示す。

乾燥状態の有機ベントナイトは面間隔が2～4 nmの層状結晶構造であるが、アルキル基が低極性の有機溶媒で溶媒和することによって層間が5 nm以上に広がり増粘する。有機ベントナイトの層間に有機溶媒をインターカレートさせるにためには、低級アルコールと水との混合溶液を少量加えると良い。これはモンモリロナイト表面と低級アルコールとの水素結合によって層間を広げるためと考えられている。

このような有機ベントナイトはナノコンポジットにも利用されるが、この時には結晶端面の水酸基はシランカップリング剤などで修飾しておくと良い。

4.3　気相による方法

気相による粒子の表面処理の方法については多くの方法がある。この中で、まず表面にエネルギーを与えて表面を変化させる方法について述べ、その後に他物質を被覆する方法について述べる。ガスを用いる被覆には大きくPVD（Physical Vapor Deposition）とCVD（Chemical Vapor Deposition）がある。しかし、最近は物理的な手法と化学的な手法が組み合わさって、プラズマやレーザーの助けを借りたCVDなどが現れており両者を明確に分類できなくなっている。

これらの蒸着法は湿式法に比べて比較的新しい技術であり、大きな特徴を持っているため新しい分野で機能膜の作成に用いられているが、微粒子の表面改質については応用されているものは少ない。ここではまずPVDとCVDによる微粒子の表面改質についてその研究例を挙げ、その後にその扱いの留意点について述べる。

4.3.1 プラズマ処理

　プラズマは、気体を構成する分子が部分的に、または完全に電離し、陽イオンと電子に別れて自由に運動している状態である。プラズマ中の電荷は、異符号の電荷を引き付けるため、全体として電気的に中性な状態に保たれる。プラズマを構成する粒子すべての温度が高い状態を高温プラズマ（熱プラズマ）、電子温度のみが高いプラズマを低温プラズマという。グロー放電、コロナ放電、高周波放電、マイクロ波放電などによって得られるプラズマは低温プラズマで、化学反応を起こす活性種が豊富に存在する。疎水性の有機顔料やポリマーにプラズマ処理を行ってカルボキシル基や水酸基のような親水基を作り水分散性を改良し、表面修飾の足がかりにすることも試みられている。粒子処理にプラズマ処理すると以下のような効果が期待できる。

　i)　表面官能基の新規導入（粒子の酸化、還元、ハロゲン化、窒化など）
　ii)　プラズマ重合膜の被覆（粒子表面でのプラズマ誘起重合などでカプセル化、保護膜、不溶化など）
　iii)　表面グラフト重合（表面ラジカルからの後重合など）
　iv)　コーティング層の固定化（重合、直接結合、被覆固定化など）
　v)　表面形態制御（エッチングなど）
　vi)　表面清浄化（粒子表面の吸着物質の除去、スパッタなど）

　カーボンブラックや有機顔料は疎水性で水になじまないが、プラズマ処理で親水性にして水分散性を高めることができる。この時有機顔料のプラズマによる堅牢性を把握しなくてはならない。図4.14にカーボンブラックと有機顔料のアルゴンおよび酸素雰囲気でのプラズマ堅牢性を示す[38]。同じアゾ系の顔料でもベンジジンイエローはアルゴンプラズマ中でも最も分解を受けやすく、このような顔料ではプラズマのエネルギーを抑える必要がある。

　このように酸素、空気で処理する以外にアンモニアの存在下でアミノ基を、ハロゲンを用いてハロゲン化などが行われている。また、無機微粒子にアリルアミンやトリメチルシランなどの存在下でプラズマ処理しポリマー膜を形成さ

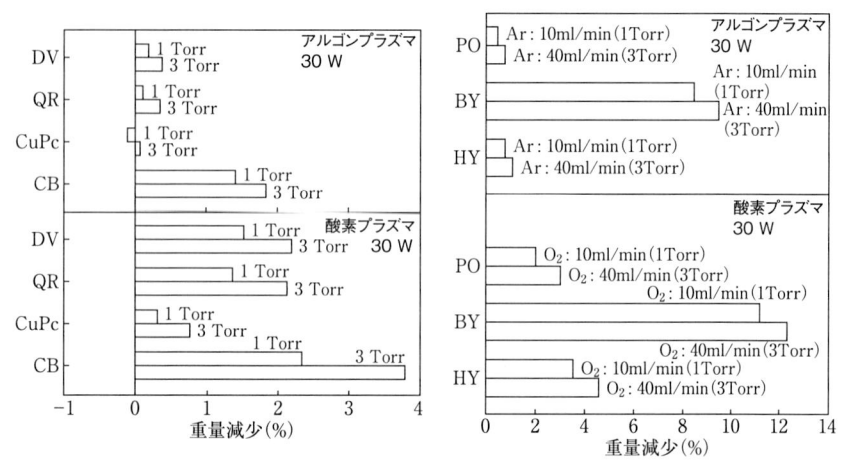

図 4.14　各種有機顔料およびカーボンブラックのプラズマに対する堅牢性
DV：ジオキサジンバイオレット、QR：キナクリドンレッド、CuPc：フタロシアニンブルー、PO：ピラロゾンオレンジ、BY：ベンジジンイエロー、HY：ハンザイエロー、CB：カーボンブラック
出典：井原辰彦、色材、67, 154（1994）

せる場合もある。CVDとの併用で様々な機能性表面が形成されている。

4.3.2　PVD法による微粒子の表面改質

　PVDは基本的には容器内を真空にして金属、金属酸化物、金属窒化物などの皮膜を金属のガス化からの凝固などを利用して表面に蒸着させるもので、具体的には真空蒸着、イオンプレーティング、スパッタリングなどの技術の総称である。

　このようにPVDは真空中で固体を気化し、その蒸気を基板上に凝縮させ、被膜を形成させるものであるが真空中で成膜する理由はいくつかある。

　第1の理由は真空度を高くすることによって、蒸発粒子の平均自由行程（気体分子が衝突して次にまた衝突するまでに飛行する平均の距離）を大きくして、蒸発粒子どうしの衝突による散乱を避け、皮膜を基板上に早い速度で形成させるためである。

第2の理由は純度の高い膜を作るためには残留ガスすなわち不純物として皮膜中に取り込まれる可能性のある気体分子を、なるべく少なくしておくためである。

第3の理由としては、スパッタリングやイオンプレーティングなど放電現象を利用して成膜を行う場合、方式によって異なるが放電が起こる圧力範囲が限られており、一般的には中真空あるいは高真空の範囲（$10^1 \sim 10^{-2}$ Pa）である。

現在の真空技術は、真空ポンプ、真空容器、真空計器の発達により10^{-10} Paの極高真空まで得られるようになっている。

代表的なPVDの原理を簡単に説明する。

「真空蒸着」は古くからの技術で、薄膜形成のための原材料を、真空槽内（$10^{-3} \sim 10^{-4}$ Pa）で抵抗加熱あるいは電子ビーム加熱などによって蒸発させ、基板上に凝集させ、堆積させて皮膜を形成するものである。

それに対して「イオンプレーティング」は原材料を蒸発させ、その蒸発粒子をイオン化することによって運動エネルギーを増大させて、基板との密着性や膜質を高めたものである。

イオンプレーティングとスパッタリングの原理図を**図4.15**に示す。

一方、「スパッタリング」の原理は上述の2つの方法と異なり、$10^{-1} \sim 1$ PaのArなどの不活性ガス雰囲気中でグロー放電を起こさせると正のイオンが

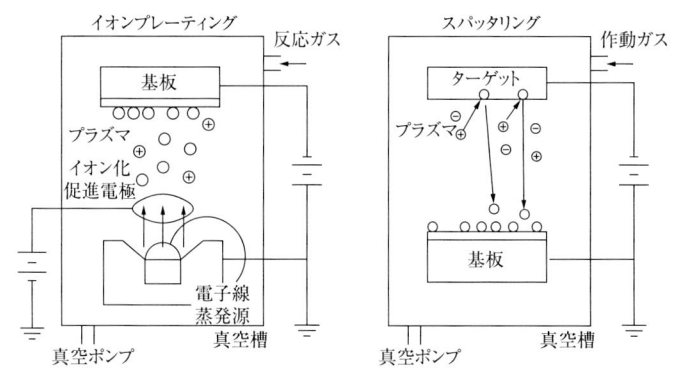

図4.15 イオンプレーティングとスパッタリングの原理図
出典：武井 厚、色材、68, 710（1995）

ターゲットに衝突し、運動量を交換して、主にターゲット材が中性の原子として イオンが飛び込んできた方向と逆の方向に弾き飛ばされ、基板上で凝集し皮膜化する。スパッタリング法としては代表的に直流2極、高周波、マグネトロンがあり、その他には対向ターゲット、バイアス、プラズマ制御、マルチターゲットスパッタリングなどがある。

これらの方法で微粒子を表面改質した例として直径2μmの鉄微粒子を電子密度$10^8 \sim 10^9 \text{cm}^{-3}$のRFプラズマ中にトラップし、マグネトロンスパッタリングにより鉄微粒子表面にアルミニウムを被覆した例がある。被覆された微粒子をSEMとXPSにより評価した結果、この方法によってより緻密なアルミニウム被覆層を有する鉄微粒子を得ることができるが収率は低かった。

実用されている例として、スパッタリングによる微粒子への金属の被覆がある。装置はコーティング速度の速いDCマグネトロン方式を採用し、真空状態下で微粒子を均一に攪拌できる回転チャンバにより、種々の微粒子に対して種々の金属をスパッタリングできる[39]。この方法で調製した複合微粒子の実例を**表4.5**に示す。微粒子とスパッタリング皮膜の組み合わせ方によって、特長のあるユニークな複合微粒子が得られており、平滑なガラスフレークに約10nmの金属を被覆した高光輝性着色メタリック顔料や、各種微粒子にアモルファス構造の銀・銅・亜鉛の3元合金を被覆した抗菌・防カビ剤が開発されている。

表4.5 スパッタリングを用いた複合粒子の実例

分類	用途例	スパッタリング皮膜/粉末	
金属系	ヒートシンク材	Cu/W	Ni/Mo
	金属間化合物	Ni/Ai	Ti/Al
	アルミ粉末冶金材	Cu/ジュラルミン	Cu/Al
無機系	機能性顔料	Ti/パールマイカ	
	耐摩耗摺動材	Cu/Tiアルミナ	Cr/WC
	金属系複合材料	Ti/SiCウィスカー	
	超硬工具	TiN/cBN	W/ダイヤ
	光線反射フィラー	Al/ガラス	Ag/SiC
	導電フィラー	Ag/マイカ	Ti/Alフレーク
有機系	防カビ性顔料	Cu/有機顔料	
	コピートナー	Al/アクリル樹脂	
	耐熱軽量複合材料	SUS304/ポリスチレン樹脂	

出典:竹島鋭機、粉体と工業、30, 58(1998)

また、多角バレルスパッタリングは数 μm 程度の粒子表面に均一に金属被覆可能な三次元スパッタリングで、この方法で小さな部品の金属被覆も可能である[40]。

イオン注入およびイオンビームミキシングも表面改質に用いることができる。イオンビームによる微粒子の表面改質の例として回転ウイングドラムと回転らせん管を用いた均一なイオンビーム改質がある。イオンビームで微粒子の表面を修飾してその性質を変化させる場合、微粒子の単位面積当たりのイオン注入量が非常に大きくなるが、これが工業化には経済的障害となっている。

4.3.3　CVD 法

　CVD 法とは目的皮膜を構成する成分を含んだ 1 種または 2 種以上からなる化合物ガスや単体ガスを基板上に供給し、表面上での化学反応により薄膜を形成付与する方法である。CVD の基礎過程を図 4.16 に示す。ガス状の化合物は表面に吸着し、表面拡散と表面反応を経て核形成・膜成長する。場合によっては気相反応が起こってその後に吸着する場合もある。いずれにしても副反応化合物は脱離し除去される。この方法で無機・金属系のみならず有機系まで広

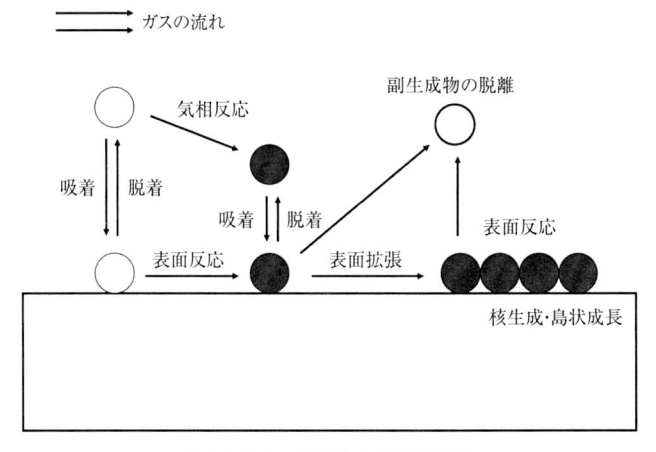

図 4.16　CVD の基礎過程

範囲にわたる薄膜を形成できる。化学反応を起こさせるエネルギーの与え方により熱CVD、プラズマCVDおよび光CVDなどに分類できる。

原料としてはSiH_4などの水素化物を用いる水素化物CVD、$TiCl_4$などのハロゲン化合物を用いるハライドCVD、炭素-金属結合をもつ有機金属化合物を用いるMOCVD（Metaloganic CVD）などがある。金属酸化物に蒸着する場合は表面にある水酸基上での反応から始まる。したがって水酸基との高い反応性のもの、例えばアルコキシド、ハロゲン化合物、水酸化物が選ばれる。また、気相を利用するかぎり蒸気圧をもっていなくてはならない。金属アルコキシド、アセチルアセトナト錯体、金属カルボニル、アリル錯体および反応基を有するシリコーン化合物などが用いられている。

以下に微粒子にCVDで皮膜を形成した具体例を皮膜の種類ごとに紹介する。

（1）金属被覆

回転粒子床CVDを用いてアルミナ微粒子表面にニッケルを被覆した例がある。これは気化温度が比較的低いニッケルアセチルアセトナト錯体を用いてアルゴン／水素ガス気流中で行ったもので、X線回折、走査型電子顕微鏡およびエネルギー分散型X線分析によって高効率ニッケル被覆が達成できたが、ニッケルが均一でない部分も認められた。

サマリウム磁石の粒子に光励起CVDで亜鉛を被覆した例ではジエチル亜鉛とn-ヘキサンの蒸気をサマリウム磁石に接触させ、水素ガス中でUV照射し表面で亜鉛を生成させている。表面には微細な亜鉛が形成され、サマリウム磁石のパフォマンスと安定性が向上した。こうしてできた亜鉛被覆サマリウム磁石の残留磁気、保磁力および最大エネルギー積（BHmax）は通常のボンド磁石の硬化条件と同一の熱処理の後でも高い水準を保った。また、この微粒子を用いて作製したボンド磁石は高いBHmaxおよび優れた耐酸化性を示した。

面白い表面改質としてはシリカナノ粒子を空気／水またはガラス基板上に単一層で固定化し、金属金と反応させて片側の半球だけ被覆させた例がある[41]。

(2) 金属酸化物および窒化物被覆

　TEOS を用いたプラズマ CVD でのシリカ被覆の例は多い。酸化鉄微粒子に2つの方法でシリカ薄膜を形成させた例を紹介する[42,43]。1つは最初に TEOS を加水分解し、さらに N_2O-He プラズマでシリカ膜をより酸化させるウエット法であり、もう1つは N_2O-He-TEOS によって粒子表面にシリカ膜を直接形成させるドライ法である。これらのプラズマ CVD 法を大気圧下で行い、シリカ膜の形成を確認している。さらに、マグネタイトやゲーサイトおよびリソールルビン BCA にドライ法で同様の改質を行い、表面をシリカでコーティングした。これらの顔料は加熱や酸化で容易に劣化するがプラズマ酸化前に顔料上に保護膜を蒸着すると劣化を防いだ。

　アーク蒸発炉を用いて Ni ナノ粒子を生成させた後に CVD 装置に導入して TEOS でシリカ被覆した例がある。こうしてできた磁性材料は磁気特性も高く、耐酸性が向上した。

　CVD を利用したゼオライトの細孔入口制御による分子ふるい特性の向上に関する系統的な研究の例がある[44]。ゼオライトは構造により異なる 0.4 から 0.8 nm の整った精密なミクロ細孔をもつ多孔性の物質で、触媒や吸着剤として用いられている。TEOS を用いたシリカの CVD によって細孔径をさらに精密に制御し、分子ふるい特性を向上させている。

　シランの流動層 CVD を用いて微孔質微粒子にシリコンのナノ構造を形成させた例もある。細孔のすべての面に均一に蒸着物が被覆され、CVD によってナノメーターレベルの制御が可能になったと報告している[45]。

　二酸化チタンを被覆した例として、混合機を装着したガラス反応器に煙霧質シリカを入れ、423K で乾燥させた後に四塩化チタンを導入し、その後に水蒸気を導入して残留 Ti-Cl 結合を加水分解した報告がある[46]。被覆二酸化チタンの量が 3 wt% で初めてアナタースの結晶構造が現れた。単層被覆に必要な二酸化チタンの量は 17 wt% であった。その結合状態は水素結合、静電的相互作用および少数の Si-O-Ti 結合であるとしている。また、この処理によって、1100 K で 2 時間加熱処理してもルチルに転移しないことからシリカマトリクスによる転移妨害が考えられた。

　酸化鉄を被覆した例としてはアルミニウムに酸化鉄を被覆した光輝材料の報

告がある[47]。酸化スズの例としては$SnCl_4$-H_2O-N_2系の流動化CVDによって超微細α-アルミナ上にナノ結晶SnO_2薄膜を形成させた報告がある[48]。アルミナ凝集体が流動している場合、ナノ結晶SnO_2は凝集体全体に均一に蒸着した。アルミナ表面上の薄膜は条件により非晶質SnO_2や直径6〜10 nmの微結晶となった。流動化CVDは超微粒子の表面改質に適していると考えられる。

触媒調製に含浸法があるが、一般的には含浸法でシリカ上に酸化バナジウムや酸化モリブデンを分散させることは難しい。そこでCVDを用いた検討がなされており、シリカに$VO(OC_2H_5)_3$を用いてV_2O_5を分散させているが、CVDで調製した触媒の方が含浸法を用いた場合より活性が高かった[49]。これは酸化バナジウムがシリカ上で高分散されるためであると考えられている。

窒化物ではSi_3N_4やAl_2O_3の粒子粒子にアルゴンや窒素存在下でアンモニアやSiH_4ガスのCVDを行った例がある[50]。その結果、反応温度1173 K、アンモニア／SiH_4が10〜15の時、核微粒子表面上にSi_3N_4の超微粒子が生成し被覆されることがわかった。XPS測定結果からSi_3N_4は化学量論的に生成していることが示唆された。

(3) 有機化合物

フッ素が関与した表面改質では、酸化アルミニウムの超微粒子表面に$C_{20}F_{42}$、アクリル酸ペルフルオロアルキルエステルなどの単量体をプラズマCVDで重合体被覆し、セラミックス／ポリマーの比率を変えることによって複素誘電率をコントロールした例もある[51]。

粒子の生成と同時にその場での粒子表面へのコーティングを行う方法がある[52]。この方法では微粒子を対象とした紫外線領域のパルスレーザー光を用い、減圧容器内に取りつけた固体物質表面にレーザー光を照射することにより、その表面を瞬時に蒸発・気化し、励起原子、励起分子、イオンなどからなるガス状粒子をアブレートさせ、微粒子表面へコーティングする方法である。母粒子は新規の粒子表面が常に出るように流動化されている。

＜参考文献＞
1) 齋藤文良、粉砕、**51**, 24（2008）.
2) 小石眞純、石井文由、「ナノ粒子のはなし」、p.61、日刊工業新聞社
3) N. Toshima, M. Harada, T. Yonezawa, K. Kushihashi, K. Asakura, J. Phys. Chem., **95**, 7448（1991）.
4) K. Nagaveni, Arup Gayen, G. N. Subbanna, M. S. Hegde, J. Mater. Chem., **12**, 3147（2002）.
5) M. Brust, M. Walker, D. Bethell, D. J. Schiffrin, R. whyman, J. Chem. Soc. Chem. Commun., 801（1994）.
6) B. K. Kim, I. Yasui, J. Mater. Sci., **23**, 637（1988）.
7) 田中俊宏、西浜脩二、熊谷重則、木村 朝、鈴木福二：J. Soc. Cosmet. Chem. Japan, **29**, 353（1996）.
8) 木村 朝：材料技術、**16**, 51（1998）.
9) 西方和博、西村博睦、毛利邦彦、中村直生：J. Soc. Cosmet. Chem. Japan, **31**, 276（1997）.
10) 特開昭 61-236862
11) R. Aelion, A. Loebel and F. Eirich, J. Am. Chem. Soc., **72**, 5705（1950）.
12) 鈴木久男、日本セラミック協会学術論文集、**96**, 67（1988）.
13) M. D. Sacks, N. Bozkurt, G. W. Scheiffele, J. Am. Ceram. Soc., **74**, 2428（19991）.
14) E. Kawai, Y. Kohno, K. Ogawa, K. Sakuma, N. Yoshikawa and D. Aso, IFSCC magazine, 5, 269（2002）.
15) 酒井秀樹、田窪亮子、大久保貴広、山口有朋、柿原敏明、阿部正彦、色材、76, 476（2003）.
16) T. Adschiri, Chem. Lett., 36, 1188（2007）.
17) T. Mousavand, S. Ohara, M. Umetsu, J. Zhang, S. Takami, T. Naka, T. Adschiri, Journal of Supercritical Fluids, 40（3）, 397（2007）.
18) C. B. Murray, D. J. Norris and M. G. Bawendi, J. Am. Chem. Soc., 115, 8706（1993）.
19) T. Nonami, H. Taoda, N. Thi Hue, E. Watanabe, K. Iseda, M. Tazawa,

M. Fukuya, Materials, Rereasch Bulletin, 33, 125 (1988).
20) 宇津木弘、粉体および粉末冶金、28, 157 (1981).
21) 鈴木敦士、伊藤征司郎、桑原利秀、色材、55, 280 (1983).
22) K. Esumi, S. Yoshida and K. Meguro, Bull. Chem. Soc. Japan, 56, 2569 (1983).
23) R. D. Tilley et. al., Chem. Commun., 1833 (2005).
24) 佐藤井一、木村啓作、Mark Swihart、表面、45, 347 (2007).
25) 宮沢和之、平山　綾、佐久間健、隅田如光、前野克行、武井啓吾、工業材料、54, 24 (2006).
26) 特開昭 56-68604
27) X. Jiang, B. Zhao, G. Zhong, N. Jin, J. M. Horton, l. Zhu, R. S. Hafner, T. P. Lodge, Macromolecules, 43, 8209 (2010).
28) N. Tsubokawa, H. Ishida, K. Hashimoto, Polym. Bull., 31, 457 (1993).
29) B. Fong, P. S. Russo, Langmuir, 15, 4421 (1999).
30) K. Nagai, Trends Polym. Sci., 4, 122 (1996).
31) K. Nagai, T. Ohnishi, K. Ishiyama, N. Kuramoto, J. Appl. Polym. Sci., 38, 2183 (1989).
32) K. Esumi, T. Nako, S. Ito, J. Colloid Interface Sci., 156, 256 (1993).
33) 特開平 2-247109
34) 田中 功：表面、38, 385 (2000).
35) 特開昭 62-250074
36) H. Lee, S. M. Dellatore, W. M. Miller, P. B. Messersmith, Science, 318, 426 (2007).
37) Y. Liu, K. Ai, L. Lu, Chem. Rev., 114, 5057 (2014).
38) 井原辰彦、色材、67, 154 (1994).
39) 竹島鋭機、粉体と工業、30, 58 (1998).
40) T. Abe, S. Akamaru, K. Watanabe, Alloys Comp. 377, 194 (2004).
41) L. Petit, J-P. Manaud, E. Duguet, C. Mingotaud, S. Ravaine, Mater. Lett., 51, 478 (2001).
42) T. Mori, K. Tanaka, T. Inomata, A. Takeda, M. Kogoma, Thin Solid

Films, 316, 89 (1998).
43) T. Mori, S. Okazaki, T. Inomata, A. Takeda, M. Kogoma, Proc. Symp. Plasma Sci. Mater, 9, 7 (1996).
44) 丹羽　幹、村上雄一、日化、1992, 410.
45) S. Kouadri-mostefa, M. Hetani, B. Caussat, Powder Technol., 120, 82 (2001).
46) V. M. Gun' ko, V. I. Zarko, V. V. Turov, R. Leboda, E. Chibowski, L. Holysz, E. M. Pakhlov, E. F. Voronin, V. V. Dudnik, Yu. I Gornikov, J. Colloid and Interface Science, 198, 141 (1998).
47) 岩本正和、色材、78, 557 (2005).
48) B. Hua, C. Li, Mater. Chem. Phys., 59, 130 (1999).
49) K. Inumura, T. Okuhara, M. Misono, Chem. Lett., 1207 (1990).
50) T. Hanabusa, S. Uemia, T. Kojima, Chem. Eng. Sci., 54, 3335 (1999).
51) S. D. Vinga, I. Lamparth, D. Vollath, Macromol. Symp. 181, 393 (2002).
52) 濱田憲二、化学と工業、56, 1337 (2003).

第 5 章

粒子表面と粒子分散に必要な基礎知識

5.1　表面のキャラクタリゼーション

　表面処理された粒子の表面を評価する場合、そのまま表面分析を行っても良いが、溶媒などで表面を洗浄して、その洗浄液の分析から付着している成分を知ることも大切である。図5.1に粒子を洗浄した後の濾液と乾燥させた粒子の分析方法を示す。濾液の元素分析、クロマトグラフィー、構造分析、化学特性などから可溶性成分の付着成分がわかる。一方、粒子に関しては全体的な分析は濾液の場合と共通する場合があるが、いわゆる表面分析や形態分析が特徴となる。

粒子の分析
・表面分析
　XPS,SIMS,EPMA
　AES
・形態分析
　光学顕微鏡
　SEM,TEM
　STM,AFM
・熱分析
　TG,DTA,DSC
・構造分析
　NMR,IR,XRD
　ESR,MS

ろ液の分析
・元素分析
　ICP,AA
・クロマトグラフィー
　GC,LC,GPC,IC
・構造分析
　MS,NMR,IR,XRD
　ESR
・化学特性
　PH,電気化学的測定

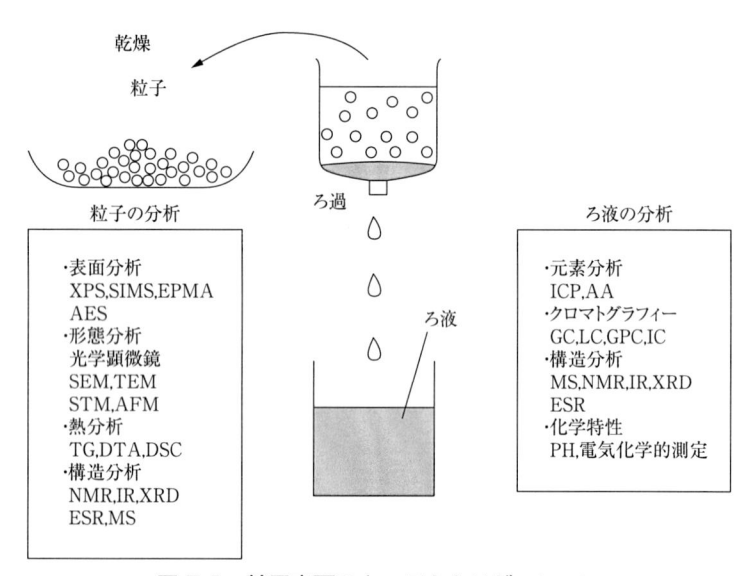

図 5.1　粒子表面のキャラクタリゼーション

5.1.1　ろ液の分析

　表面処理した粒子をそのまま表面分析などを用いて評価しても良いが、溶媒などで表面を洗浄してろ液を取り、付着している成分を分離・分析するとより詳細な情報が得られる。

　ろ液の成分の元素分析は誘導結合プラズマ発光分析（IPC）、原子吸光（AA）、クロマトグラフィーとしてはイオンクロマトグラフィー（IC）、液体クロマトグラフィー（LC）、ガスクロマトグラフィー（GC）、ゲルパーミエーションクロマトグラフィー（GPC）などで測定できる。構造分析は質量分析法（MS）、核磁気共鳴スペクトル（NMR）、赤外吸収スペクトル（IR）などで同定される他、pHや電気化学的測定も行われる。GCやLCはMSと連動したGC-MSやLC-MSあるいは赤外吸収スペクトル（IR）と連動したGC-IRなどで同定される場合も多い。

5.1.2　粒子の分析

　粒子表面の分析は電子、イオン、電磁波および熱などを表面に与えて、表面層との相互作用によって生じる電子、イオン、蛍光、X線、などを測定する、いわゆる表面分析といわれる方法で行われる。また、顕微鏡を使った形態分析を行うのも粒子の評価には特徴的である。

　有機物で被覆されている場合はC、H、Nなどの元素分析の基本的なデータで大まかな被覆量を推定し、さらに赤外吸収スペクトルおよび核磁気共鳴などの構造分析でその構造を同定する。高分子の場合は、処理粒子のまま熱分解し、その分解生成物をガスクロマトグラフィーで同定することで元のポリマーを推定することができる。GC-MSおよびGC-IRなどで最初に各ピークを同定しておくと良い。まったく表面被覆されているものがわからない場合には、熱による重量変化や吸熱・発熱などの熱分析を行うと良い。

5.1.3 元素分析

有機物は燃焼法でC、H、Nを求める。無機物の溶液の場合はICPなどを用いるが粒子の場合はEPMAやSIMSを用いることができる。後者については表面分析のところで述べる。

①燃焼法

有機物で被覆されている場合この方法を用いる。有機物を酸化させ、炭素はCO_2、窒素はNO_x、水素はH_2Oに変換し、その後還元してC、H、Nを求める。この含有量を測定すれば大まかな被覆量がわかる。

②誘導結合プラズマ発光分析（Inductively Coupled Plasma Atomic Emission Spectroscopy：ICP）

溶液をアルゴンガスの流れにのせて高周波プラズマ中に噴射し、励起された元素の発光スペクトルから分析する。この方法は多元素が同時に分析でき、その濃度がppm～ppbレベルと高く、定量性に優れている。また、測定できる元素がAAと比較して多い。

③原子吸光（Atomic Absorption：AA）

溶液をアセチレンフレームに噴射することによって測定元素を原子化し、この蒸気に元素に固有の光を通し吸光量から濃度を求める。分析感度は数ppm～0.01 ppmレベルである。元素毎にカソードランプを交換しなくてはならない、共存元素に注意が必要である。検出感度に比べて装置の価格が安いという特長がある。

5.1.4 クロマトグラフィー

クロマトグラフィーは、**図5.2**に模式図を示したが、固定相（充填剤）の表面あるいは内部を、移動相（キャリア）と呼ばれる物質が通過する過程で物質が分離されていくのを利用した分離方法である。固定相には固体または液体が用いられ、固体のものはSC（solid chromatography）、液体のものはLC

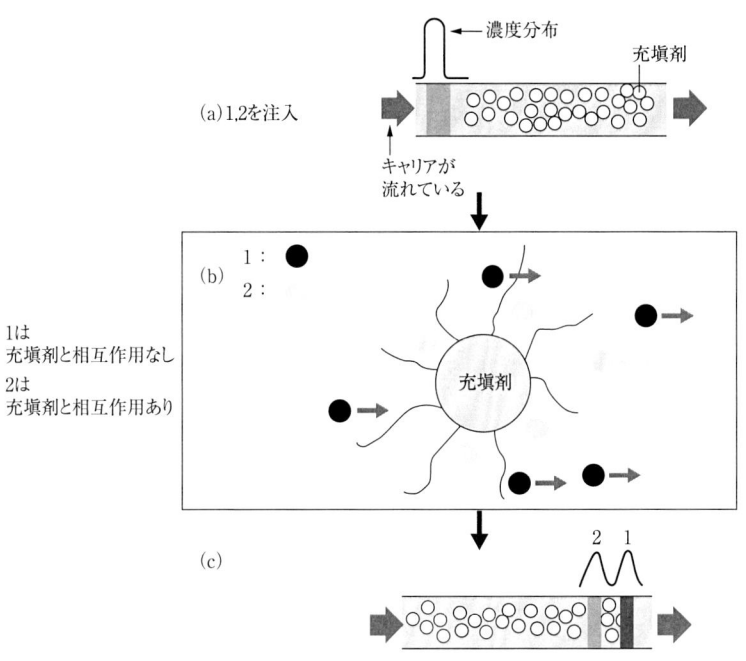

図 5.2　クロマトグラフィー分離の模式図

(liquid chromatography）と呼ばれる。移動相には気体、液体、超臨界流体の3種類が存在し、順に、ガスクロマトグラフィー、液体クロマトグラフィー、超臨界流体クロマトグラフィーと呼ぶ。分離の物理化学的原理は、分配、吸着、分子排斥、イオン交換などである。

①ガスクロマトグラフィー（Gas Chromatography：GC）

気化しやすい化合物の同定・定量に用いられるクロマトグラフィーの手法である。サンプルと移動相が気体であることが特徴である。

②液体クロマトグラフィー（Liquid Chromatography：LC）

固定相にシリカゲルのような高極性のものを、移動相にヘキサンやクロロホルムのような低極性のものを用いた順相クロマトグラフィーでは、分析物はより極性の高いほどより強く固定相と相互作用して溶出が遅くなる。また極性の高い物質の割合が多い移動相ほど溶出が早くなる。逆相クロマトグラフィーにおいては固定相にシリカゲルにアルキル基を共有結合させた低極性のものを、

移動相にアセトニトリルのような高極性のものを用いる。順相系とは逆に、分析物はより極性の低いほどより強く固定相と相互作用して溶出が遅くなる。
③イオンクロマトグラフィー（Ion Chromatography：IC）
　イオン交換樹脂と電気伝導度計などの検出器を組み合わせ、溶液中の塩化物イオン、硫酸イオン、硝酸イオン、フッ化物イオンなどを分離、検出する。
④サイズ排除クロマトグラフィー（size exclusion chromatography：SEC）
　分子サイズに基づく篩い分けを原理とするクロマトグラフィーである。固定相担体は多孔質の素材でできており、巨大分子が先に、小分子が後に流出してくる。移動相が有機溶媒であるゲル浸透クロマトグラフィー（gel permeation chromatography：GPC）と、移動相が水溶液であるゲル濾過クロマトグラフィー（gel filtration chromatography：GFC）がある。

5.1.5　構造分析

　物質の全体的な構造を見るためには、電磁波を使ってその吸収スペクトルなどから解析する方法がある。その概略を図5.3に示す。
①赤外吸収スペクトル（Infra-Red Absorption Spectroscopy：IR）
　赤外線の領域の光が持つエネルギーは分子の振動、回転エネルギー準位間のエネルギー差に相当する。そのためIRスペクトルは分子の振動、回転に関した情報を与え、分子に存在する官能基の種類が分かる。

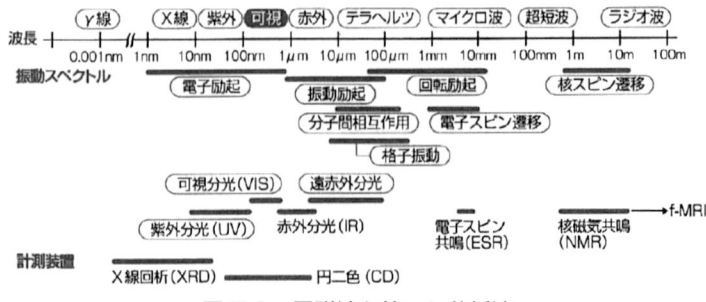

図5.3　電磁波を使った分析法
出典：福井寛「トコトンやさしい化粧品の本」日刊工業新聞社，2009

5.1 表面のキャラクタリゼーション

　原子同士の結合はバネのように柔らかい結合をしており、分子に赤外域のエネルギーを与えると結合エネルギーに一致する振動は共鳴し増大する。結合の振動には**図 5.4** のように大きく伸縮振動と変角振動がある。

　官能基は分子の本体部分に結合した独立原子団とみなすことができ、各官能基は、それぞれの官能基に特有の吸収を示す。これをその官能基の特性吸収という。これは複数種類の官能基が存在しても同様で各々の官能基の特性吸収がそれぞれ独立して観察される。

　IR スペクトルの横軸は波数（cm^{-1}：カイザー）で、波長 λ の逆数 $1/\lambda$ である。これは 1 cm にいくつの波が存在するかを表す数字で、エネルギーに比例する。

　縦軸は吸収強度を表し、ピークの形が太く、長いほど強い吸収である。

　特性吸収の例として 3600 cm^{-1} 近辺の広い大きな吸収は OH、NH 原子団、3000 cm^{-1} 近辺の細かい吸収は CH 原子団に基づくものである。1700 cm^{-1} 近辺の非常に強い吸収は C＝O 原子団に基づく。各原子団の吸収位置を**表 5.1** に示す。

　粒子の測定の場合は粒子を充填して拡散反射法で測定する場合が多い。

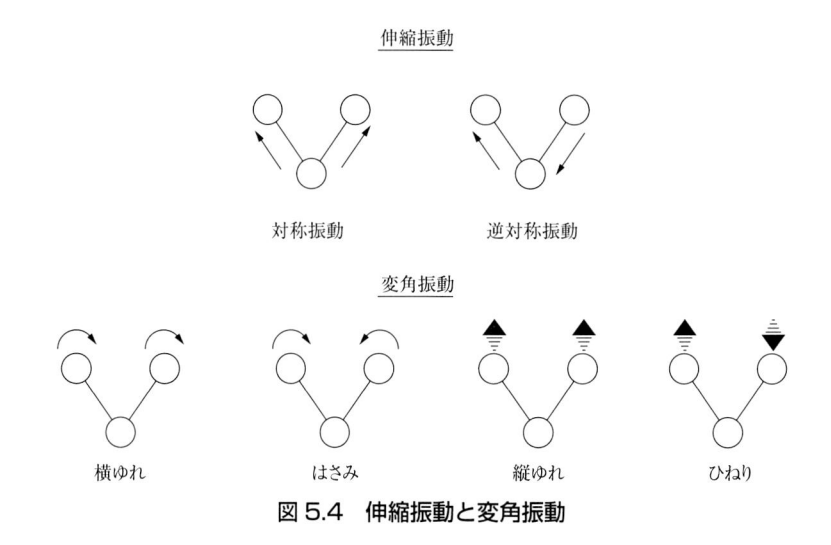

図 5.4　伸縮振動と変角振動

表5.1 官能基と吸収位置の例

官能基	吸収位置 (cm^{-1})
$-CH_3$	2960、2870
$-CH_2-$	2930、2850
$=CH-$	3100-3000
$C=C$	1680-1620
$C\equiv C$	2260-2100
芳香族 C-H	3030
アルコール	~3635(一級)、~3625(二級)、~3615(三級)
フェノール	3650-3600
水素結合	3550-3450(2分子間)、3400-3200(多分子間)、3570-3450(分子内)
$-NH_2$	3500-3300、1640-1550
Si-O	1100-1000
Si-H	2200-2100

②紫外可視(UV)吸収スペクトル

　紫外線(200～400 nm)、可視(400～800 nm)領域の光がもつエネルギーは分子のHOMO(最高被占軌道)～LUMO(最低空軌道)間のエネルギーに相当する。そのためUVスペクトルは分子の軌道エネルギー、具体的には分子全体に広がる共役系に関する情報を与える。二重結合と一重結合が1つおきに並んだ系を共役系といい、共役系を構成するπ結合は非局在π結合と呼ばれる。共役系が長くなると極大吸収波長も長くなり、UVスペクトルを測定すると分子中の共役系の長さを推定することができる。

③核磁気共鳴スペクトル(Nuclear Magnetic Resonance:NMR)

　原子核と磁気の相互作用を利用したスペクトルである。原子核は正電荷をもち、回転しているために磁場が発生している。その結果、原子核はある物理量と方向を持っており、これを核磁気モーメント(核スピン)という。この時、核スピンはバラバラで回転しているが、外部から強力な磁石により一方向に磁場をかけると、核スピンは磁場の方向と逆の方向の2種類に分かれる。磁場と逆方向の核スピンのエネルギーが高くなり、磁場方向の核スピンはエネルギーが低い。ここにラジオ波領域の電磁波を当ててエネルギー差に相当するエネルギーを与えると、高いエネルギー準位に跳ね上がる。この核磁気共鳴を見るの

がNMRスペクトルである。エネルギー差は磁場の強さに比例するので、精密な測定には強い磁場が必要である。

NMRで最も利用頻度の高い核種は ^1H で、次いで ^{13}C が利用されている。^{13}C は ^1H を1とすると相対感度が 1.76×10^{-4} と低いが積算することによって情報が得られている。それ以外に ^{15}N、^{19}F、^{29}Si、^{31}P などが利用されている。粒子の表面に有機物が被覆されている場合には ^{13}C、ゼオライトなどのSi含有粒子やシリコーンによる被覆状態を測定したい場合は ^{29}Si を用いる。

また、溶液に溶解させた溶液NMR測定と固体状態で測定する個体NMR測定があり、粒子の表面などの測定には固体NMRがよく用いられる。

④電子スピン共鳴分析法（Electron Spin Resonance Spectrometry：ESR）

通常は分子軌道には対をなして2個の電子が入るが、遷移元素イオンやラジカルでは電子が1個しか入っていない。これを不対電子と呼び電子スピン分析法はこの不対電子に基づく電子スピン共鳴の測定を行う。1個の電子スピンの系に磁場を印加すると、不対電子のもつ磁気モーメントの方向は、磁場の方向に対して平行か反平行の2つのエネルギー状態をとることができる。この2つのエネルギー状態は磁場の強さとともに分裂（ゼーマン分裂）するが、通常電子は安定な低い準位に存在する。この2つのエネルギー差に相当する電磁波を照射すると電子はエネルギーを吸収して高い準位に遷移し共鳴が起こる。不対電子がどの周波数で共鳴するかは、それが存在している分子や原子核の影響、磁場の強さに依存しており、共鳴した周波数を知れば電子の周りの環境を推察することができる。ESRでは選択的にフリーラジカルを測定することができ、活性酸素や半導体開発などに応用されている。

⑤質量分析法（Mass Spectrometry：MS）

高電圧をかけた真空中で試料をイオン化し、飛行しているイオンを電気的・磁気的な作用等により質量電荷比に応じて分離し、それぞれを検出することで、質量電荷と強度を測定することができる。

⑥X線回折法（X-ray Diffraction：XRD）

原子が規則正しく配列している（配列面を格子面という）物体に、原子の間隔と同程度の波長（$0.5Å \sim 3Å$）を持つX線を入射すると、各原子で散乱されたX線が、ある特定の方向で干渉し合い、強いX線を生じる。これがX線

の回折現象である。1913年に、Bragg父子は、ブラッグの公式（2d sinθ=nλ）を発表し、X線回折が起こる条件を理論的に明らかにした。既知波長λの入射X線を物体に入射し、回折角2θとそのX線強度を測定すると物体の格子面間隔dを知ることができる。これによって物体の結晶構造を同定することができる。

5.1.6　表面分析

原子にX線や紫外線を照射すると**図5.5**のように電子が軌道からはじき出されて光電子として放出される。その軌道には空位ができるのでそれよりも高い軌道から電子が移動し緩和する。この時、軌道のエネルギー差に相当するエネルギーを放出する。エネルギーの放出方法としては2通りあり、1つは特性X線という電磁波の形で、もう1つは他の軌道の電子が受け取り原子外に飛び出す場合で、この電子をオージェ電子と呼び各元素特有のエネルギー値を持っている。

表面に電子線を入射するとその一部は散乱され回折が起こる。また、**図5.6**のように表面に入射された電子のエネルギーによって表面の原子は励起され、二次電子、オージェ電子、特性X線、光などが発生する。電子線を用い、オージェ電子の運動エネルギーを分光して表面組成を解析する方法がオージェ電子分光法（AES）である。また、特性X線も元素に固有であるため同様に元素

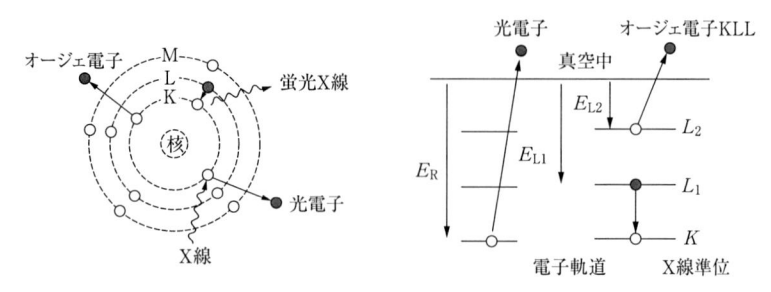

図5.5　X線による励起と緩和
出典：羽多野重信ら「粉体技術最前線」、工業調査会、2003年

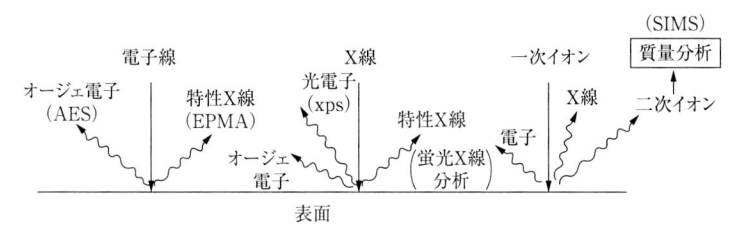

図 5.6　表面を刺激して表面から情報を得る方法

分析に利用され、電子線マイクロアナライザ（EPMA）と呼ばれる。

　一方、X線を照射すると光電子、オージェ電子、特性 X 線、光などが発生するが、これを分光して表面組成を解析する手法は X 線光電子分光法（XPS、ESCA）と呼ばれ、同時に放射される特性 X 線を解析するのは蛍光 X 線分析と呼ばれる。

　また、イオンを入射すると表面で散乱以外に、表面原子のスパッタリングが生じ、また、表面に存在する原子の励起を起こして内部に侵入する。その際に二次粒子としてイオン、原子、分子、電子、X 線、光が発生する。二次イオン質量分析（SIMS）はこれを電界より引き出し磁場や高周波電場を用いて質量分析し物体表面の構成成分の定性・定量化を行う方法である。

①オージェ分光法（Auger Electron Spectroscopy：AES）

　物体表面に電子線を照射すると物体表面から二次電子や特性 X 線が放出される。放出された二次電子中にはオージェ過程で生成したオージェ電子が存在し、このオージェ電子の運動エネルギーは照射した電子や光のエネルギーに依存せず、物質によってほぼ定まっていることからこの運動エネルギーを検出することによって元素の同定や状態を分析することができる。オージェ電子の表記法は、例えば K 準位にホールが生成し、L_1 準位の電子が K 準位に遷移すると同時に他の $L_{2,3}$ 準位の電子が放出された場合、この過程は $KL_1L_{2,3}$ オージェ遷移と呼ばれる（図 5.5）。検出可能な元素は H と He 以外のすべての元素で検出限界は 0.1％程度である。

②電子線マイクロアナライザ（Electron Probe Micro-Analyzer：EPMA）

　電子線が物体に当たると X 線の他にもいろいろな情報をもった粒子や電磁波が飛び出してくる。電子線マイクロアナライザでは特性 X 線、二次電子、

反射電子などの信号を検出し、表面観察、元素分析、結合状態分析、あるいは結晶構造解析を行う装置分析で、粒子を含む固体の分析に利用できる。特性X線の波長と物体の原子番号とは一定の関係があり、その波長から元素の定性分析が、その強度から定量分析を行うことができる。検出可能な元素はB（ホウ素）〜U（ウラン）で1〜200 μmの領域で元素分析や元素の分布を測定することができる。

③X線光電子分光分析（X-ray Photoemission Spectroscopy：XPS、Electron Spectroscopy for Chemical Analysis：ESCA）

X線を物体に当てると光電子やオージェ電子が発生する。光電子によって元素の内殻電子を知ることができる。検出可能な元素はLi（リチウム）〜U（ウラン）で検出限界は0.1％程度である。各種元素の化学結合状態が異なると結合エネルギーがわずかに変化し、これらは区別されて検出される。これにより有機物の官能基分析や無機物の酸化状態の定量分析も可能である。エネルギーを失わない脱出深さは数nmと浅いため最表面の情報を得ることができる。Arイオンなどの希ガスを物体表面に当てて表面原子層を剥ぎ取りながら表面を分析していけば深さ方向の分析も可能である。

④二次イオン質量分析（Secondary Ion Mass Spectrometry：SIMS）

一次イオンと呼ばれる数〜30 keV程度のエネルギーを持つイオンビームを物体表面に照射した時、表面からはスパッタリング現象によって原子が放出される。大部分は電気的に中性であるが、一部はプラスまたはマイナスにイオン化された二次イオンであり、二次イオン質量分析はこれを電界により引き出し、磁場や高周波電場を用いて質量分析し、物体表面の構成成分の定性・定量化を行う。検出可能な元素はH（水素）〜U（ウラン）まで同位体も含めて可能で、特徴的なのはHを分析できることである。

5.1.7　形態分析

粒子の形態の観察には顕微鏡を用いる。身近なものとしては光学顕微鏡があり、実体顕微鏡を使えば数百倍までの拡大像を見ることができるが、それ以上

の微細な表面構造を見ることはできない。これは分解能が光の波長に依存しているためであり、電子を使った電子顕微鏡を用いれば分解能は格段に向上する。また、プローブという針のようなものを使って表面の凹凸を調べる走査プローブ顕微鏡（SPM）もある。

(1) 光学顕微鏡

光学顕微鏡による観察では、一般に可視光を利用するため倍率が2000倍以上には上がらず、また分解能は0.4 μm以下にすることはできない。このような倍率や分解能の制約があるが光学顕微鏡は操作が簡単であり評価対象も広いためサンプルの全体像に関する情報を得るために広く利用される。さらに偏光や干渉などの特徴を利用すれば多くの情報を得ることができる。

①明視野顕微鏡

透過光によって観察を行う顕微鏡。物体を均一な入射光で照らした時、物体の各部分において光の吸収率が異なる為に透過光の像にコントラストが付くことを利用する。吸収率の小さい物体では染色を施すこともある。

②金属顕微鏡

金属表面の観察に適した顕微鏡で、対物レンズから光を照射して反射光で観察する。

③偏光顕微鏡

光学的に等方体ではない物体は入射偏光により屈折率や透過率が異なる性質がある。偏光を利用して鉱物などの異方性の観察を行い結晶と組織を知ることができる。異方性の物体を偏光顕微鏡下で回転させれば、画像は明暗の変化を示す。

④実体顕微鏡

物体を立体的に観察する場合に使用する。倍率は200倍までである。

(2) 電子顕微鏡

電子をビーム状にして表面に走査し、そこから飛び出した電子の強度を測定すると表面の凹凸を観測することができ、これを走査型電子顕微鏡（SEM）という。薄くしたサンプルに電子を照射して透過した電子を拡大して記録した

顕微鏡を透過型電子顕微鏡（TEM）という。

①**走査型電子顕微鏡**（Scanning Electron Microscope：SEM）

観察物体を高真空中（10^{-3} Pa 以上）に置き、この表面をレンズ（電界や磁界）で絞った電子線（焦点直径 1 〜 100 nm 程度）で走査する。物体表面から放出される二次電子・反射電子から像を構築し表示する（**図 5.7**）。走査は直線的だが、走査軸を順次ずらしていくことで物体表面全体の情報を得る。粉体材料に対して最も一般的に使用される装置であり、光学顕微鏡より日常的に使われている。SEM では 30 万倍、空間分解能で数十 nm 程度まで見ることができる。SEM は物質表面の形態観察だけではなく、入射電子が原子を励起した場合に発生する特性 X 線を検出すれば微小領域における元素分析を行うことができる。

②**透過型電子顕微鏡**（Transmission Electron Microscope：TEM）

物体を透過した電子像を拡大・結像して物体の透過像や電子回折像を得る顕微鏡である。透過する電子を使うので断面または界面を見るのに適しており、分解能は nm レベルで物体の形状や表面構造に加え、結晶パターンや格子欠陥の存在、結晶の配向などが観察できる。倍率を 10 万倍以上の高倍率にして物体の結晶格子像や原子配列などを原子オーダーの分解能で観察する方法は高分解能 TEM と呼ばれる。SEM と同様に組成分析を行うこともできる。

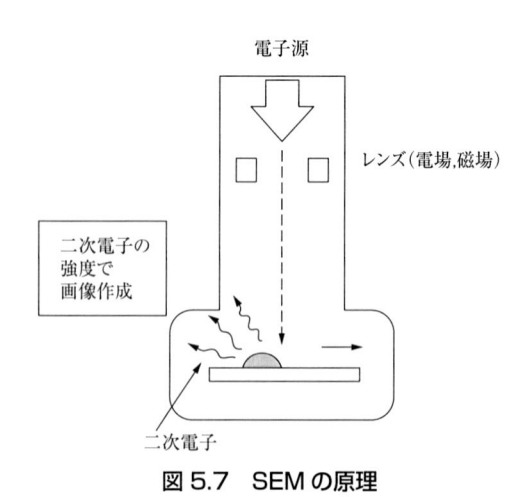

図 5.7　SEM の原理

(3) 走査プローブ顕微鏡（Scanning Probe Microscope：SPM）

　物体の局所物性を測ることができる微小なプローブを、物体表面に沿って高精度に移動させながら測定を繰り返し、物体からのプローブ信号を画像として出力する。このような非常に高い空間分解能をもつ一連の顕微鏡を走査プローブ顕微鏡と呼ぶ。

　歴史的には物質が非常に近づいた時にしか発生しないトンネル電流を測定して表面の凹凸を測定する走査トンネル顕微鏡（STM）が開発された。その後、プローブが接近した時に起こる原子間力で表面の凹凸を観測する原子間力顕微鏡（AFM）などさまざまなプローブが開発されている。探針により検出される物理量として、摩擦、磁気、電位、電荷、光、熱、イオン伝導度、化学ポテンシャルなどがある。これらの分解能は 0.1 nm 以下程度のものもある。また、プローブで原子を加えたり反応させることもできる。

①走査トンネル顕微鏡（Scanning Tunneling Microscope：STM）
　先端を鋭く尖らせた針（探針）を導電性物体のごく近く（1 nm）まで近づけ、探針と物体間に微小電圧を加えるとトンネル電流が流れる。トンネル電流は両者の距離が変化すると敏感に変化するため、電流を一定に保つようにして探針を物体表面上に走査して探針の変位を測定すれば、これをプローブ信号として三次元形状を知ることができる。探針と物体表面の間隙（トンネルギャップ）は約 1 nm と考えられ、ギャップ内に気体、液体などの分子が存在しても電子のトンネルは妨げられない。そのため STM は真空のみならず大気中、水中でも測定できる。電流を使って表面の位置を感知しているため、絶縁物の表面は観察できない。

②原子間力顕微鏡（Atomic Force Microscope：AFM）
　トンネル電流の代わりに原子レベルの相互作用（原子間力）をプローブ信号として用いたのが**図 5.8** に示す原子間力顕微鏡である。近接する物体間には必ず力が作用するので測定の制約は原理的には存在しない。高分子のような絶縁物でも、さらには液中でも測定できるという利点がある。測定手法としては斥力領域で動作するコンタクトモード、引力領域で動作するノンコンタクトモード、また物体に周期的に接触させるタッピングモードがある。両者間に働く力を詳細に解析することによってナノスケールでの吸着力や摩擦力、また、

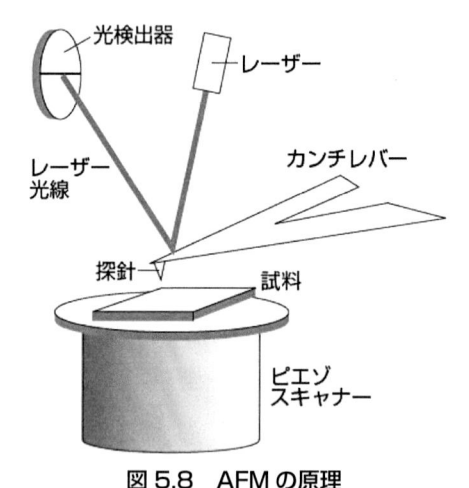

図 5.8　AFM の原理
出典：加藤貞二「界面活性剤評価・試験法」日本油化学会、2002

両者にバイアス電圧を加えることによって表面電位などを測定することが可能である。
③磁気力顕微鏡（Magnetic Force Microscope：MFM）
　磁性材料で作成した探針を用いて磁力を検出し、物体表面の磁気の分布を検出するもの。
④走査型近接場光顕微鏡（Scanning Near-field Optical Microscope：SNOP）
　光の波長より小さい径の粒子に光を当てると、粒子周辺で局在した電磁場（近接場光）が発生する。近接場光は粒子内部に誘起される電気双極子が原因であるが、粒子の表面に沿うように集まっている。このため粒子近傍にプローブを操作して近接場光を散乱させ、光検出器で観測すれば顕微鏡となる。物体に光を当てて物体周辺に近接場光を発生させ、ファイバープローブで散乱された近接場光を検出する「集光モード」とプローブ周りに近接場光を発生させて、その近接場光で物体を照らす「照明モード」がある。

5.1.8 熱分析

熱分析（Thermal Analysis：TA）は物質を加熱あるいは冷却すると物理的、化学的変化が起こるが、その温度で起こった現象の種類を知りたい場合に測定する。また、融解ピークの解析からその物質の純度を求めるような使い方も多くなっている。

物質の温度を一定プログラムにしたがって変化させながら、物質のある物理的性質の変化を温度または時間の関数として測定する方法を熱分析と呼ぶ。測定する物理的性質として質量を対象とした場合が熱重量測定（TG）、温度の場合が示差熱分析（DTA）、エンタルピーの場合を示差走査熱分析（Differential Scanning Calorimetry：DSC）という。最近は TG と DTA が組み合わさった TG-DTA が一般的になっている。

①熱重量・示差熱分析（Thermogravimetry- Differential Thermal Analysis：TG-DTA）

物質に熱を加えて熱による重量変化とその時の発熱・吸熱を測定する。例えば表面処理で表面を被覆している物質が融解する場合は吸熱で重量変化がなく、蒸発する場合は吸熱で重量減少がある。酸化分解する場合は発熱で重量減少がある。表面被覆物質の状態が分からない場合はまず測定してみると大まかな情報が得られる。

②示差走査熱分析（Differential Scanning Calorimetry：DSC）

物質と参照物質とを加熱あるいは冷却する操作は DTA と同じであるが、DSC では両者の温度が等しくなるようにし、そのために必要なエネルギー（熱量）を温度または時間に対して観測する手法である。DSC は主に比熱、反応熱、融解熱などの定量に用いられ、また結晶化速度や反応速度などの測定にも応用することができる。

③熱分解ガスクロマトグラフィー（熱分解 GC）

プラスチック、ゴム、樹脂などの高分子を室温付近から 1000℃ 付近まで加熱・熱分解し、得られる揮発性成分とポリマー成分を GC-MS で分析する。これらの生成物は元の高分子化合物の構造を反映しているので、それらから高分

子のより高次な構造解析ができる。

5.1.9 化学特性

(1) 電気化学測定 (electrochemical measurement)

　化学物質の性質を電気的に計測する方法を電気化学測定といい、化学物質の濃度や種類、電極上での酸化還元反応の詳細な機構などについての情報が得られる。溶液の電極電位を測定する電位差滴定 (potentiometric titration) や電圧変化に対する電流応答を測定するボルタンメトリー (voltammetry) がある。ガラス電極の電極電位から水素イオン濃度 (pH) を測定する pH メーターなどに応用されている。

(2) pH メーター (pH meter)

　pH メーターにはガラス電極と比較電極が存在し、ガラス電極は電極をガラス薄膜で覆ったもので、中は pH7.0 に調整した塩化カリウム (KCl) で満たされている。ガラス電極内外の溶液の pH が異なると起電力が生じるので、ガラス電極外の pH を求めたい溶液に比較電極を浸けて、発生した起電力を測定することでその溶液の pH を求める。

5.2 溶解性パラメーター

　実用的な粒子分散液は、粒子、高分子 (分散剤やバインダー樹脂)、溶剤、界面活性剤などの添加剤によって構成されており、構成成分同士の親和性を評価することが、配合設計やトラブルシューティングにおいて重要である。構成成分間の親和性が影響する現象として、高分子の溶剤への溶解、高分子同士の相溶化、粒子の表面とビヒクルとの濡れ、高分子の粒子表面に対する吸着などが挙げられる。

これらの内、溶剤と高分子、溶剤と粒子の間に、発熱的な強い相互作用を働かせてしまうと、図1.11で示したように、粒子と高分子との相互作用を阻害する可能性があるので、$\Delta H \geqq 0$ の範囲で、できるだけ ΔH の絶対値を小さくする方策を考えたほうが、多くの場合得策であることを本文1.6で示した。このような $\Delta H \geqq 0$ の範囲で、濡れや溶解に伴う ΔH（正確には内部エネルギーの変化 ΔE）の値を議論するための尺度として、溶解性パラメーターが知られている。

5.2.1　溶解性パラメーターの基本理論

溶解性パラメーター（Solubility Parameter, SP）は、1950年にHildebrand, Scottにより提唱された、液体に対する熱力学的なパラメーターであり、5.1式で表される[1]。

$$\delta = \sqrt{\frac{\Delta H - RT}{V_m}} = \sqrt{\frac{\Delta E}{V_m}} \qquad 5.1式$$

δ：SP値　　ΔH：蒸発のエンタルピー　　R：ガス定数　　T：絶対温度
V_m：モル体積　　ΔE：凝集エネルギー（気化エネルギー）

SP値は液体に対して定義されることに留意されたい。

以下では、少し厳密さを犠牲にしてわかりやすく説明する。ある純粋液体を考えた時に、この液体が液体であり続けるためには、分子間に引力が働いている必要がある。この引力を1モルあたりのエネルギーで表現したものが ΔE である。ΔE は直接測定できないので、蒸発のエンタルピー ΔH を測定することになるが、ΔH には分子間の引力を断ち切る仕事と、気体になった分子の運動エネルギーが含まれているので、気体の運動エネルギー RT を ΔH から差し引けば ΔE となる。ΔH、ΔE、RT は1モルあたりのエネルギーであるから、これを液体のモル体積 V_m で割り算すると、液体の種類に拘わらず、単位体積あたりの値となる。$\Delta E / V_m$ は単位体積あたりの凝集エネルギーなので、凝集エ

ネルギー密度と呼ばれる。SP値は、この凝集エネルギー密度の平方根である。

SP値がそれぞれ δ_1、δ_2 である2つの液体が混合した時、この混合溶液の凝集エネルギー密度は、それぞれの液体の凝集エネルギー密度の幾何平均で表せると考える。すなわち、混合溶液の凝集エネルギー密度は、それぞれのSP値の積 $\delta_1\delta_2$ で表せることになる。これは、SPを用いる場合の最大の前提条件である。同じもの同士を混ぜた場合の凝集エネルギー密度は当然ながら、$\delta_1^2 = \Delta E_1/V_{m1}$ となる。

上記の前提条件下で、SP値 δ_1、δ_2 を持つ2つの液体が混合した際に、1-1の分子対と2-2の分子対の各1組から、1-2の分子対が2組できるとする。対応する凝集エネルギー変化（ΔE_{MIX}）は、混合前と後のエネルギーの差をとって、

$$\Delta E_{MIX} = \delta_1^2 + \delta_2^2 - 2\delta_1\delta_2 = (\delta_1 - \delta_2)^2 \qquad 5.2式$$

となる。実際には混合時の体積分率 ϕ_1、ϕ_2（$\phi_1 + \phi_2 = 1$）を考慮に入れ、V_m を2つの液体の平均のモル体積として、

$$\Delta E_{MIX} = \phi_1\phi_2 V_m (\delta_1 - \delta_2)^2 \qquad 5.3式$$

$$\frac{1}{V_m} = \frac{\phi_1}{V_{m1}} + \frac{\phi_2}{V_{m2}} \qquad 5.4式$$

となる。5.3式の右辺は、必ず正の値か、最小でもゼロである。すなわち、SP値を用いて取り扱うことができるのは、混合により系の凝集エネルギーが増加する吸熱混合系のみということになる。高分子の吸着のような発熱混合系でしか生じ得ない現象が、SP値を用いて議論されていることがあるが、これはナンセンスな話である。

それでは、どこまで混合するかということを考える。1.2式で示したように、ある現象が進行するためにはギブス自由エネルギーが減少すれば良い。混合に

伴う変化という意味で、添字 MIX を付けて 1.2 式を記載すると、以下の式が成立すれば良い。

$$\Delta G_{MIX} = \Delta H_{MIX} - T\Delta S_{MIX} < 0 \qquad 5.5 式$$

　混合という現象では、系の乱雑さは増加して ΔS_{MIX} は正の値となる。したがって、$T\Delta S_{MIX}$ の絶対値より ΔH_{MIX} が小さければ、ΔG_{MIX} は負の値をとり、混合することになる。混合による体積変化が小さい場合には、外部に対する仕事が無視できるので、$\Delta H_{MIX} ≒ \Delta E_{MIX}$ の近似が成立し、混合の条件は、以下のようになる。

$$\phi_1 \phi_2 V_m (\delta_1 - \delta_2) < T\Delta S_{MIX} \qquad 5.6 式$$

　式の左辺は、δ_1 と δ_2 が近い値であるほど小さくなり、最小となるのは、$\delta_1 = \delta_2$ の時である。すなわち、SP 値が近い液体同士ほど混ざりやすく、同じもの同士が最も良く混ざることになる。
　ここまでは、2 つの液体の混合を例にとって進めてきたが、一方を溶剤、他方を高分子とすれば高分子の溶解に、両方を高分子にすれば相溶化に、一方を溶剤、他方を粒子（溶解しないので真の意味では SP といえないが、後述する方法で仮想の SP 値を決定できる）とすれば、濡れの議論に適用することができる。

5.2.2　溶解性パラメーターの成分分け（三次元溶解性パラメーター）

　前節で解説した凝集エネルギー ΔE を、分子間に作用する力に着目して、さらにいくつかの成分に分割する考え方がある。特に、ロンドン分散力による d 成分、双極子間力による p 成分、水素結合力による h 成分の 3 成分よりなるとする Hansen パラメーター[2~5] が著名である。
　Hansen は凝集エネルギーの d、p、h 成分をそれぞれ ΔE_d、ΔE_p、ΔE_h とし

て、トータルの凝集エネルギーがそれらの総和で表せるとした。すなわち以下の（7）〜（11）式が成立するとした。

$$\Delta E = \Delta E_d + \Delta E_p + \Delta E_h \qquad 5.7 式$$

$$\delta_d = \sqrt{\frac{\Delta E_d}{V_m}} \qquad 5.8 式$$

$$\delta_p = \sqrt{\frac{\Delta E_p}{V_m}} \qquad 5.9 式$$

$$\delta_h = \sqrt{\frac{\Delta E_h}{V_m}} \qquad 5.10 式$$

$$\delta^2 = \delta_d^{\,2} + \delta_p^{\,2} + \delta_h^{\,2} \qquad 5.11 式$$

この Hansen パラメーターを用いた場合、5.6 式に対応する混合進行の条件式は、5.12 式のようになる。

$$\phi_1 \phi_2 V_m \left\{ 4(\delta_{d1} - \delta_{d2})^2 + (\delta_{p1} - \delta_{p2})^2 + (\delta_{h1} - \delta_{h2})^2 \right\} < T\Delta S_{MIX}$$
$$5.12 式$$

すなわち、d、p、h の各成分が、それぞれ近い液体同士がよく混じるということになる。凝集エネルギーをこのような成分に分割することに対する批判や、高極性溶媒に対する不具合を解消するための修正パラメーターの提案などが、これまでに繰り返されてきているが、簡便で多くの場合に妥当な結果を示すことから、Hansen パラメーターが現在でも依然として支持されているようである。

表5.2 に、Hansen が 1967 年に報告した各種溶剤の三次元溶解性 SP 値を再掲する。オリジナルを参照していただけばよいが、最近は入手し難いような

ので、あえて再掲した。

5.2.3　高分子と粒子の SP 値の決定

　SP 値の異なる溶剤に対する高分子の溶解性や粒子粉体の懸濁性の評価により、高分子や粒子の SP 値を見積もることができる。また、構造式が既知であれば、構造式中の官能基の種類や量から計算で SP 値を決定することができる。以下ではこれらの具体例を紹介する。

(1) 高分子の SP 値の測定

　高分子を SP 値既知の良溶剤に溶解させておき、その溶剤より高 SP 値の貧溶剤と低 SP 値の貧溶剤で濁度滴定（濁りが生じるまで貧溶剤を加える）することにより、高分子の SP 値を決定することができる[6]。

　良溶剤の SP 値を δ_g、高 SP 値の貧溶剤の SP 値を δ_{ph}、低 SP 値の貧溶剤の SP 値を δ_{pl} とし、高 SP 値側および低 SP 値側の貧溶剤で滴定した時の、濁点における貧溶剤の体積分率をそれぞれ ϕ_{ph}、ϕ_{pl} とすると、濁点における混合溶剤の SP 値 δ_{mh}、δ_{mh} はそれぞれ貧溶剤と良溶剤の SP 値の体積平均で表すことができ、次の 5.13 式、5.14 式が成立する。

$$\delta_{mh} = \phi_{ph}\delta_{ph} + (1-\phi_{ph})\delta_g \qquad \text{5.13 式}$$

$$\delta_{ml} = \phi_{pl}\delta_{pl} + (1-\phi_{pl})\delta_g \qquad \text{5.14 式}$$

高分子の SP 値 δ_{poly} は δ_{mh} と δ_{mh} の中間値となる。すなわち、5.15 式

$$\delta_{poly} = \frac{\delta_{mh} + \delta_{ml}}{2} \qquad \text{5.15 式}$$

で表される。Suh らは上記の方法により、ポリスチレンなどの SP 値を決定し

表 5.2 三次元溶解性パラメーター (Hansen パラメーター)

No.*		δ	δd	δp	δh
1	メタノール	14.28	7.42	6.0	10.9
3	エタノール	12.92	7.73	4.3	9.5
4	1-プロパノール	11.97	7.75	3.3	8.5
5	1-ブタノール	11.30	7.81	2.8	7.7
6	ペンタノール	10.61	7.81	2.2	6.8
7	2-エチルブタノール	10.38	7.70	2.1	6.6
8	2-エチルヘキサノール	9.85	7.78	1.6	5.8
9	4-メチル-2-ペンタノール	9.72	7.47	1.6	6.0
10	プロピレングリコール	14.80	8.24	4.6	11.4
11	エチレングリコール	16.30	8.25	5.4	12.7
12	1,3-ブタンジオール	14.14	8.10	4.9	10.5
13	グリセリン	21.10	8.46	5.9	14.3
14	シクロヘキサノール	10.95	8.50	2.0	6.6
15	m-クレゾール	11.11	8.82	2.5	6.3
15A	乳酸エチル	10.57	7.80	3.7	6.1
15B	乳酸 n-ブチル	9.68	7.65	3.2	5.0
16	ジエチレングリコール	14.60	7.86	7.2	10.0
17	ジプロピレングリコール	15.52	7.77	9.9	9.0
18	2-ブトキシエタノール	10.25	7.76	3.1	5.9
19	2-(2-メトキシエトキシ)エタノール	10.72	7.90	3.8	6.2
19A	2-(2-ブトキシエトキシ)エタノール	8.96	7.80	3.4	5.2
20	2-エトキシエタノール	11.88	7.85	4.5	7.0
21	ジアセトンアルコール	10.18	7.65	4.0	5.3
22	酢酸 2-エトキシエチル	9.60	7.78	2.3	5.2
22A	2-メトキシエタノール	12.06	7.90	4.5	8.0
23	ジエチルエーテル	7.62	7.05	1.4	2.5
23A	フラン	9.09	8.70	0.9	2.6
24	1,4-ジオキサン	10.00	9.30	0.9	3.6
25	ジメトキシメタン	8.52	7.35	0.9	4.2
26	ジエチルスルフィド	8.46	8.25	1.5	1.0
26A	二硫化炭素	9.97	9.97	0.0	0.0
26B	ジメチルスルフォキシド	12.93	9.00	8.0	5.0
27	炭酸プロピレン	13.30	9.83	8.8	2.0
28	γ-ブチロラクトン	12.78	9.26	8.1	3.6
29	アセトン	9.77	7.58	5.1	3.4
30	2-ブタノン	9.27	7.77	4.4	2.5
31	4-メチル-2-ペンタノン	8.57	7.49	3.0	2.0
31A	5-メチル-2-ヘキサノン	8.55	7.80	2.8	2.0
32	2,6-ジメチル-4-ヘプタノン	8.17	7.77	1.8	2.0
32A	イソホロン	9.71	8.10	4.0	3.6
33	シクロヘキサノン	9.88	8.65	4.1	2.5
33A	テトラヒドロフラン	9.52	8.22	2.8	3.9
34	4-メチル-3-ペンテン-2-オン	9.20	7.97	3.5	3.0
35	酢酸エチル	9.10	7.44	2.6	4.5
36	酢酸 n-ブチル	8.46	7.67	1.8	3.1

表5.2 三次元溶解性パラメーター (Hansenパラメーター) 続き

No.*		δ	δd	δp	δh
36A	酢酸3-メチルブチル	8.32	7.45	1.5	3.4
37	2-メチルプロパン酸2-メチルプロピル	8.04	7.38	1.4	2.9
38	アセトニトリル	11.90	7.50	8.8	3.0
38A	ブチロニトリル	9.96	7.50	6.1	2.5
39	ニトロメタン	12.30	7.70	9.2	2.5
40	ニトロエタン	11.09	7.80	7.6	2.2
41	2-ニトロプロパン	10.02	7.90	5.9	2.0
42	アニリン	11.04	9.53	2.5	5.0
43	ニトロベンゼン	10.62	8.60	6.0	2.0
44	2-アミノエタノール	15.48	8.35	7.6	10.4
44A	ホルムアミド	17.80	8.40	12.8	9.3
45	ジメチルホルムアミド	12.14	8.52	6.7	5.5
46	ジプロピルアミン	7.79	7.50	0.7	2.0
47	ジエチルアミン	7.96	7.30	1.1	3.0
47A	モルフォリン	10.52	9.20	2.4	4.5
47B	シクロヘキシルアミン	9.05	8.45	1.5	3.2
47C	ピリジン	10.61	9.25	4.3	2.9
48	四塩化炭素	8.65	8.65	0.0	0.0
49	クロロフォルム	9.21	8.65	1.5	2.8
50	二塩化エチレン	9.76	9.20	2.6	2.0
51	塩化メチル	9.93	8.91	3.1	3.0
52	1,1,1-トリクロロエタン	8.57	8.25	2.1	1.0
52A	1-クロロブタン	8.46	7.95	2.7	1.0
53	トリクロロエチレン	9.28	8.78	1.5	2.6
53A	2,2-ジクロロジエチルエーテル	10.33	9.20	4.4	1.5
54	クロロベンゼン	9.57	9.28	2.1	1.0
55	o-ジクロロベンゼン	9.98	9.35	3.1	1.6
56	α-ブロムナフタレン	10.25	9.94	1.5	2.0
56A	塩化シクロヘキシル	8.99	8.50	2.7	1.0
57	ベンゼン	9.15	8.95	0.5	1.0
58	トルエン	8.91	8.82	0.7	1.0
59A	キシレン	8.80	8.65	0.5	1.5
59	エチルベンゼン	8.80	8.70	0.3	0.7
60	スチレン	9.30	9.07	0.5	2.0
61	テトラリン	9.50	9.35	1.0	1.4
62	ヘキサン	7.24	7.24	0.0	0.0
63	シクロヘキサン	8.18	8.18	0.0	0.0
64	水	23.50	6.00	15.3	16.7
65	酢酸	10.50	7.10	3.9	6.6
66	ギ酸	12.15	7.00	5.8	8.1
67A	酪酸	9.18	7.30	2.0	5.2
68	ベンズアルデヒド	10.40	9.15	4.2	2.6
69	無水酢酸	10.30	7.50	5.4	4.7

No*はHansenの原典中での番号　δの単位は$(cal/cm^3)^{1/2}$

ている[6]。

(2) Hansen パラメーターによる高分子や粒子の SP 値の測定

　Hansen パラメーターの δ_d、δ_p、δ_h を3次元の直行座標にとると、表5.2の各溶剤は空間座標上の一点で表せる。高分子が特定の溶剤に溶解するか否か、もしくは、粒子が安定に分散するか否かの条件について考える。5.12式で、1の成分を一定量の高分子もしくは粒子とし、2の成分を一定量の各溶剤と考え変形すると、

$$\left(\delta_{d1}-\delta_{d2}\right)^2+\left(\delta_{p1}-\delta_{p2}\right)^2+\left(\delta_{h1}-\delta_{h2}\right)^2 < \frac{T\Delta S_{MIX}}{\phi_1\phi_2 V_m} \qquad 5.16 式$$

　5.16式右辺は一定量同士の混合の場合、ほぼ定数と考えることができる。したがって、5.16式を満足し、高分子を溶解したり粒子を安定に分散したりする溶剤の SP 値（δ_{d2}、δ_{p2}、δ_{h2}）は、高分子もしくは粒子の SP 値（δ_{d1}、δ_{p1}、δ_{h1}）を中心として、半径が $\sqrt{\frac{T\Delta S_{MIX}}{\phi_1\phi_2 V_m}}$ の球の内側に存在することになる（**図5.9**）。図5.9に示した溶解・懸濁領域を示す球は、溶解度球と呼ばれる。

　SP 値が不明な高分子や粒子について、種々の溶剤中における溶解性や懸濁性を評価し、良好な溶解性や懸濁性を示した溶剤の三次元座標を用いて溶解度球を決定すれば、その中心座標が高分子もしくは粒子の SP 値となる。同種の高分子（例えばポリスチレン）でも、分子量が大きいほど溶解した時のエントロピー変化（ΔS_{MIX}）は小さいので、溶解度球の半径は小さくなる。特定の溶剤に対して同種の高分子でも分子量の大きいものは溶解しないことを経験するが、上記のような考え方で理解することができる。

　2つの高分子同士の相溶性については、それぞれの溶解度球の中心が近く、溶解度球の半径が大きいもの同士ほど相溶性は良好ということになる。

(3) 三角座標の利用

　過去、高分子や粒子の三次元 SP 値を測定する試みがなされているが、3次

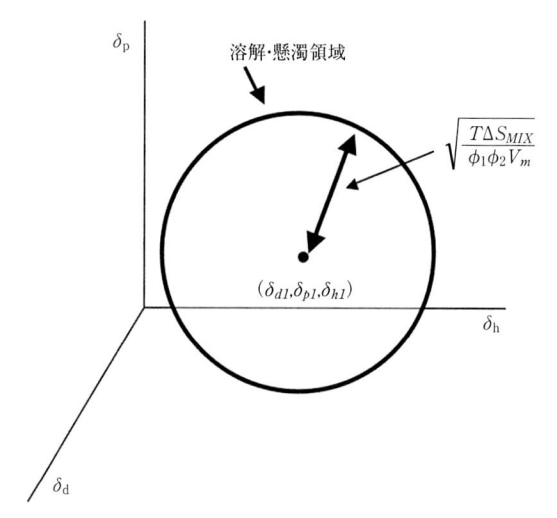

図 5.9 Hansen パラメーターを用いた空間座標での高分子や粒子の親和領域表示

元のデーターをそのまま取り扱うことが、コンピューターがあまり発達していなかった当時では、困難であったことから、二次元化して取り扱うことが主流となっていた。二次元化には大別すると2つの方法があり、1つは溶解度球を δ_d-δ_p、δ_d-δ_h、δ_p-δ_h の各平面に投影する方法[4, 7]、もう1つは δ_d、δ_p、δ_h の各成分のバランスにのみ着目し、

$$f_d = 100 \times \frac{\delta_d}{\delta_d + \delta_p + \delta_h} \qquad \text{5.17 式}$$

$$f_p = 100 \times \frac{\delta_p}{\delta_d + \delta_p + \delta_h} \qquad \text{5.18 式}$$

$$f_h = 100 \times \frac{\delta_h}{\delta_d + \delta_p + \delta_h} \qquad \text{5.19 式}$$

第 5 章　粒子表面と粒子分散に必要な基礎知識

$$f_d + f_p + f_h = 100 \qquad \text{5.20 式}$$

として、f_d、f_p、f_h からなる三角座標に変換する方法である[8～10]。

　図 5.10[10] に、須原らによる三角座標上での溶剤位置の表示例を示す。座標上で番号の付与されている点が各種溶剤に該当する。一般的に SP 値の測定に用いられる溶剤は、水（図 5.10 中の 31）を除けば、d 項の寄与が大きく、三角座標の左下に多くの溶剤が集まることになる。

　須原らは、図 5.10 の各種溶剤と粒子粉体を一定の比率で混合し、超音波分散をした後、一定時間放置、吸光度を測定することにより懸濁性を評価している。**図 5.11**[10] は評価結果の一例である。図 5.11 中に表示されている Class I ～ Class IV が懸濁性の判定結果であり、Class IV が、一番懸濁性が良好である。図中には、良好懸濁領域の重心点が、破線の交点として示されており、粒子表面の仮想 SP 値と考えることができる。

　竹原らは種々の溶剤中で顔料粒子を分散し、粒ゲージで測定した分散粒度が等しい溶剤を、三角座標上で結んで等高線を作成し、等高線の頂点を顔料粒子の SP 値としている[9]。

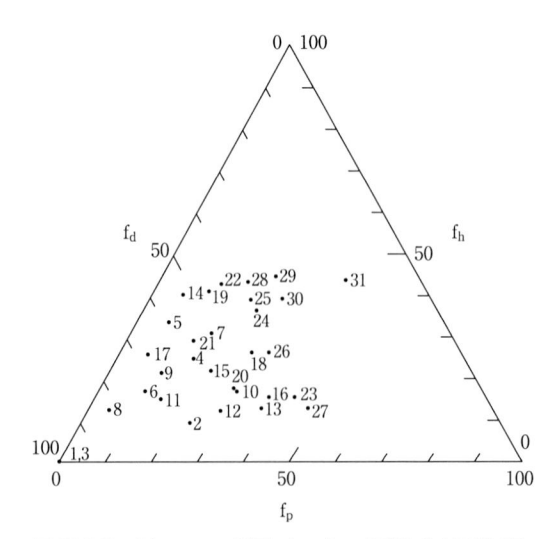

図 5.10　Hansen パラメーターに基づく三角座標上での各種溶剤の位置表示例[10]

(4) 計算による SP 値の決定

　低分子量の添加剤やオリゴマーなどにおいて、化学構造式は既知であるが SP 値が不明なことがある。また、これらは上述した濁度滴定や各種溶剤への溶解性から判断する方法では、溶解範囲が広すぎて濁点が不明確であったり、溶解範囲の中心点を決定することが困難であったりすることが多い。このような場合に、化学構造式から計算により SP 値を推定する方法として、Small の方法[11] や Hoy の方法[12] などが知られている。

　一例として Small の方法について概説する。各種官能基または原子団について、**表 5.3**[11] に示す分子引力定数への寄与率 Fj が定義される。SP 値 δ は、モル体積 V、もしくは分子量 M と密度 ρ を用いて次式で表される。

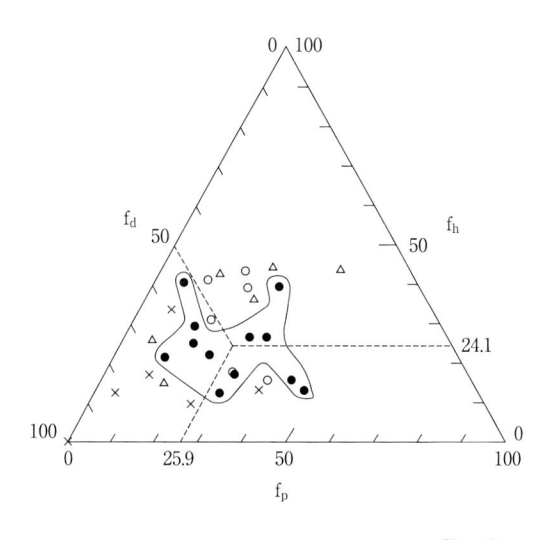

図 5.11　図 5.2 の三角座標上での二酸化チタン懸濁領域の表示例[10]

$$\delta = \frac{\sum F_j}{V} = \frac{\rho \sum F_j}{M} \qquad \text{5.21 式}$$

例えば、ポリスチレンに対しては、繰り返し単位:

$$-(CH_2-CH)_n-$$

表5.3 Small による官能基の分子引力定数への寄与率 [11]

官能基	寄与率 F, $(MPa)^{1/2}cm^3mol^{-1}$	分子量	官能基	寄与率 F, $(MPa)^{1/2}cm^3mol^{-1}$	分子量
$-CH_3$	437	15.0	$-CO-$	562	28.0
$-CH_2-$	272	14.0	$-COO-$	634	44.0
$>CH-$	57	13.0	$-CHCN$	(896)	39.0
$-C-$	-190	12.0	$-CN$	839	26.0
			$-H$	164〜205	1
$=CH_2$	388	14.0	$-S-$	460	32.1
$=CH-$	227	13.0	$-SH$	644	33.1
$=C<$	39	12.0	$-F$	(250)	19.0
$>C=CH-$	265	25.0	$-Cl$ (primary)	552	35.5
$-CH(CH_3)-$	495	28.0	$-Br$ (primary)	695	79.9
$-C(CH_3)_2-$	685	42.0	$-I$	870	126.9
$-CH=CH-$	454	26.0	$-CF_2-$	307	50.0
$-(CH_3)=CH-$	(704)	28.0	$-CF_3$	561	69.0
$\equiv C-$	583	12.0	$-O-N=O$	900	46.0
$-C\equiv C-$	454	24.0	$-NO_2$	900	46.0
フェニル	1500	77.0	$-PO_4$	1020	95.0
フェニレン	1350	76.0	$-Si-$	-77	28.1
ナフチル	2340	127.0	Conjugation	41〜61	52.0
$-O-$ (エーテル)	143	16.0	Ring 5	215〜235	69.0
$-OH$	320	17.0	Ring 6	194〜215	83.0

について、$M = 104$、$\rho = 1.03$、$\Sigma F = 272 + 57 + 1500 = 1829$ を 5.21 式に代入すると、$\delta = 18.1 (MPa)^{1/2} = 8.8 (cal/cm^3)^{1/2}$ となって文献値とほぼ一致する。

5.2.4　粒子分散における SP の利用

(1) 分散配合設計における溶剤選択

　粒子と高分子の三角座標上での親和範囲が、図 5.12 で模式的に示したような状態であるとする。まず、高分子は溶解していなければならないので、溶剤は高分子の親和範囲の中にある必要がある。次に、粒子への親和性から考えることになるが、ここで高分子の粒子への親和性の有無により 2 つの場合に分かれる。

　高分子に酸性や塩基性の官能基が適度に存在する場合には、高分子による粒子の分散（安定化）が期待できるので、このような場合には粒子の親和範囲の外を選択する。1.4.1 項で記載したように、一般的な有機溶剤の表面張力は低くて、ほとんどの粒子に対して拡張濡れが起こるので、濡れを懸念する必要は無く、むしろ強い相互作用の溶剤が高分子の吸着を阻害することを避けるためである。

　一方、高分子の酸塩基性が乏しい場合には、高分子による粒子の微粒化が期待できないので、粒子の親和範囲内の溶剤を選択することになる。ただし、このような溶剤を選択すると、分散系の粘性が疑塑性やチキソトロピーになることが多いので、あくまで次善の策である。

(2) SP 値による疎水性粒子の水濡れ性定量化（アセトン滴定法）

　3.4.2 項（1）で示したように、アセトン滴定法では一定量の水に疎水性粒子を浮かせておき、粒子が沈降を開始するまでアセトンやメタノールなどの水混和性有機溶剤を加える。

　沈降を開始した時の水－有機溶剤の見かけの SP 値を 3.8 式から求めることで、濡れやすさを定量的に評価することができる。

　本来は、濡れの論議であるから、粒子の表面張力を測定するべきであるが、

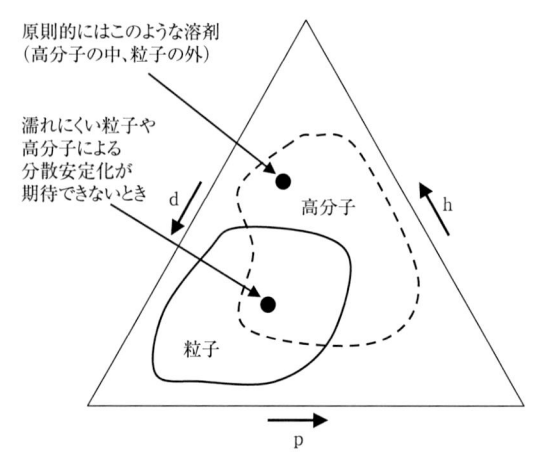

図 5.12 粒子分散における SP を用いた溶剤選択基準

図中ラベル: 原則的にはこのような溶剤（高分子の中、粒子の外）／濡れにくい粒子や高分子による分散安定化が期待できないとき／高分子／粒子／d／h／p

表面張力の測定のためには、粉体を錠剤成形機のような装置を用いて圧縮し、錠剤状サンプルを作成するなど厄介なことが多い。また折角ペレットを作成しても測定用の液滴が吸い込まれてしまって、接触角が測定できないこともある。アセトン滴定法では粉体状のまま簡便に測定できるので便利である。また、次節で説明するように、表面張力（表面自由エネルギー）と SP 値は、どちらも分子間力に基づくパラメーターなので大きな齟齬はない。

5.2.5　溶解性パラメーターと表面張力

　SP 値は、液体中での分子間の引力エネルギーの大きさを表す尺度であり、どんな液体同士の場合でも取り扱えるように単位体積当たりの大きさで示したものである。

　図 5.13 を参照されたい。液体中で分子同士に引力が働いて、手をつなぎ合っている状態である。分子同士が手をつなぎ合っている状態を、「分子間力が働いている」という。SP では、この手が似ている（人間でいえば、大きさ、

暖かさ、柔らかさといったところか？）もの同士ほど、よく混ざると考える。すなわち「SP値が近いもの同士ほど良く混ざる」ということになる。

図5.13の最表面の分子は、内側に向けては手をつなぐほかの分子が存在するが、外側に向けては手をつなぐ相手がいない。つまりエネルギー的に不安定で、誰か手をつなぐ相手を探しており、適切な相手さえあれば自由に手をつなぐことができる状態である。この手は表面に存在して自由に使える状態のエネルギーであるので表面自由エネルギーと呼ばれる（本当は熱力学に出てくる「自由エネルギー」である）。このような不安定なエネルギーが多く存在すると、系そのものはエネルギー的に不利になるので、できるだけ、その量を減らそうと系は変化する。一番手っ取り早いのは表面積を減らすことである。

液体の場合、体積を一定とした時に表面積が最小になるのは球なので、液滴は丸くなる。表面を縮めるように力が働くので、これを表面張力と呼ぶ。固体の場合は硬くて形状を変えることができないが、表面自由エネルギーが存在していることに変わりはない。

表面張力と表面自由エネルギーの単位から、両者が同じものであることを示してみる。表面張力は単位長さ当たりの力であるから単位は N/m、分母と分子にそれぞれ長さ m を掛けると Nm/m^2、分子の「力（N）× 距離（m）」は仕事（単位は J）であるから、J/m^2 となって、単位表面積あたりのエネルギー量、すなわち表面自由エネルギーの単位となる。

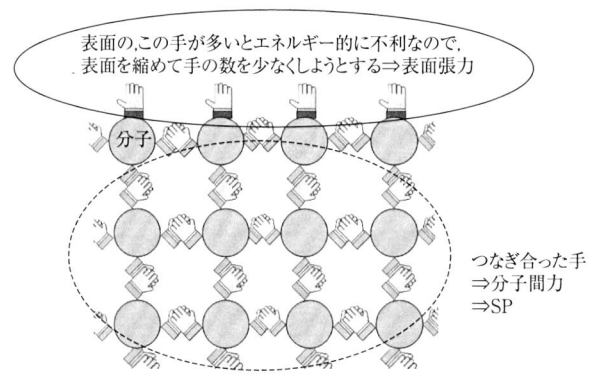

図5.13 分子間力とSP、表面張力（表面自由エネルギー）

<参考文献>
1) J. Hildebrand, R. Scott, "The Solubility of Non-electrolytes", 3rd Ed., Reinhold Publishing Corp., New York (1949)
2) C.M. Hansen, J. Paint Tech., 39 [505], 104 (1967)
3) C.M Hansen, Ind. Eng. Chem. Prod. Res. Dev., 8 (1), 2 (1969)
4) C.M. Hansen, J. Paint Tech., 39 [511], 505 (1967)
5) C.M. Hansen, K. Skaarup, 39 [511], 511 (1967)
6) K.W. Suh, D.H. Clarke, J. Polym. Sci., Part A-1, 5, 1671 (1967)
7) K.M.A. Shareef, M. Yaseen, M. Mahmood Ali, P.J. Reddy, J. Coat. Tech., 58 [733], 35 (1986)
8) J.P. Teas, J. Paint Tech., 40 [516], 19 (1968)
9) 竹原佑爾、浅田勉、谷常保、山本晃夫、田原幸夫、末沢正明、J. Jpn. Soc. Colour Mater.（色材）、47, 412 (1974)
10) 須原常夫、福井寛、山口道広、J. Jpn. Soc. Colour Mater.（色材）、67, 489 (1994)
11) P.A. Small：J. App. Polym. Sci., 3, 71 (1953)
12) K.L. Hoy：J. Paint Technol., 42, 76 (1970)

付録

表面処理前後の表面を調べる

付録　表面処理前後の表面を調べる

　ここでは機能性ナノコーティングを例に取って表面処理前後の表面のキャラクタリゼーションと表面処理粒子の分散性について説明する。

　機能性ナノコーティングは二段階の反応で触媒活性のない機能性粒子を得る方法である。一段階目は CVD を用いた環状メチルシロキサンによるシリコーンナノコーティングである。この処理で表面にポリメチルシロキサン（PMS）の網目が形成され表面が不活性化される。こうしてできた PMS- 粒子は未反応の Si-H 基を有しておりそのままでも利用できるが、そのままでは製品製造時に水素を発生させる場合があり危険である。また、製品になった後に架橋反応が進行すると使用性などが変化する可能性が高い。

　Si-H 基を消失させるには、i）Si-H 基への不飽和化合物の付加によるペンダント基の導入、ii）Si-H 基の還元性を利用してパラジウムなどの金属を析出させ、さらにそれを触媒とした無電解メッキでの金属の被覆、iii）焼成によるシリコーンからシリカへの変換によるシリカ処理、などがある。最も利用されているのはペンダント基の導入であり、この方法で機能性基を導入できることから、これを機能性ナノコーティングと呼んでいる。この機能性ナノコーティングの概念図を **図 6.1** に示す。

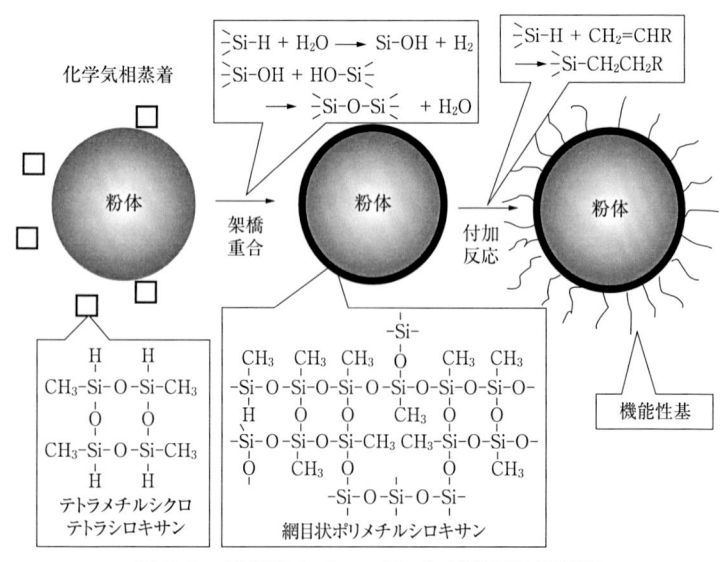

図 6.1　機能性ナノコーティング調製の概念図

6.1 シリコーンナノコーティング

　粒子の触媒活性を利用して表面にポリマーを形成させた場合、このポリマーが直鎖状であれば溶媒で容易に脱離する。架橋反応基を有したモノマーを用いれば網目構造を有したポリマーが表面に生成し、脱離し難くなると考えられる。架橋反応基となる Si-H 基を有する環状シロキサンを用いて CVD を行い、ナノスケールのコーティングを行った例を述べる。

6.1.1 コーティング方法

　この方法に用いるテトラメチルシクロテトラシロキサン（H-4）は Si-H を有する環状シロキサンであり、粒子表面で Si-H 同士が架橋すると網目状ポリマーが生成する。この H-4 は沸点が 136℃ と比較的低く、潜熱も小さい為気化しやすく、常圧での CVD 法に適している[1]。

　粒子に 80℃ で H-4 を気相接触させた時の各粒子の重量増加挙動を図 6.2 に示す。カオリンと雲母は処理時間とともに重量が増加するが、シリカと二酸化チタンはある時点までは増加するがその後重量増加が停止する。また、その被覆量はカオリンなどと比べると非常に少ないという特長がある。

　この重量増加挙動から粒子を 2 つのタイプに分けることができる。

　　タイプ I：ある時点で重量増加が停止する粒子（二酸化チタン、シリカなど）
　　タイプ II：経時で重量増加し続ける粒子（カオリン、紺青、雲母など）

　タイプ I では粒子は乾燥状態でサラサラしているが著しい撥水性を示した。一方、タイプ II ではカオリンや紺青のように重量増加によって油状物が蓄積するタイプと雲母のように油状物は生成せず白化しながら膨張するタイプがあることがわかった。このため前者を II a、後者を II b と分類した。この概略を図

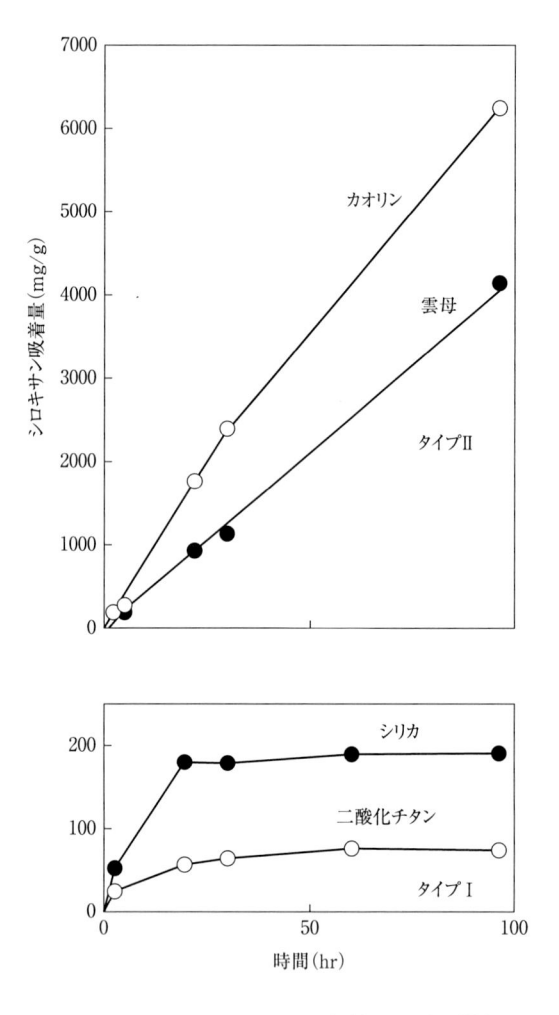

図 6.2　H-4 の CVD による各粒子の重量増加量

6.3 に示した。

このようにいずれのタイプの場合も粒子は PMS で被覆されていることから、以後 H-4 処理粒子を PMS-粒子と呼ぶ。

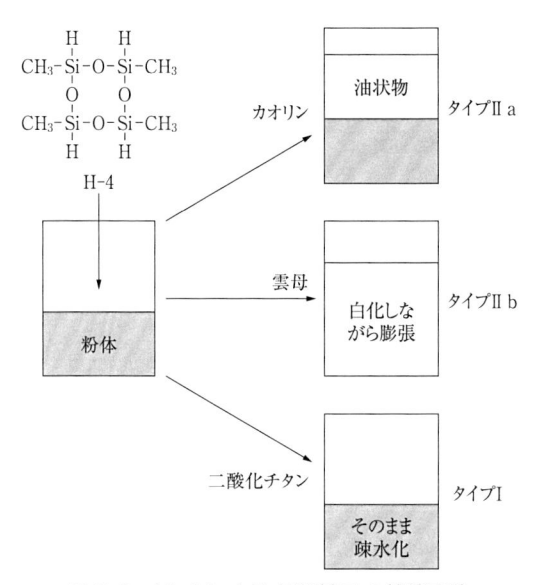

図 6.3　H-4 による各種粒子の状態変化

6.1.2　PMS-粒子表面のポリマーの構造

　上記のような処理状態の違いは、表面に形成されるポリマーの構造が異なるためであると考えられる。タイプⅡaのH-4処理カオリンをクロロホルムで抽出し、抽出物の赤外吸収スペクトルやGPCを測定したところ、抽出物は分子量約10万のポリメチルシロキサン（PMS）であった。粒子によるジメチルシロキサンの重合で油状物の生成はブレンステッド酸による開環重合であったが、その時と同じ機構であると考えられる。

　一方、タイプⅠおよびⅡbでは同様の抽出でPMSが抽出されないため、その分子量は10万以上でクロロホルムに不溶であるかまたは非常に強く粒子に吸着していると推定される。

　他の方法でポリマーの構造は推定できないだろうか。直鎖状のPMSは熱によってシロキサン転移が生じ、低分子量の環状シロキサンに分解することが知られている。したがって、熱分解ガスクロマトグラフィー（GC）で生成物を

検出することによって、表面のポリマーの構造を推定することができる。**図 6.4** に PMS- 粒子の熱分解 GC のクロマトグラムを示す。比較のために用いた分子量 6000 の直鎖状 PMS ではトリメチルシクロトリシロキサン（H-3）、H-4、ペンタメチルシクロペンタシロキサン（H-5）などの環状シロキサンが生成しており、また、そのピークの間に末端基をもった低分子量の直鎖状シロキサンも生成している。このことから、直鎖状 PMS の末端を含む部分が分解して小さな直鎖状のシロキサンを形成し、末端以外の部分が小さな環状シロキサンに熱分解したと思われる。タイプ II a の PMS カオリンは熱分解で H-3、H-4、H-5 などの環状シロキサンのみが生成したが、このことから表面には架橋したシロキサンではなく開環重合した直鎖状のシロキサンで、しかも末端基がないことがわかった。GPC で分子量約 10 万であったことから、大環状のシロキサンが形成されていると思われる。

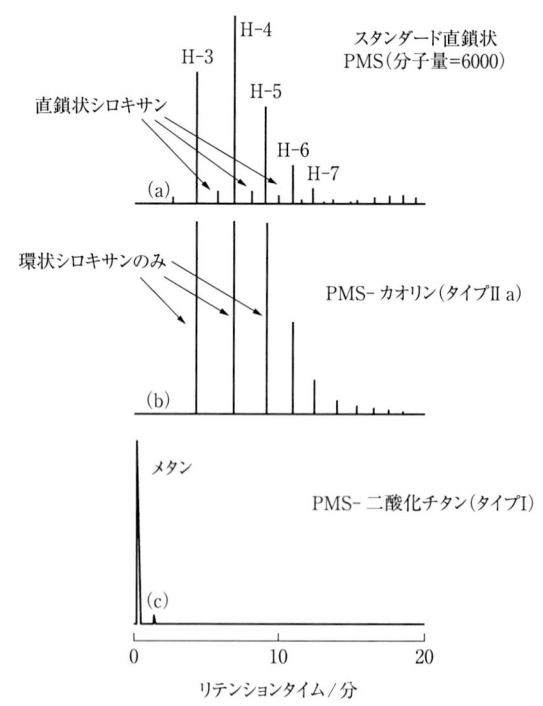

図 6.4　PMS- 粒子の熱分解 GC 結果

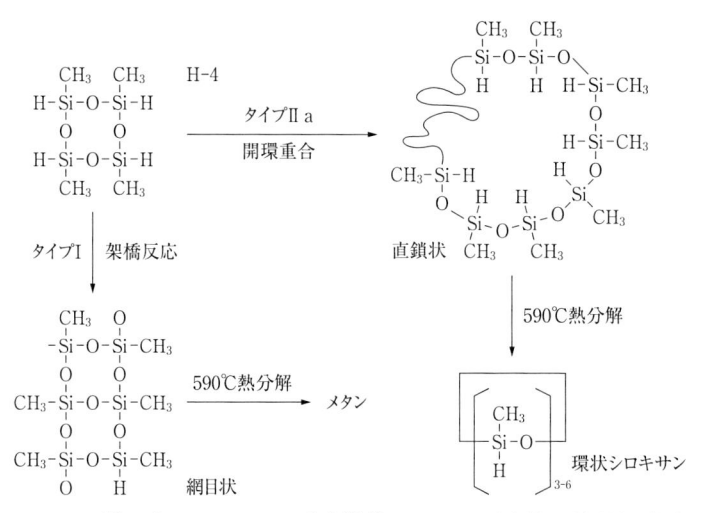

6.1 シリコーンナノコーティング

図 6.5 粒子上での H-4 の重合機構とできた重合物の熱分解挙動の模式図

一方、タイプⅠやタイプⅡbでは熱分解で環状シロキサンは生成せずメタンのみが生成したが、これは図 6.5 に示すように Si-H 同志が架橋して網目状のポリマーを形成しており、その立体障害から熱分解によって環状シロキサンが生成できなかったものと思われる。

6.1.3 タイプⅠの PMS- 粒子のキャラクタリゼーション

表 6.1 にタイプⅠに属する 5 種類の PMS- 金属酸化物の被覆量と比表面積から計算した膜の平均的な厚みを示す。いずれの金属酸化物の PMS 膜も 0.5 から 0.8 nm と非常に薄い膜であった。また、[$CH_3SiO_{3/2}$] の占有断面積を 0.13 nm^2 として、単分子吸着した時の PMS 量を求めると、0.76 mg/m^2 であり、金属酸化物表面はほぼ単分子層の PMS で覆われていた。これ以外に PMS 膜の厚みは細孔分布からも推定できる。窒素吸着法によって全多孔性シリカの表面処理前後の細孔分布を測定したところ、未処理のシリカは平均細孔半径が 5.73 nm であるが、処理によって細孔分布が小さい方に平行にシフトす

249

表 6.1 PMS-金属酸化物の物性

金属酸化物	比表面積 (m^2/g)		細孔体積 (ml/g)		PMS 吸着量		
	未処理	PMS	未処理	PMS	(mg/g)	(mg/m^2)	(nm)
シリカ	335.3	244.5	1.152	0.869	230	0.69	0.69
二酸化チタン	46.8	42.6	0.580	0.494	34	0.73	0.73
酸化亜鉛	7.6	4.2	0.037	0.019	4	0.53	0.53
赤色酸化鉄	4.8	4.8	0.034	0.045	4	0.83	0.83
黒色酸化鉄	5.4	4.9	0.036	0.029	3	0.56	0.56

ることがわかった。このことは細孔に対してその孔を埋めることなく均一にPMS-膜で被覆できることを示している(図 6.6)。処理後の平均細孔半径は5.29 nm で、この方法から PMS-膜厚を計算すると 0.44 nm となり、表 6.1 の計算値とよく一致する。6 nm 程度の細孔を埋めることなく 1 nm 以下の膜で均一に被覆できるのはガスで被覆する方法のメリットの 1 つと思われる。

タイプ I の表面の PMS は熱分解 GC によって網目構造であることが推定されるが、この PMS の架橋率は他の方法でわからないだろうか。図 6.7 に

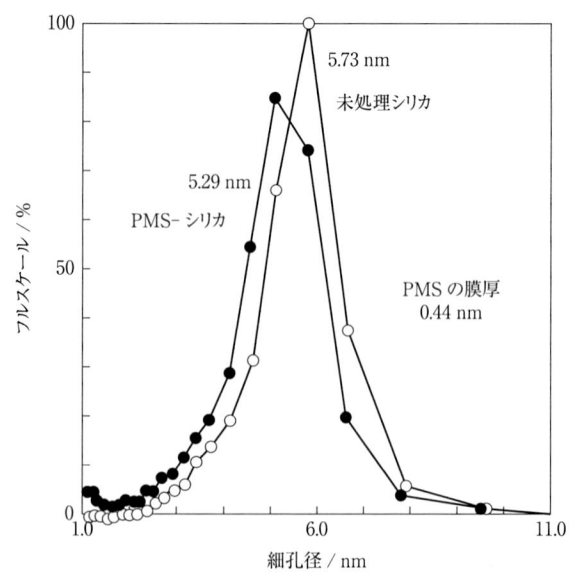

図 6.6 PMS-多孔性シリカの細孔分布

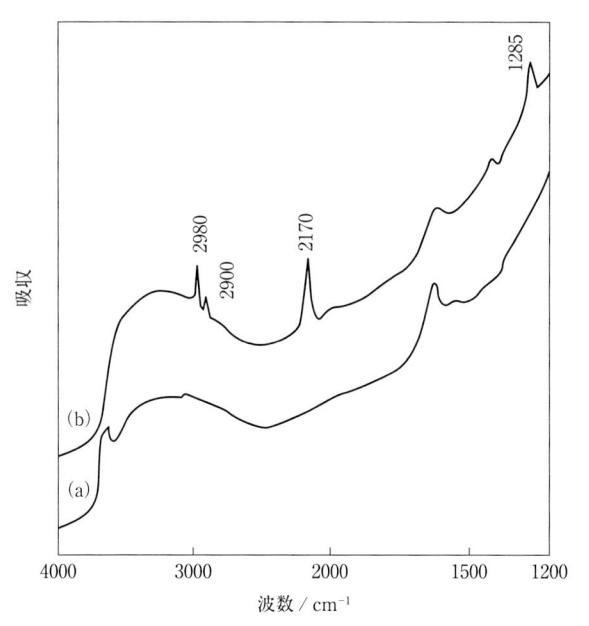

図 6.7 PMS-二酸化チタンの赤外吸収スペクトル
(a) 未処理、(b) PMS-二酸化チタン

PMS-二酸化チタンの赤外吸収スペクトルを示す。未処理の二酸化チタンには 3700 cm^{-1} 付近に TiOH に起因する吸収が見られるが、H-4 処理によってそのピークは消失し、2170 cm^{-1} に Si-H の吸収が、また、1265 cm^{-1} 付近に Si-CH$_3$ の対称変角振動が新たに現れる。この 1265 cm^{-1} のピークを分割すると図 6.8 に示すように、1261 cm^{-1} の未架橋のピークと 1271 cm^{-1} の架橋した単位の Si-CH$_3$ の対称変角振動ピークに分割でき、その割合から架橋率を算出することができる。架橋率の高い粒子はタイプ I が多い。シリカはピークが重なって計算できなかったが、4 種類の金属酸化物の架橋率は 50％以上であり、網目の発達した PMS であることがわかった。

PMS-二酸化チタンの X 線光電子分光分析（XPS）の結果を図 6.9 に示す。H-4 処理によって Si$_{2s}$ および Si$_{2p}$ が新たに現れ、また O$_{1s}$ に TiO に起因する以外に SiO に起因するピークが現れることから表面はシロキサンで被覆されていることがわかる。また、PMS-二酸化チタンを核磁気共鳴（^{29}Si-NMR

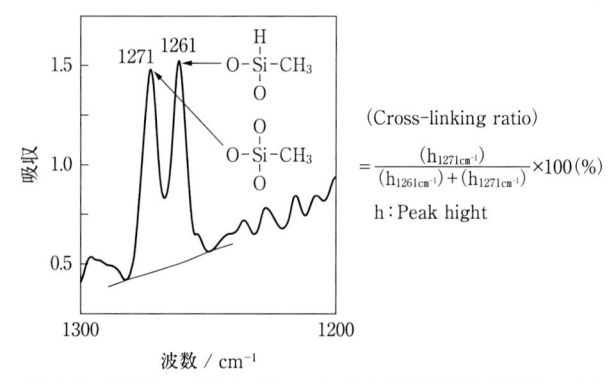

付録　表面処理前後の表面を調べる

$$(\text{Cross-linking ratio}) = \frac{(h_{1271cm^{-1}})}{(h_{1261cm^{-1}})+(h_{1271cm^{-1}})} \times 100 (\%)$$

h：Peak hight

図 6.8　PMS-二酸化チタンのメチル基の赤外吸収スペクトルと架橋率の計算

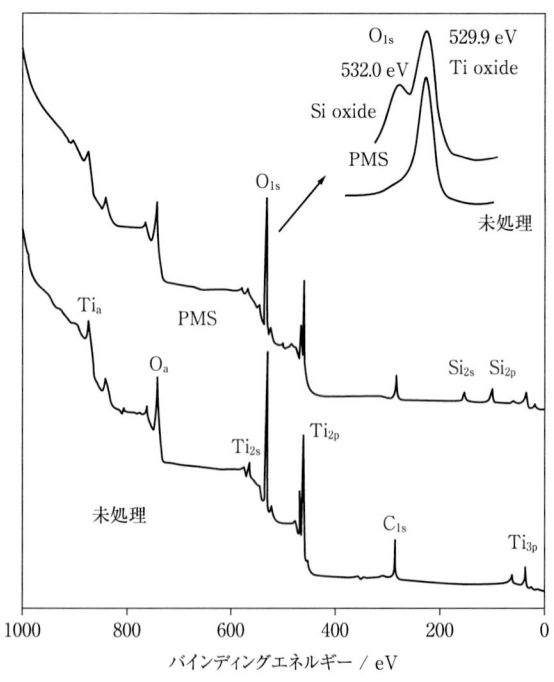

図 6.9　PMS-二酸化チタンのX線光電子分光分析

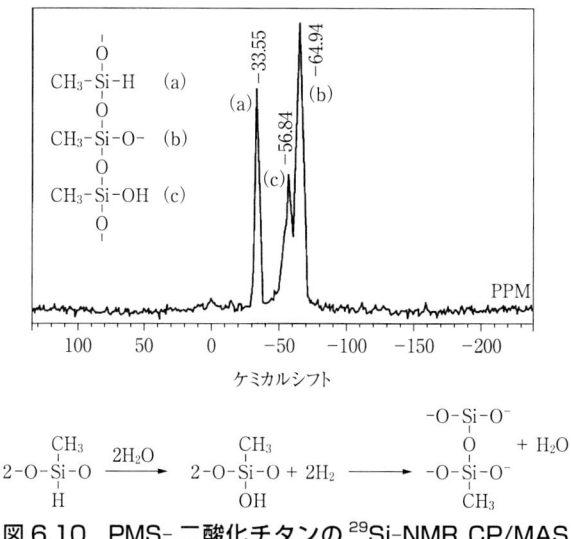

図6.10 PMS-二酸化チタンの ^{29}Si-NMR CP/MAS スペクトル

CP/MAS)で測定したスペクトルを図6.10に示す。Si-Hを有する単位 (a) および架橋した Si-O-Si の単位 (b) に起因する Si のケミカルシフト以外に Si-OH を有する単位 (c) に起因する Si のケミカルシフトが認められた。Si-H は触媒によって容易に加水分解し、水素発生を伴って Si-OH を形成し、さらに Si-OH 同士が架橋すると考えられており、この中間体の Si-OH が測定されたものと思われる。

6.1.4 タイプⅡのキャラクタリゼーション

PMS カオリンは H-4 と気相接触させると図6.5の開環重合によって分子量約10万の大環状 PMS が蓄積する。一方、雲母は H-4 ガスと共存すると膨張し、一週間後には6倍程度の体積となった。これは金雲母、絹雲母、合成金雲母の粒子なども同様であった。

図6.11に H-4 処理雲母の X 線回折結果を示す。H-4 処理によって 2θ の変化はなく、H-4 によって雲母の層間は拡がっていないことがわかった。し

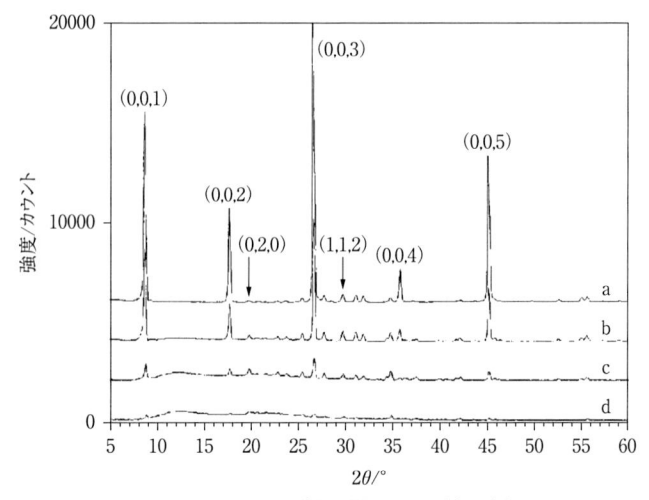

図6.11 H-4処理雲母のX線回折
a：未処理、b：46 h、c：94 h、d：430 h

たがって、雲母の膨張はH-4のインターカレーションが原因ではないことが明確となった。しかし、H-4の接触時間が長くなるにしたがって (0, 0, 1)、(0, 0, 2)、(0, 0, 3)、(0, 0, 4)、(0, 0, 5) 面の回折強度が他と比べて相対的に小さくなり、雲母の層が薄くなっていくことが分かった。そして最終的には無定型になってしまう。つまり、H-4は雲母の層間に入り込みそこで重合し、劈開させる作用のあることが示唆された。

6.1.5 粒子表面でナノ膜が形成される理由

タイプⅡaでは直鎖状のPMSが蓄積するが、これは生成した直鎖状のPMS重合物にH-4が溶解しながら粒子表面の触媒活性点に到達し、そこで重合が進行し続けるためPMS重合物が蓄積していくためと思われる。この開環重合は固体酸の強い粒子で生じ、また、Si-Hをもたないジメチルシロキサンでも起こることから、酸によるシロキサン結合の開裂による重合と平衡化であると思われる。また、この反応の初期の状態を見るために50℃でH-4とカオ

6.1 シリコーンナノコーティング

リンを共存させ経時でサンプリングした液の GC-MS を測定した結果を**図 6.12** に示す。H-4 から H-8、H-12 が生成する kinetically なコントロールではなく、H-5、H-6、H-7 が生成していることから thermodynamically なコントロールを受けて重合していることがわかる。

一方、タイプ I では PMS は網目状であり、H-4 はこの形成された網目より大きくて膜を通ることができず粒子表面の触媒活性点に到達できないため重合が停止し、ほぼ単分子被覆になると推定できる。

タイプ II b では基本的にタイプ I と同じであるが粘土鉱物の層間で反応が起こり、その PMS 膜による歪によって劈開が生じて新生面が現れ、そこでさらに PMS 膜が生成するため、膨張し白化するものと思われる。タイプ II a のカオリンもアルカリで中和した後に H-4 と接触させると膨張する。

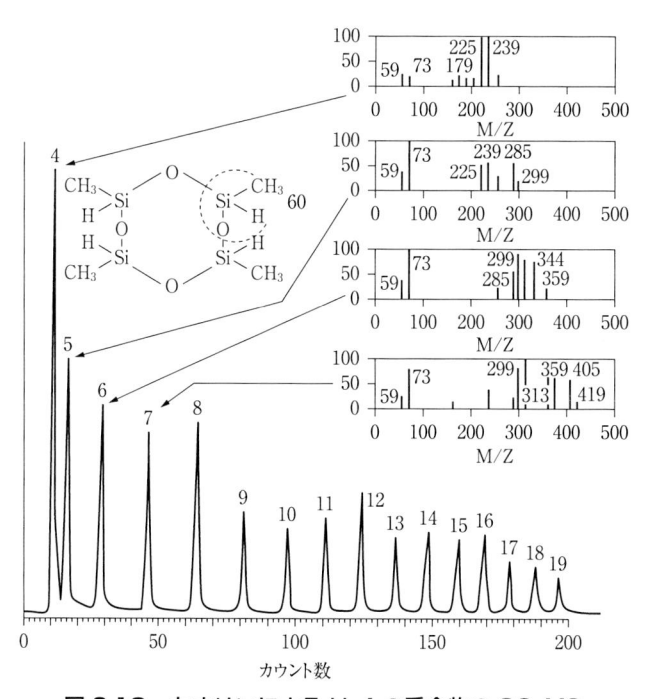

図 6.12　カオリンによる H-4 の重合物の GC-MS

6.1.6 ナノコーティングされた粒子の性質

(1) 疎水性

PMS-粒子は著しい疎水性を示し水の接触角は120度以上であった。武井らによって開発された疎水性測定装置[2]で疎水性を評価するとアセトンを40％以上添加しないと水には分散しなかった。

(2) 触媒活性封鎖

金属酸化物の触媒活性がどのように変化したかを評価するため、表面処理前後の金属酸化物によるイソプロパノールの脱水・脱水素反応を測定した。いずれの金属酸化物も PMS-膜によって触媒活性が減少した。イソプロパノールを用いると酸化亜鉛のような固体塩基の触媒活性も一度に評価できる。同じく、PMS-金属酸化物による t-ブタノールの脱水反応活性を**表6.2**に示した。シリカは65％が1.7％、二酸化チタンは95.9％が3.5％、黒色酸化鉄は71.7％が6.4％と、いずれの金属酸化物においても PMS で覆われたものの脱水反応

表6.2 各金属酸化物の t-ブタノールの脱水反応速度定数と変化率

金属酸化物	t-ブタノールの脱水反応		
	x (％)	k'	k'$_{PMS}$/k'o
シリカ	65.0	1.050	−
PMS-シリカ	1.7	0.017	0.016
二酸化チタン	95.9	3.194	−
PMS-二酸化チタン	3.5	0.036	0.011
酸化亜鉛	nd	−	−
PMS-酸化亜鉛	nd	−	−
赤色酸化鉄	13.3	0.142	−
PMS-赤色酸化鉄	1.0	0.010	0.070
黒色酸化鉄	71.5	1.255	−
PMS-黒色酸化鉄	6.4	0.066	0.053

反応温度：140℃，パルスサイズ：0.3 μl,
サンプル量：20 mg（二酸化チタン：10 mg）
nd：検出されない

活性が著しく減少した。これは触媒活性点が封鎖されたためであり、それぞれの活性点が同じ強さであると仮定すると、次式を用いて反応速度定数の比較から被覆されて不活性となった面積が計算できる。

$$\ln[1/(1-x)] = kK(273R)W/F°$$
$$k' = \ln[1/(1-x)]$$

x：分解率　F°：キャリアガス速度　W：金属酸化物量　R：ガス定数
k：一次反応定数　K：吸着平衡定数　k'：見掛けの反応速度定数

それぞれの金属酸化物のt-ブタノールの脱水反応の見掛けの反応速度定数k'の比をとってみると二酸化チタンは0.011で、未処理表面の98.9%がPMSで覆われており、シリカでも98.4%の表面がPMSで覆われていることが分かる。このようにシリコーンナノコーティングによって、表面積の90%以上はPMSに被覆されて活性がなくなっている。図6.13に二酸化チタンに対するPMSの被覆量とt-ブタノールの脱水反応率との関係を示す。PMS被覆量が増加するにしたがってt-ブタノールの脱水反応率が低くなって不活性になっ

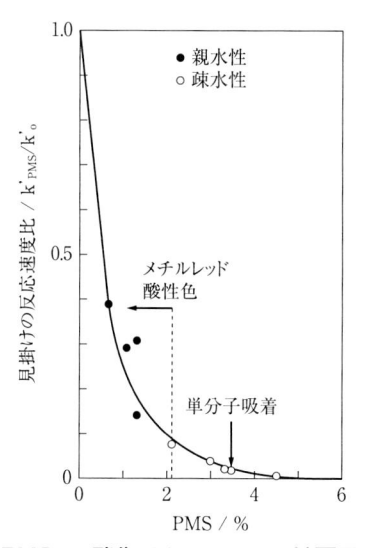

図6.13　PMS-二酸化チタンのPMS被覆量と表面性質

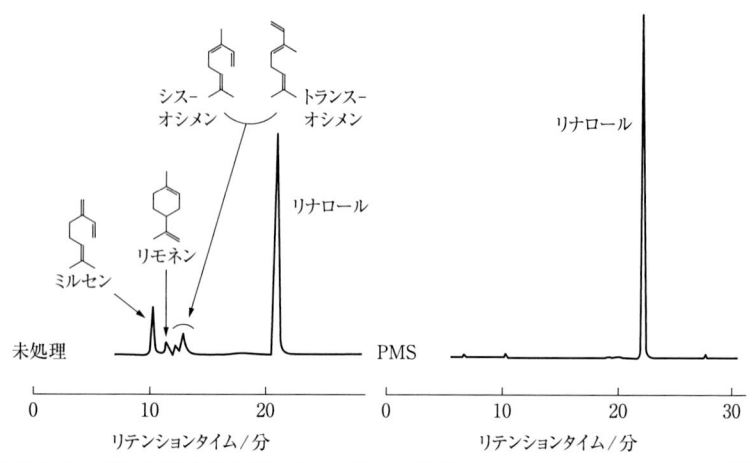

図6.14 パルス反応法を用いたPMS-二酸化チタンによるリナロールの分解
サンプル量：20 mg　反応温度：178℃　パルスサイズ：0.3μl

ていくことがわかる。また、メチルレッドで固体酸の評価を行ったところ、6割程度の被覆で酸性色を示さなくなり、疎水性に変化する。濡れ性や触媒活性制御であればPMSの単分子吸着量までの被覆は必要ないが、ピンホールが問題となる用途には単分子吸着以上の吸着が必要である。

図6.14に香料成分の1つであるリナロールの分解をパルス反応装置で測定した結果を示す。未処理の二酸化チタンはリナロールの脱水および異性化反応の触媒となり、ミルセン、cis- およびtrans- オシメンなどを生成するが[3,4]、PMS-二酸化チタンはその分解を起こさずリナロールが回収された。このことから、ナノコーティングによりにおい安定性が向上することがわかる。

図6.15にピリジンを吸着させた時の二酸化チタン粒子表面の赤外吸収スペクトルを示した。未処理二酸化チタンに吸着したピリジンは配位型ピリジンであることが赤外吸収スペクトルから推定され、未処理の二酸化チタン表面にはルイス酸が存在することがわかる。しかしH-4処理によってピリジンは吸着されなくなり、表面のルイス酸点は封鎖され不活性化された。

(3) 酸化抑制

黒色酸化鉄を200℃で空気中に置くと、未処理では1時間で黒から茶色に変

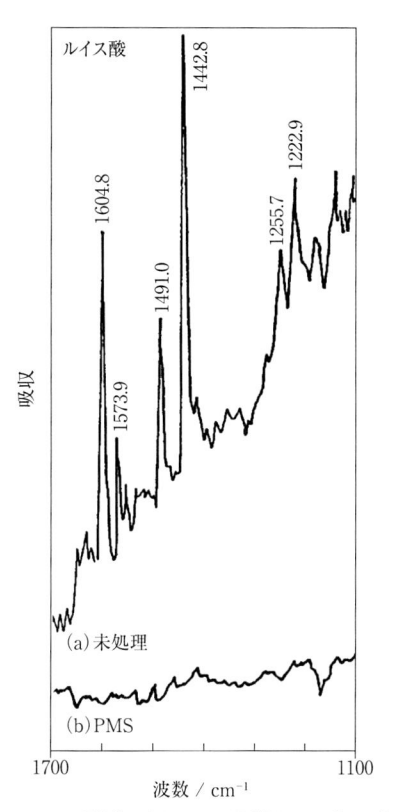

図6.15 二酸化チタンに吸着したピリジンの赤外吸収スペクトル

(a) 未処理
(b) PMS

ルイス酸 1442.8
1604.8
1573.9
1491.0
1255.7
1222.9

波数 / cm^{-1}
吸収

化するが、PMS-黒色酸化鉄は長時間黒色を保持した。この茶色への変化は以下に示されるマグネタイトからマグヘマイトへの変化である。

$$4Fe_3O_4 + O_2 \rightarrow 6\gamma\text{-}Fe_2O_3$$

PMS-膜は緻密な膜ではなく酸素の透過を制御することは難しい。この酸化反応を測定した結果、初期は界面反応が律速でその後は酸素拡散が律速であることがわかった。PMS-膜は界面反応に影響を与え、薄い酸化層でも効果のある不動態を形成することがわかった。

X線光電子分光分析の結果、マグネタイトの$Fe_{2p3/2}$は710.18 eV、$Fe_{2p1/2}$は723.81 eVに対し、PMS-マグネタイトは$Fe_{2p3/2}$は711.22 eV、$Fe_{2p1/2}$は724.93 eVでPMS処理によって酸化状態（Fe^{3+}）に近くなっているということが示唆された。Feがそのような状態では酸素のイオン化の能力が小さく、酸素イオンが形成されないと考えられる。また、酸化が進むには酸素イオンがバルク中に拡散していく必要があるが、酸素イオンの拡散速度がPMS-Fe複合体では遅いと思われる。PMS-膜によって不動態の膜厚が薄くても酸化されにくい粒子になっていることが分かる。同様なことが金属の鉄でも認められた[5]。酸化を防ぎたい金属粒子などへの展開が期待できる。

6.2 機能性ナノコーティング

6.2.1 ペンダント基の付加[6]

前述したようにH-4のCVDによって網目状PMSのナノコーティングができるが、この超薄膜には未架橋のSi-Hが存在する。Si-Hを有するシランの不飽和化合物への付加反応は1947年Sommerにより報告されて以来、広い応用が拓かれているが[7]、この反応を利用すると粒子表面のPMS薄膜にさまざまな機能性基を導入することができる。この反応の触媒には塩化白金酸が優れており、開発者の名前をとってSpeier Catalystと呼ばれている。その導入例を図6.16に示す。

(1) ペンダント基付加粒子のキャラクタリゼーション

図6.16 (1) に示す反応でアルキル基を導入できる。図6.17にPMS-二酸化チタンにテトラデセンを付加した時の赤外吸収スペクトルを示す。付加前では2170 cm^{-1}にSi-Hの吸収が観測されるが、付加によってその吸収が消失し、その代わりに2800～3000 cm^{-1}に新たなCH伸縮振動が現れる。この吸収は

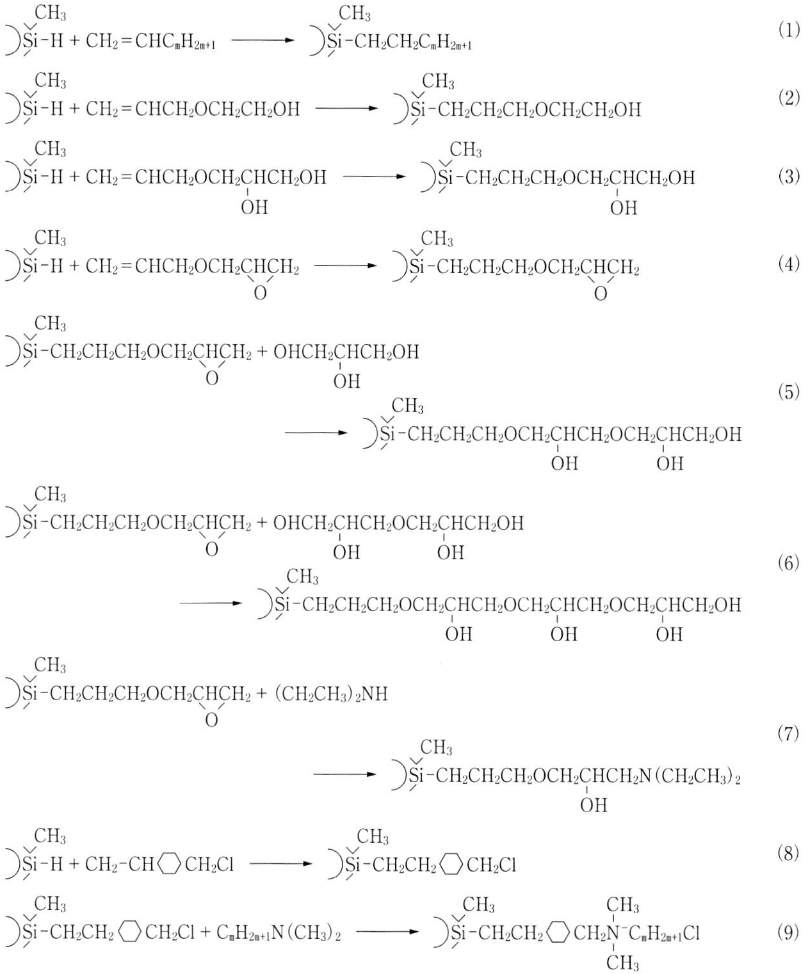

$$\rangle\mathrm{Si(CH_3)}\text{-H} + \mathrm{CH_2{=}CHC}_m\mathrm{H}_{2m+1} \longrightarrow \rangle\mathrm{Si(CH_3)}\text{-}\mathrm{CH_2CH_2C}_m\mathrm{H}_{2m+1} \qquad (1)$$

$$\rangle\mathrm{Si(CH_3)}\text{-H} + \mathrm{CH_2{=}CHCH_2OCH_2CH_2OH} \longrightarrow \rangle\mathrm{Si(CH_3)}\text{-}\mathrm{CH_2CH_2CH_2OCH_2CH_2OH} \qquad (2)$$

$$\rangle\mathrm{Si(CH_3)}\text{-H} + \mathrm{CH_2{=}CHCH_2OCH_2CHCH_2OH}\;(\text{OH}) \longrightarrow \rangle\mathrm{Si(CH_3)}\text{-}\mathrm{CH_2CH_2CH_2OCH_2CHCH_2OH}\;(\text{OH}) \qquad (3)$$

$$\rangle\mathrm{Si(CH_3)}\text{-H} + \mathrm{CH_2{=}CHCH_2OCH_2CHCH_2}\;(\text{O}) \longrightarrow \rangle\mathrm{Si(CH_3)}\text{-}\mathrm{CH_2CH_2CH_2OCH_2CHCH_2}\;(\text{O}) \qquad (4)$$

$$\rangle\mathrm{Si(CH_3)}\text{-}\mathrm{CH_2CH_2CH_2OCH_2CHCH_2}\;(\text{O}) + \mathrm{OHCH_2CHCH_2OH}\;(\text{OH})$$
$$\longrightarrow \rangle\mathrm{Si(CH_3)}\text{-}\mathrm{CH_2CH_2CH_2OCH_2CHCH_2OCH_2CHCH_2OH}\;(\text{OH})(\text{OH}) \qquad (5)$$

$$\rangle\mathrm{Si(CH_3)}\text{-}\mathrm{CH_2CH_2CH_2OCH_2CHCH_2}\;(\text{O}) + \mathrm{OHCH_2CHCH_2OCH_2CHCH_2OH}\;(\text{OH})(\text{OH})$$
$$\longrightarrow \rangle\mathrm{Si(CH_3)}\text{-}\mathrm{CH_2CH_2CH_2OCH_2CHCH_2OCH_2CHCH_2OCH_2CHCH_2OH}\;(\text{OH})(\text{OH})(\text{OH}) \qquad (6)$$

$$\rangle\mathrm{Si(CH_3)}\text{-}\mathrm{CH_2CH_2CH_2OCH_2CHCH_2}\;(\text{O}) + (\mathrm{CH_2CH_3})_2\mathrm{NH}$$
$$\longrightarrow \rangle\mathrm{Si(CH_3)}\text{-}\mathrm{CH_2CH_2CH_2OCH_2CHCH_2N(CH_2CH_3)_2}\;(\text{OH}) \qquad (7)$$

$$\rangle\mathrm{Si(CH_3)}\text{-H} + \mathrm{CH_2\text{-}CH}\langle\bigcirc\rangle\mathrm{CH_2Cl} \longrightarrow \rangle\mathrm{Si(CH_3)}\text{-}\mathrm{CH_2CH_2}\langle\bigcirc\rangle\mathrm{CH_2Cl} \qquad (8)$$

$$\rangle\mathrm{Si(CH_3)}\text{-}\mathrm{CH_2CH_2}\langle\bigcirc\rangle\mathrm{CH_2Cl} + \mathrm{C}_m\mathrm{H}_{2m+1}\mathrm{N(CH_3)_2} \longrightarrow \rangle\mathrm{Si(CH_3)}\text{-}\mathrm{CH_2CH_2}\langle\bigcirc\rangle\mathrm{CH_2N^+(CH_3)_2C}_m\mathrm{H}_{2m+1}\mathrm{Cl^-} \qquad (9)$$

図 6.16　Si-H 基への付加反応例

アルキル基に起因するもので、Si-H が Si-C$_{14}$H$_{29}$ に変化したことを示している。

また、PMS-C$_{14}$ 二酸化チタンの差動熱量天秤を測定した結果、付加前には重量減少が認められなかったが、付加後には 230℃ 付近に発熱を伴う重量減少が認められた。テトラデセンが単に共存しているのであれば蒸発による吸熱が

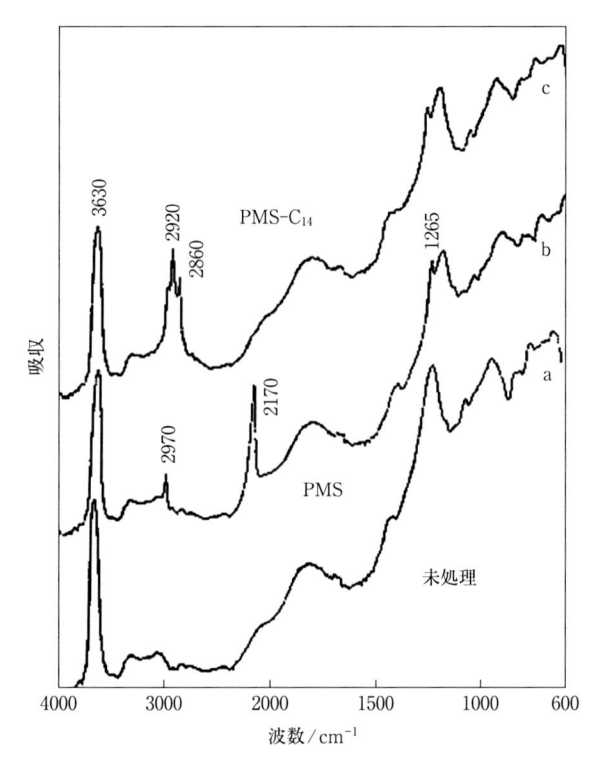

図6.17 PMS-C$_{14}$雲母の赤外吸収スペクトル

観測されるが、発熱を伴ったことから化学結合をしてアルキル基が熱によって酸化分解していることがわかる。

図6.18にPMS-C$_{14}$二酸化チタンの^{13}Cの固体核磁気共鳴スペクトルを示す。PMS-二酸化チタンではa、b、cにそれぞれの状態のメチル基に起因するシグナルが認められるが、テトラデシル基を付加すると1から14のアルキル基の炭素のシグナルが新たに出現した。

また、前述の多孔性シリカにオクタデシル基を付加すると細孔径は平均0.6 nm減少し細孔内部に均一に付加された。

(2) 機能性ナノコーティング

アルキル基以外にもペンダント基の付加を行うと図6.19のように望みの

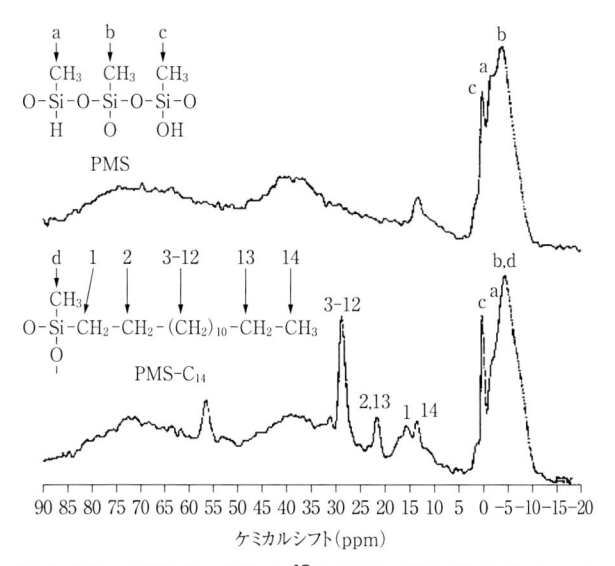

図 6.18　PMS-C$_{14}$ 雲母の ^{13}C NMR CP/MAS スペクトル

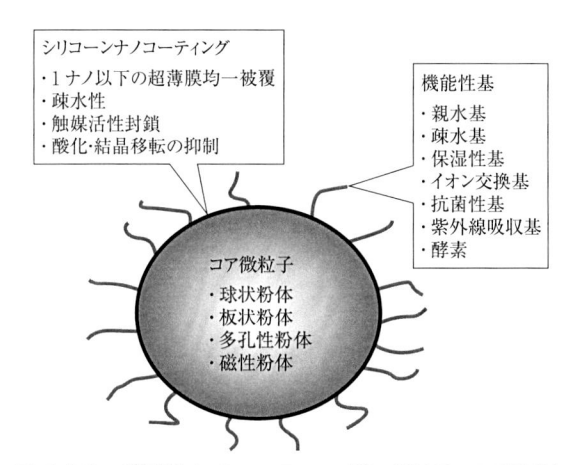

図 6.19　機能性ナノコーティングにおけるコア粒子と機能性基

粒子の性質と機能性基を組み合わせた機能性粒子を調製することができる。この方法では最初に粒子表面を不活性化しているので製品に配合された後に他の共存成分を分解しない。

6.2.2 ペンダント基付加粒子の分散性

(1) アルキル基付加粒子の分散性

　PMS-粒子およびアルキル基を導入した粒子は界面活性剤の添加なしで非極性油に分散できた。また、付加密度を高くすると水の接触角が大きくなった。また、油へ分散させた時ビンガム流動となった。

　さらにオレフィンを付加しアルキル基を導入した場合の分散性はシリコーン油と炭化水素油中でどのような挙動になるのかを検討した。PMS-粒子とPMS-C_{14}粒子の油分散性の違いを粘度挙動から検討した例を示す[8]。

　PMS粒子およびPMS-C_{14}二酸化チタンの油に対する分散性の違いを以下に示す。用いたサンプルは元素分析の結果からPMSの被覆量は1.2％、テトラデシル基付加量は0.62％のものを用いた。油としてはシリコーン油、炭化水素油（流動パラフィン）、水酸基含有油（ひまし油）という性質の異なる3種類の油を用いた。

　PMS処理とPMS-C_{14}処理の違いはメチルシロキサンのメチル基と付加したテトラデシル基の違いと考えても良い。もちろん、PMS-C_{14}にはメチル基も存在するが、テトラデシル基の方が長いため分散への影響はテトラデシル基が支配的と考えられる。

①吸油量

　図6.20に未処理およびPMS、PMS-C_{14}処理した二酸化チタンの吸油量を示した。

　未処理の二酸化チタンはいずれの油に対しても吸油量が大きいが、ひまし油のように水酸基を有する油では差が少ない。流動パラフィン（炭化水素油）に対してはPMS粒子で約半分になり、PMS-C_{14}粒子ではさらに減少する。シリコーン油でも同じ傾向が認められた。このことにより、PMSおよびPMS-C_{14}粒子によってシリコーン油、炭化水素油に対する粒子の分散性は向上すると思われる。特に、同じ油の量に対して多くの粒子を分散させることが予想される。一方、水酸基を有するひまし油にはこれらの表面処理の効果は余り顕著ではない。

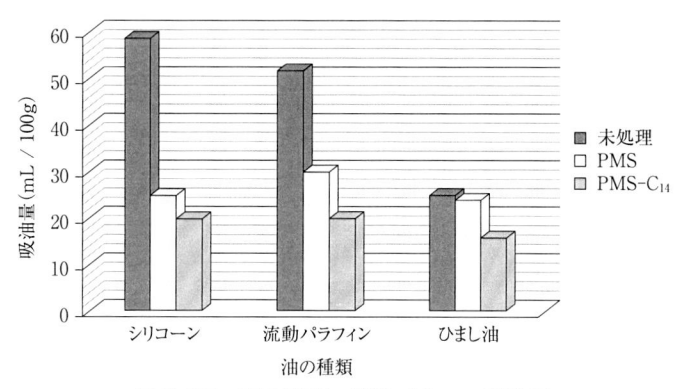

図 6.20　表面処理二酸化チタンの吸油量

②粒子含有量とみかけ粘度

シリコーン油、流動パラフィンおよびひまし油に対して未処理、PMS、PMS-C_{14} の二酸化チタンを加えていった時の分散体のみかけ粘度を測定した。図 6.21 にシリコーン油系の結果を示す。シリコーン油の場合は、未処理の二酸化チタンの量が増えるにしたがってみかけ粘度は上昇するが、PMS および PMS-C_{14} の場合はその絶対値が小さい。そのため、多くの粒子をシリコーン油の中に分散することができる。

③分散体における界面活性剤の影響

次に 60%の粒子を含有する油の系に界面活性剤を加えていった場合を示す。

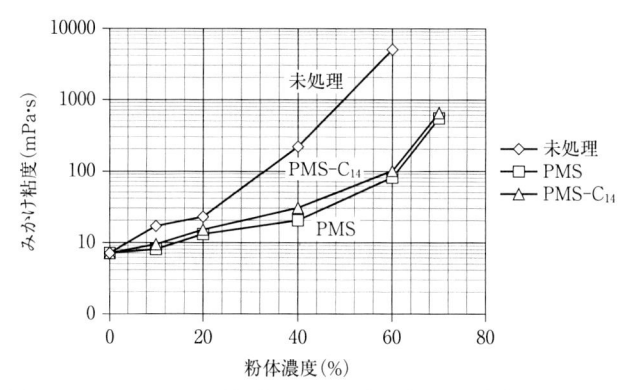

図 6.21　シリコーン油系における表面処理二酸化チタンの濃度とみかけ粘度

ひまし油系では界面活性剤の影響は余り認められなかったが、シリコーン油系と炭化水素油系では興味ある結果が得られた。図 6.22 にシリコーン油にシリコーン系界面活性剤（メチルシロキサン／エチレンオキサイド系）を一定割合で混合し、そこに粒子を 60％加えて 3 本ローラーで混練し、みかけ粘度を測定した結果を示す。PMS および PMS-C_{14} では図では示していないが界面活性剤が入っていなくても 100 mPa・s 程度のみかけ粘度を示した。また、界面活性剤を増加させていってもみかけ粘度は余り変化しなかった。細かい点ではあるが界面活性剤が 0.1％以下の領域では PMS のほうが PMS-C_{14} よりみかけ粘度が低く、1％以上では逆転することが観察された。これはシリコーン油系では PMS 処理と相性が良いことを示していると思われる。

一方、未処理の場合は界面活性剤濃度 5％までは良好な分散ができず、6％から良好な分散体となった。10％以上の界面活性剤添加では活性剤濃度とともに先端粘度が上昇するが、これは界面活性剤の粘度が高いためである。このように PMS または PMS-C_{14} 処理を行った粒子を使えば界面活性剤を使わなくてもシリコーン油に粒子を分散できる。流動パラフィン系に炭化水素とエチレンオキサイドで構成された界面活性剤を添加した場合も同じ現象が認められた。

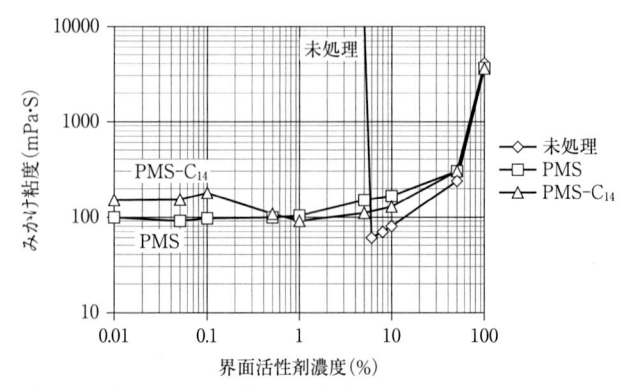

図 6.22 シリコーン系界面活性剤を含むシリコーン油への表面処理二酸化チタンの分散（粒子濃度 60％、測定温度 25℃）

（2）水酸基付加粒子の分散性

図 6.16（2）〜（6）の反応によって水酸基（OH 基）を導入することができる。二酸化チタンに OH 基を 1 個（OH-1）、2 個（OH-2）、3 個（OH-3）、4 個（OH-4）導入した。

水酸基付加粒子については、親水基の数が多いと親水性を示し、少ないと疎水性となる。31 種類の溶媒で OH-1 〜 4 の粒子を懸濁させ、Hansen の三次元溶解性パラメーターの概念を用いてそれぞれの分散性について特性付けを行った[9]。図 5.3 に未処理二酸化チタン、**図 6.23** に OH-1 〜 4 における各成分の寄与率を表した三角図を示す。実線は各分散領域であり、破線の中点は統計処

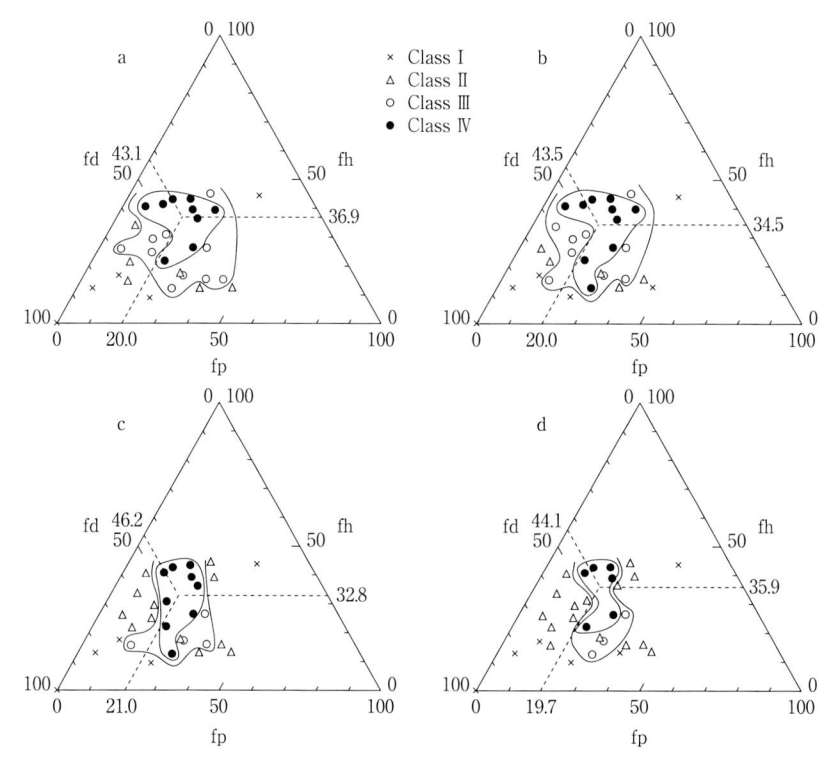

図 6.23　OH-1 〜 4 二酸化チタンにおける三次元溶解性パラメーターの各成分の寄与率
　　　　 a：OH-1、b：OH-2、c：Oh-3、d：OH-4

理により求めた最良分散点である。未処理の場合アルコール性溶媒および非極性溶媒に対して分散が悪く、最良分散点は（fd, fp, fh）=（50.0, 25.9, 24.1）であった。OH-1 および OH-2 のクラスⅢの分散領域は広範囲にわたっているがクラスⅣになると分散領域は減少した。OH-1 および OH-2 の最良分散点は（fd, fp, fh）=（43.1, 20.0, 36.9）、（45.5, 20.0, 34.5）であった。OH-3 および OH-4 のクラスⅢの分散領域は OH-1 および OH-2 より減少し、最良分散点は（fd, fp, fh）=（46.2, 21.0, 32.8）、（44.1, 19.7, 35.9）であった。またクラスⅣに分類された溶媒群を三次元空間内での球状クラスターとして見た場合の球の半径および球の中心を求めた。OH-1～4 の作用半径は OH-2＞OH-1＞OH-3＞OH-4 となった。

＜参考文献＞

1) H. Fukui, T. Ogawa, M. Nakano, M. Yamaguchi and Y. Kanda, "Controlled Interphases in Composite Materials" H. Ishida, ed., Elsevier Science Publishing Co. Inc., p.469, New York, 1990.
2) 武井　昇、坪田　実、長沼　桂、1990 年度色材研究　発表会要旨 p.94（1990）
3) H. Fukui, R. Namba, M. Tanaka, M. Nakano and S. Fukushima, J. Soc. Cosmet. Chemists., 38, 385（1987）
4) 福井　寛、難波隆二郎、田中宗男、中野幹清、色材、61, 481（1988）.
5) 特開平 5-159280
6) 日本特許登録第 1635593 号
7) F. C. Whitemore, F. W. Pietrusza, L. H. Sommer, J. Am. Chem. Soc. 69, 2108（1947）
8) 小川　隆、須原常夫、福井　寛、山口道広、1990 年度色材研究発表会要旨 p.170（1990）
9) T. Suhara, H. Fukui and M. Yamaguchi, J. Japan. Soc. Colour Materials, 67, 489（1994）

索　引

【あ行】

アインシュタイン（Einstain）
　―ストークスの式……………………86
アクセラレーター……………………161
アグリゲート……………………………5
アグロメレート…………………………5
アジテーター…………………………155
アスペクト比……………………………33
アセトン滴定法………………………119
圧縮度……………………………………39
アニオン重合…………………………189
アニオン性界面活性剤………………132
油分散性………………………………264
アミン価………………………………103
アミン滴定………………………………66
アルキル基付加粒子…………………260
アルコール……………………………184
アンカー（Anchor）部………………138
安息角……………………………………38
イオン重合……………………………189
イオン注入……………………………201
イオンプレーティング………………198
イソプロパノール………………………70
インペラー……………………………151
ウオッシュバーンの式…………………8
液相法……………………………26, 174
エステル化……………………………184
エチルセルロース……………………138
エチレン-マレイン酸共重合体………138
エレクトロゾーン（Electro Zone）法……97
遠心沈降法………………………………30
凹凸………………………………………54
オージェ分光法………………………219
親油基…………………………………132

【か行】

回分式反応器……………………………58
界面活性剤………………………186, 265
界面活性能……………………………132
外力電位法………………………………51
化学還元法……………………………174
化学吸着…………………………………41
拡散係数…………………………………85
拡散反射法……………………………215
核磁気共鳴……………………………253
核磁気共鳴スペクトル………………216
拡張濡れ……………………………9, 52
かさ密度（bulk density）……………38
加水分解速度…………………………179
ガス吸着法………………………………46
カチオン重合…………………………189
カチオン性界面活性剤………………132
活性化エネルギー………………………57
カップリング剤………………………185
カードハウス構造………………………84
カーボン………………………………193
カーボンブラック……………………197
カルボキシメチルセルロース………138
干渉………………………………………35
干渉色……………………………………36
環状シロキサン………………………245
顔料分散用樹脂………………………107
顔料誘導体…………………………113, 193
擬塑性流動…………………………83, 100
機械力…………………………………173
幾何学的構造……………………………41
幾何光学近似……………………………34
幾何構造…………………………………61
気相……………………………………196
気相法……………………………………27
機能性ナノコーティング…………244, 263
逆滴定法………………………………104
キャッソン（Casson）の式…………102
吸着………………………………………41
吸着等温式………………………………42
吸着等温線………………………………42
吸着平衡………………………………142
吸油量…………………………………264
共凝集……………………………91, 118
凝集エネルギー………………………227
凝集エネルギー密度…………………227
凝集度……………………………………39
金属アルコキシド……………………177
金属顕微鏡……………………………221
金属酸化物…………………………175, 203
金属石鹸………………………………187
金属被覆………………………………202
くし型…………………………………148
くし型高分子…………………………142

269

索　引

曇点 …………………………………… 135
グラフト（Graft）法 ………………… 144
クロマトグラフィー ………………… 212
形状指数 ……………………………… 33
化粧品 ………………………………… 170
ケン化価 ……………………………… 139
原子間力顕微鏡 ……………………… 223
原子吸光 ……………………………… 212
元素分析 ……………………………… 212
高温プラズマ ………………………… 197
光学顕微鏡 …………………………… 221
光学特性 ……………………………… 34
格子欠陥 ……………………………… 62
構造分析 ……………………………… 214
固相による表面処理 ………………… 171
固体塩基 ……………………………… 62
固体酸 ………………………………… 62
固体酸・塩基 ………………………… 64
コロイダル結晶 ……………………… 36

【さ行】

細孔分布 ……………………………… 46
酸価 …………………………………… 103
酸・塩基強度 ………………………… 63
酸・塩基性度 ………………………… 63
酸塩基相互作用 ……………………… 103
酸化・還元 …………………………… 72
酸化抑制 ……………………………… 258
三次元溶解性パラメーター ………… 267
酸素ガスフローDTA法 ……………… 74
サンドミル …………………………… 154
散乱 …………………………………… 34
紫外可視（UV）吸収スペクトル …… 216
軸シール ……………………………… 155
仕事指数 ……………………………… 25
示差走査熱分析 ……………………… 225
指示反応法 …………………………… 69
指示薬法 ……………………………… 65
ジスマン・プロット ………………… 55
湿潤熱 ………………………………… 56
実体顕微鏡 …………………………… 221
質量分析法 …………………………… 217
シナージスト（Synergist） ………… 113
シネレシス …………………………… 84
重合性界面活性剤 …………………… 189
シュルツ－ハーディ（Schulze-Hardy）の法則 …………………………… 16
循環分散方式 ………………………… 158

昇温脱離法 …………………………… 67
触媒活性 ……………………………… 57
触媒活性封鎖 ………………………… 256
触媒反応器 …………………………… 58
シラノール …………………………… 179
シランカップリング剤 ……………… 185
シリコーン …………………………… 190
シリコーンナノコーティング ……… 245
白濁り ………………………………… 89
シングルナノ粒子 …………………… 28
侵食破壊 ……………………………… 164
親水基 ………………………………… 132
浸漬濡れ ……………………………… 52
真密度（true density） ……………… 37
水銀圧入法 …………………………… 46
水酸基付加粒子 ……………………… 266
水素結合 ……………………………… 116
水熱合成法 …………………………… 180
スチレン-無水マレイン酸共重合体 … 138
スパッタリング ……………………… 198
正孔 …………………………………… 78
生体関連物質 ………………………… 191
精密重合法 …………………………… 146
赤外吸収スペクトル ………… 214, 251
赤外分光法 …………………………… 67
ゼータ（ζ）電位 ………………… 14, 48
接触角 ………………………………… 53
セパレーター ………………… 155, 160
走査型電子顕微鏡 …………………… 222
走査トンネル顕微鏡 ………………… 223
走査プローブ顕微鏡 ………………… 223
相溶性 ………………………………… 140
疎水性 ………………………………… 256
疎水性官能基 ………………………… 126
疎水性水和 …………………………… 126
疎水性相互作用 ……………………… 126
ゾル-ゲル法 ………………………… 177
ソルボサーマル法 …………………… 182

【た行】

ダイラタント流動 …………………… 101
多角バレルスパッタリング ………… 201
濁度滴定 ……………………………… 231
多点吸着 ……………………………… 142
多点吸着型 …………………………… 148
多点吸着型分散剤 …………………… 142
単分子吸着量 ………………………… 45
チオール ……………………………… 186

索　引

チキソトロピー	101
チタネートカップリング剤	186
着色力	99
超音波	173
超音波減衰分光法	32
超臨界状態	181
直鎖型	142, 148
沈殿法	176
低温プラズマ	197
テトラエトキシシラン（TEOS）	179
デバイ距離	14
テール（tail）部	17
電荷	50
電気泳動法	51
電気化学測定	226
電気的検知帯法	31
電気二重層	13, 50
電子	78
電子顕微鏡	221
電子状態	61
電子スピン共鳴	74
電子スピン共鳴分析法	217
電子線マイクロアナライザ	219
透過型電子顕微鏡	222
動的光散乱法	31
等電点	48, 103
投入動力量	163
ドップラーシフト	96
ドリモアーヒール（Dollimore-Heal）法	122
トレイン（train）部	17

【な行】

ナノ・ミクロン粒子複合化	173
ナノ粒子	27, 29
ニュートン流動	100
尿素加水分解法	176
濡れ	51
熱重量・示差熱分析	225
熱分解ガスクロマトグラフィー（GC）	225, 248
熱分析	225
粘土鉱物	194
ノニオン性界面活性剤	132

【は行】

バイオミメティック	183
ハイスピードディスパーサー	151
橋架け吸着	140
パス分散方式	158
撥水・撥油性	191
バッチ分散方式	158
バルク	24
バルク的性質	24
パルス型反応器	58
パルス反応装置	69
半当量点	104
バンドギャップ	77
反応速度	59
非イオン性界面活性剤	132
光触媒	76
光析出法	175
光半導体	77
ヒドロキシエチルセルロース	138
ヒドロシリル化	185
ビヒクル	3, 7
比表面積	45, 46
微分型静電分級器（DMA）	32
表面官能基	47
表面処理	170
表面水酸基	48
表面積	24
表面張力	9, 54, 241
表面的性質	24
表面特性	40
表面のキャラクタリゼーション	210
表面反応	59
表面分析	218
ピリジン吸着	68
ビルディング・アップ法	26
ファンクショナルシラン	185
フォトニック結晶	36
付着濡れ	52
フッ素系化合物	191
物理吸着	41
プラズマ処理	197
ブレーキング・ダウン法	25
フロキュレーション	83
フロキュレート	83, 100
ブロック共重合体	142, 144
フローポイント（Flow point）法	149
粉砕	172
粉砕エネルギー	25
分散	170
分裂破壊	164
ヘイズ	89

271

索　　引

ヘテロ（hetero）凝集	91
偏光顕微鏡	221
ペンダント基の付加	260
ホットソープ法	182
ポリアクリル酸	137
ポリエチレンイミン	137
ポリエチレングリコール	137
ポリドーパミン	192
ポリビニルアルコール	139
ポリビニルピロリドン	137
ポリマー	187
ポリマーグラフト	187
ポリメチルシロキサン（PMS）	247
ホールディングタンク	158
ボンドの式	25

【ま行】

マクロマー	144
マクロモノマー	144
見かけ粒子密度（apparent particle density）	38
水湿潤熱	128
ミセル	134
密度	37
ミル	151
ミルベース	158
明視野顕微鏡	221
メカノケミカル反応	171, 172
めっき法	174
モンモリロナイト	195

【や行】

ヤング（Young）式	53
有機化合物	204
有機顔料	192, 197
有機物の被覆	184
有機ベントナイト	196
有機・無機複合膜	180
誘導結合プラズマ発光分析	212
油脂酸化能	74
溶解性パラメーター	21
溶解度球	234
溶媒和部	139

【ら行】

ラジカル重合	188
力学的特性	38
リナロール	71
リニア型	142
粒子的性質	24
粒子特性	40
粒子の大きさ	27
粒子の形状	32
粒子密度（particle density）	37
流通式反応器	58
粒度測定	29
量子サイズ効果	28
臨界ミセル濃度	134
ループ（loop）部	17
レーザー回折・散乱法	30
ろ液	211
ロジン	192

【数字・英字】

二酸化チタン	76
二次イオン質量分析	220
三角座標	236
三次元溶解性パラメーター	229, 267
BET 型	44
Brönsted 酸	63
cmc	134
CMC	138
CVD	201
Eley-Rideal（ER）機構	60
Field Flow Fractionation（FFF）法	31
Grafting onto 法	144
Grafting through 法	144
Hansen パラメーター	229
HEC	138
HLB 値	135
HSD	151
Langmuir-Hinshelwood（LH）機構	59
Langmuir 型	44
Lewis 酸	63
Mie 散乱	34
pH メーター	226
PVA	139
PVD	198
Rayleigh 散乱	34
Si-H 基	190
SMA	138
Small の方法	237
X 線回折	253
X 線回折法	217
X 線光電子分光分析（XPS）	220, 251
π-π スタッキング	114

著者紹介

小林 敏勝（こばやし　としかつ）

1980 年	京都大学大学院工学研究科工業化学専攻修士課程 修了
同　年	日本ペイント株式会社 入社
1993 年	京都大学博士（工学）「塗料における顔料分散の研究」
2000 年	岡山大学大学院自然科学研究科 非常勤講師（2000 年度のみ）
2002 年～	社団法人色材協会理事
2002～2005 年	色材協会誌編集委員長
2010 年	社団法人色材協会 副会長 関西支部長
2010 年～	東京理科大学理工学部 客員教授
2010 年	日本ペイント株式会社 退職
2011 年	小林分散技研 代表

工学博士

1989 年　色材協会賞 論文賞、1997 年　日本レオロジー学会賞 技術賞、1998 年　色材協会賞 論文賞、2009 年　大阪工研協会 工業技術賞

福井　寛（ふくい　ひろし）

1974 年	広島大学大学院工学研究科修士課程修了
同　年	株式会社 資生堂入社

工場、製品化研究、基礎研究〈粉体表面処理〉などの研究に従事。香料開発室長、メーキャップ研究開発センター長、素材・薬剤研究開発センター長、特許部長、フロンティアサイエンス事業部長、資生堂医理化テクノロジー株式会社社長、東北大学客員教授、東京理科大学客員教授、信州大学客員教授、大同大学客員教授などを歴任。
2010 年　福井技術士事務所設立　代表
　工学博士、技術士（化学部門）、日本化学会フェロー
　日本技術士会　理事
　学術振興会先端ナノデバイス・材料テクノロジー第151委員会　顧問
　東京都立産業技術研究センター・広域首都圏輸出製品技術支援センター　相談員
　技術知財経営支援センター　理事

1984 年度色材協会論文賞、1990 年度色材協会技術賞、1991 年度日本化学会化学技術賞、1994 年度日本化粧品技術者会優秀論文賞、1999 年度日本化粧品技術者会優秀論文賞、2012 JSCM Most Accessed Review Award

主な著書
「トコトンやさしい化粧品の本（第2版）」日刊工業新聞社、「おもしろサイエンス美肌の科学」日刊工業新聞社、「トコトンやさしい染料・顔料の本」日刊工業新聞社（共著）、「トコトンやさしいにおいとかおりの本」日刊工業新聞社（共著）、「トコトンやさしい界面活性剤の本」日刊工業新聞社（共著）など

きちんと知りたい粒子表面と分散技術　NDC 576

2014年11月25日　初版1刷発行　（定価はカバーに表示してあります）
2024年 8 月30日　初版10刷発行

　　　　Ⓒ著　　者　　小　　林　　敏　　勝
　　　　　　　　　　　福　　井　　　　　寛
　　　　発 行 者　　井　　水　　治　　博
　　　　発 行 所　　日 刊 工 業 新 聞 社
　　　　〒103-8548　東京都中央区日本橋小網町 14-1
　　　　　　電話　　書籍編集部　03（5644）7490
　　　　　　　　　　販売・管理部　03（5644）7403
　　　　　　　　　　ＦＡＸ　　　　03（5644）7400
　　　　　　振替口座　00190-2-186076
　　　　　　ＵＲＬ　https://pub.nikkan.co.jp/
　　　　　　e-mail　info_shuppan@nikkan.tech
　　　　印刷・製本　　新 日 本 印 刷 ㈱（POD4）

落丁・乱丁本はお取り替えいたします。　　　　2014 Printed in Japan
ISBN 978-4-526-07321-2
本書の無断複写は，著作権法上での例外を除き，禁じられています。